Bau großer Elektrizitätswerke

Von

Prof. Dr. G. Klingenberg

I. Band

**Richtlinien, Wirtschaftlichkeitsrechnungen
und Anwendungsbeispiele**

Mit 180 Textabbildungen und 7 Tafeln

Springer-Verlag Berlin Heidelberg GmbH

1913

Additional material to this book can be downloaded from http://extras.springer.com.

ISBN 978-3-662-42806-1   ISBN 978-3-662-43087-3 (eBook)
DOI 10.1007/978-3-662-43087-3

Vorwort.

Als ich im Sommer 1912 auf der Jahresversammlung des Verbandes deutscher Elektrotechniker einen Vortrag über Richtlinien für den Bau großer Elektrizitätswerke hielt, wurde von verschiedenen Seiten der Wunsch geäußert, ich möchte auch dasjenige Material, welches in der nachträglichen Wiedergabe der ETZ wegen Raummangel nicht aufgenommen werden konnte, der Öffentlichkeit zugänglich machen. Diesem Wunsche komme ich durch Herausgabe dieses Buches nach. Ich habe aber den damals gehaltenen Vortrag noch an mehreren Stellen erweitert und durch zahlreiche Anwendungsbeispiele ergänzt, die besser als das geschriebene oder gesprochene Wort zeigen, in welcher Richtung ich Vervollkommnung des Baues und Betriebes von Elektrizitätswerken anstrebe.

Der Vortrag hat ferner eine Ergänzung durch Aufnahme der Beschreibung des Märkischen Elektrizitätswerkes erfahren, die sich einer bereits früher erfolgten Veröffentlichung anschließt, weil ich es für nützlich hielt, außer vielen Einzelheiten als Anwendungsbeispiele auch vollständige Anlagen zu bringen. Eine Erweiterung des früheren Aufsatzes (Z. Ver. deutsch. Ing. 1911, S. 2121 u. 2164) ist noch durch Aufnahme der wirtschaftlichen Ergebnisse des Märkischen Elektrizitätswerkes erfolgt. Ich benutze diese Gelegenheit, um dem Wunsche Ausdruck zu geben, daß die größeren Elektrizitätswerke dem hier gegebenen Beispiel folgen und die in der Literatur erhältlichen statistischen Angaben durch Aufnahme der Konstanten der Wärmeverbrauchscharakteristik, der Dampfverbrauchscharakteristik und der wirtschaftlichen Charakteristik ergänzen möchten, weil diese Angaben für die Beurteilung der Werke und für die Erziehung zur Wirtschaftlichkeit wichtiger sind als ein großer Teil derjenigen Ziffern, die in der jetzt geführten Statistik regelmäßig aufgeführt zu werden pflegen.

Als Ausführungsbeispiel größeren Umfanges habe ich ferner eine Arbeit über die nach meinen Plänen und Vorarbeiten erbauten Anlagen der Victoria Falls and Transvaal Power Company aufgenommen, die inzwischen in der Z. Ver. deutsch. Ing. erschienen ist.

Nachstehende Veröffentlichungen gaben mir willkommene Veranlassung, um Herrn Oberingenieur Tröger für die wertvolle Mitarbeit, die er bei der Abfassung des Abschnittes III, des Abschnittes VI, 3 und bei der Aufstellung der Projekte für die Victoria Falls and Transvaal Power Company geleistet hat, meinen besten Dank auszusprechen; auch Herrn Dr. Waldmann, der mich insbesondere bei den Rechnungen des Abschnittes II unterstützte, danke ich bestens.

Der 1912 gehaltene Vortrag hat inzwischen, wie zahlreiche Zuschriften beweisen, auch das Interesse weiterer Kreise gefunden (vgl. u. a. die Verhandlungen in der Badischen Kammer betr. Murg-Kraftwerk); tatsächlich kann die zukünftige Elektrizitätspolitik seitens der Behörden nicht behandelt werden, ohne auf die wesentlichsten wirtschaftlichen Fragen, d. s. Erzeugungskosten in großen und kleinen Anlagen und Fortleitungskosten, zurückzugreifen.

Wenn vorliegende Arbeit zur Förderung gesunder Verhältnisse in der Elektrizitätserzeugung und Verwertung beiträgt, so hat sie ihren Zweck erfüllt.

Berlin, im März 1913.

G. Klingenberg.

Begleitbrief
zum Buche
„Bau großer Elektrizitätswerke"

Gegenwart und Zukunft
der Elektrizitätswerke und Überlandzentralen.

I. Elektrizitätspolitik. Die Geschichte der Elektrizitätswerke zeigt in den letzten Jahren eine stürmische, fast sprunghafte Entwicklung: einmal hat die Erkenntnis der Vorteile, welche die Einführung elektrischen Betriebes der Landwirtschaft als willkommenen Ersatz der allzu schwer zu beschaffenden Arbeitskräfte bringt, zur Ausdehnung des Absatzgebietes auf das flache Land geführt; dann tritt in den industriellen Verbrauchern eine neue Kategorie von Abnehmern auf, und selbst diejenigen Städte, die sich bisher der Stromlieferung an Industrie gegenüber zurückhaltend oder ablehnend verhielten, werden heute durch die Verhältnisse gezwungen, ihren bisherigen Standpunkt aufzugeben. Der Industrielle sucht sich heute von der Selbsterzeugung der Kraft, wenn irgend angängig, frei zu machen. Er hat gelernt, daß es nicht nur eine Ersparnis an Kapital, sondern vor allem an geistiger Arbeit bedeutet, wenn er sich um die Krafterzeugung selbst nicht zu kümmern braucht und der vielen Unbequemlichkeiten, die mit dem Betriebe von Kesseln, Dampfmaschinen, dem Einkauf des Brennmaterials usw. verknüpft sind, ledig wird. Vielfach, besonders innerhalb der Städte, ist auch der freiwerdende Raum, der Fortfall der Rauchbelästigung u. a. ausschlaggebend für den Wunsch nach elektrischer Kraft geworden.

So haben sich denn die Elektrizitätswerke im Sinne ständiger Ausbreitung des Gedankens der zentralisierten Energieerzeugung entwickelt. Geht man auf den Anfang zurück, so findet man zuerst nur Beleuchtungsanlagen für einzelne Gebäude, aus denen die sogenannten Blockzentralen entstanden, die ihren Wirkungsbereich auf einen Häuserblock und, meistens unter widerruflicher Genehmigung der Straßenkreuzung, noch auf die nächste Nachbarschaft erstreckten. In einzelnen Städten wurden nach und nach eine Anzahl solcher Blockzentralen gegründet und lange war die Meinung verbreitet, daß diese gegenüber städtischen Elektrizitätswerken (d. h. solchen Werken, die die ganze Stadt versorgten) sehr wohl konkurrenzfähig seien. Man führte zu ihren Gunsten an, daß sie frei von dem hohen Anlagekapital und den großen Arbeitsverlusten der sehr teuren Leitungsnetze seien. Bald zeigte sich aber der Irrtum solcher Anschauung. Es stellte sich heraus, daß den städtischen Elektrizitätswerken der große Vorteil des Belastungsausgleiches (Gleichzeitigkeitsfaktor) zugute kam, der viel mehr Gewinn brachte, als die höheren Fortleitungskosten ausmachten. In der Folge sind die Blockzentralen von diesen Werken erdrückt worden.

Die städtischen Werke haben sich innerhalb der Stadtmauern lange Zeit eines unangefochtenen Daseins erfreut, ihr Absatzgebiet beschränkte sich auf Licht und Kleinkraft. Der Herabziehung der Erzeugungskosten brauchte besondere Aufmerksamkeit nicht gewidmet zu werden, weil die Spannung zwischen Selbstkosten und Verkaufspreis so groß war, daß ein um einzelne Pfennige höherer Erzeugungspreis die Bilanz nicht wesentlich verschlechterte.

Das Verlangen der Landwirtschaft nach elektrischer Kraft, durch die Leutenot gesteigert, der Wunsch der Industrie, sich von eigener Erzeugung frei zu machen, die Gefahr ihrer Abwanderung nach Gegenden mit billiger Kraft und das zur Nachahmung ermunternde Beispiel einiger großer Gesellschaften haben in den letzten Jahren eine vollständige Umwälzung hervorgerufen.

Wir sehen einerseits eine Reihe sogenannter Überlandzentralen entstehen und sich schnell ausbreiten, anderseits eine rasche Vergrößerung schon bestehender Werke, die sich für die neuen Aufgaben einrichten. Vielfach hat sich aus dieser Entwicklung ein gewisser Gegensatz zwischen Stadt und Land ergeben, insbesondere dort, wo der Betrieb der städtischen Elektrizitätswerke in kommunaler Hand lag. Manche Städte sind durch die Überlandwerke, die sie bereits vollständig einschließen, gewissermaßen überrumpelt worden. Nur zögernd versuchen sie nachträglich eine Verbindung mit dem jüngeren moderneren Unternehmen herzustellen, weil sie fühlen, daß die Isolierung ihnen allmählich nachteilig wird. Auf der einen Seite herrscht die Furcht vor der Aufgabe der Selbständigkeit, auf der andern die Erkenntnis, daß die neuen Aufgaben über den Rahmen kommunaler Leistungsfähigkeit hinauswachsen. Selbst für die umfassende Versorgung der Industrie noch nicht vorbereitet, fürchten die Städte jetzt nicht mit Unrecht deren Abwanderung in die Umgebung, die ihr billigeren Strom bietet. Den naheliegenden Entschluß, die Versorgung der Umgebung selbst in die Hand zu nehmen und das städtische Werk zu einer Überlandzentrale auszubauen, haben nur wenige gefaßt und wahrscheinlich mit Recht, weil sie erkannten, daß ihre kommunale Organisation für die erweiterte Aufgabe nicht ausreicht und sich ihre wirtschaftliche Tätigkeit innerhalb der Stadtmauern zu halten habe.

Auch die neuentstandenen Überlandzentralen bauen sich vielfach auf rein kommunaler Basis auf, an Stelle der Stadtverwaltung tritt die Kreisverwaltung; manchmal haben sich mehrere Kreise zu einem Verbande zusammengeschlossen und betreiben die Werke als Gesellschaften, oder sie haben aus ihrer Mitte Genossenschaften gebildet; sie arbeiten zwar wegen des größeren Versorgungsgebietes und der größeren Zentralenleistung in der Regel wirtschaftlicher und bieten auch niedrigere Tarife an als die städtischen Unternehmungen, im übrigen können sie aber infolge öffentlich- und privat-rechtlicher Hindernisse von vornherein auch nur zu einer beschränkten Entwicklung gelangen. Das Bild ist wiederum dasselbe, nur der Rahmen hat sich geändert: was früher die Stadtmauern waren, sind jetzt die Kreisgrenzen, mit dem Unterschiede, daß sich der Zusammenschluß benachbarter Kreise zu einer elektrischen Gemeinschaft leichter vollzieht als der benachbarter Städte. Die meisten dieser neugeschaffenen Überlandzentralen werden deshalb in der jetzigen Form voraussichtlich ein kurzes Leben fristen, sie müssen und werden durch denjenigen umgestaltet werden, dem es gelingt, die Elektrisierung nach einheitlichen Grundsätzen für ganz große Gebiete durchzuführen. Nach Lage der Verhältnisse hat aber nur eine Organisation die Macht hierzu, nämlich der Staat.

Es wird Aufgabe der staatlichen oder besser noch der Reichsgesetzgebung sein, den im Zuge der wirtschaftlichen Entwicklung zu gründenden elektrischen Großunternehmungen rechtliche Machtvollkommenheiten einzuräumen (z. B. Verleihung von Wegerechten, Enteignungsrechten usw.), wodurch sie in den Stand gesetzt werden, die jetzigen aus den öffentlichen und privaten Besitzverhältnissen sich ergebenden, meistens unüberwindlichen Schwierigkeiten zu beseitigen. Erst mit Hilfe derartiger durch die Gesetzgebung verliehener Rechte wird die Entwicklung des elektrischen Zentralenwesens von den Hemmungen befreit sein, die schuld sind, daß die heutigen Werke nur unvollkommen den Idealen entsprechen, die im Interesse der Wirtschaftlichkeit der Strom-Erzeugung und -Verteilung gefordert werden müssen.

Die geschilderte Sachlage hat nun naturgemäß zu der Erörterung Anlaß gegeben, ob und wieweit die bestehenden kommunalen Verwaltungen die erweiterten Aufgaben der Elektrizitätswerke noch erfüllen können. Hierüber ist gerade in dem letzten Jahre ein heftiger Streit der Meinungen entbrannt, besonders nachdem eine Reihe von Städten selbst die Frage verneint und die Schlußfolgerung daraus durch Verbindung des bisher rein kommunalen Betriebes mit der Industrie gezogen hat. Gründe und Gegengründe sind von den Interressenten jeder Seite in Menge vorgebracht, sie haben zu einer Reihe von Vorschlägen geführt, die sich auf die wirtschaftliche Form der Elektrizitätsunternehmungen erstrecken: von der einen Seite wird die Statistik angezogen, um den Mißerfolg kommunaler Betriebe zu beweisen; von anderer Seite werden mit Recht wiederum einzelne kommunale Werke hervorgehoben, die ebenso gute Erfolge in der Versorgung der Landwirtschaft und Industrie aufzuweisen haben wie irgend ein privater Betrieb.

Meines Erachtens ist nun ein Faktor für die Beurteilung dieser Frage besonders maßgebend, nämlich die Personenfrage. Der prinzipielle Unterschied privater und kommunaler Verwaltung liegt darin, daß bei dieser die letzte Entscheidung sowohl der technischen wie der noch schwierigeren wirtschaftlichen Fragen in die Hände von Laien gelegt ist. Nur ein einziger Fachmann, der Werkdirektor, ist bei den Verhandlungen anwesend; die Hinzuziehung anderer Sachverständiger ist zwar nicht ausgeschlossen, wird aber von ihm mit Recht als Zurücksetzung seiner Person empfunden und die maßgebenden Instanzen (Deputationen oder Kommissionen) sind meistens nicht geneigt, dem einzigen Fachmann die unbedingt erforderliche Bewegungsfreiheit einzuräumen. In der kommunalen Wirtschaft begründet liegt ferner die für die freie Entwicklung der Unternehmungen ungünstige Tatsache, daß die Einkünfte der Beamten durch das allgemeine Gehaltsregulativ beschränkt sind; dem Ausgleich durch lebenslängliche Anstellung und Ruhegehalt wird zweifellos nur von Mindertüchtigen wesentlicher Wert beigemessen.

Werke, auf deren Betrieb die Industrie maßgeblichen Einfluß hat, vermeiden diesen Fehler. Zunächst wird dem Leiter ein erheblich größerer, vielfach sogar entscheidender Einfluß in allen Fragen eingeräumt. Dann hat die Industrie in ihren eigenen Beamten von vornherein die Auswahl unter einer großen Zahl geeigneter Bewerber, deren Fähigkeiten bereits bekannt sind; vor allen Dingen verfügt sie aber in der Zentralstelle über die Arbeitskraft und die Kenntnisse einer ganzen Reihe hervorragender Fachleute, die in ständiger Fühlung mit der neuesten technischen und wirtschaftlichen Entwicklung stehen und deren Einfluß dem Unternehmen zugute kommt.

Überlegt man sich, welche Unsumme von Kenntnissen der elektrische Betrieb von den verantwortungsvollen Persönlichkeiten fordert, so wird man diesem Umstande große Bedeutung beimessen. Je mehr sich die Entwicklung der Werke nach der industriellen und landwirtschaftlichen Seite neigt, desto größere Anstrengungen müssen gemacht werden, um Erzeugungs- und Betriebskosten auf das erreichbare Mindestmaß zu bringen; eine Differenz von wenigen Zehntelpfennigen ist für die Anschlußmöglichkeit von Industrie häufig entscheidend. Zu den in wärmetechnischer Hinsicht zu stellenden Anforderungen (Kesselbetrieb, Maschinenbetrieb, Kondensationsbetrieb, Kohlenförderung und -Lagerung usw.) gesellen sich die speziellen elektrotechnischen; hinzu treten noch die sehr schwierigen wirtschaftlichen Fragen, die am besten dadurch charakterisiert werden, daß unter Umständen dasselbe Produkt, in derselben Anlage erzeugt und mit denselben Mitteln fortgeleitet, einmal zu 40 Pfennig mit Schaden, das andere Mal für den zehnten Teil dieses Betrages mit Gewinn verkauft wird; kurzum, die erforderlichen Kenntnisse sind so umfangreich geworden, daß sie sich trotz vorzüglichster Vorbildung an unseren Hochschulen und in der Praxis nur noch ausnahmsweise in einer Person vereinigen lassen. Dort, wo es kommunalen Betrieben geglückt ist, trotz mäßiger pekuniärer Entschädigung solche Personen zur Leitung ihrer Werke zu berufen, und wo ferner diese ihre Ansichten durchzusetzen vermochten, finden wir dann auch eine gedeihliche Entwicklung der rein kommunalen Werke.

Doch muß festgestellt werden, daß die Fälle nur selten sind, in denen die Städte in der Lage waren, den erweiterten Aufgaben allein gerecht zu werden. Sparsamkeit des Betriebes, Akquisition, kaufmännisch-wirtschaftliche Verwaltung, Überwachung des Unternehmens durch hervorragend tüchtige Kräfte einer Zentralstelle, leichtere finanzielle Bewglichkeit, die Möglichkeit, über die Tätigkeit erfahrener Sachverständigen für eine Spezialaufgabe (z. B. Elektrisierung von Fabriken usw.) zu verfügen, der Kontakt mit den neuesten Errungenschaften der Technik, der ständige Vergleich (Statistik) mit den übrigen von derselben Gesellschaft betriebenen Werken u. a. sind eben Vorteile, die für die rein kommunale Verwaltung nicht erreichbar sind, und fast sämtliche Autoren, die sich mit diesem Gegenstande in den letzten beiden Jahren beschäftigt haben (Lord Avebury, Ministerialrat Dr. Freund, Baurat Soberski, Jutzi, Prof. Dr. Passow usw.) kommen dann auch zu dem Schlusse, daß der Betrieb von Elektrizitätswerken sich mit industrieller Beihilfe in vieler Hinsicht leichter und einfacher vollziehen läßt.

Diese Tatsachen sind die Veranlassung, daß sich jetzt die öffentliche Meinung vielfach mit der Frage beschäftigt, ob es besser ist, der Privatindustrie die Werke vollständig zu übertragen (Konzessions- oder Pachtvertrag oder kombinierter Konzessions- und Pachtvertrag nach dem Muster Königsberg), oder ob die auch von Freund befürwortete gemischtwirtschaftliche Unternehmung die beste Lösung darstellt.

Im Gegensatz zu anderen ist meiner Überzeugung nach die Form verhältnismäßig unwichtig. Behält man nämlich im Auge, daß es den kommunalen Körperschaften im wesentlichen doch nur darauf ankommen kann, einesteils den Konsumenten den Strom zu Bedingungen zur Verfügung zu stellen, die mindestens ebenso günstig sind, wie sie in den bestgeleiteten Werken an anderer Stelle erzielt werden können (mit anderen Worten zu Preisen und Bedingungen, die der bestmöglichen technischen Erzeugung Rechnung tragen), und andernteils Vorteile für den Stadtsäckel zu erreichen, so sind gegenüber diesen beiden Momenten alle anderen von geringerer Bedeutung, und ich kann mir sehr wohl vorstellen, daß dieser Zweck und die Rechte der Stadt ebenso gut durch einen Pachtvertrag gesichert werden können als durch ein Abkommen auf gemischtwirtschaftlicher Basis. Zieht man aber letzteres vor, so erscheint mir diejenige Form die beste, bei der die Rechte beider Parteien auf paritätischer Grundlage ausgeglichen sind, weil dieses Verfahren die Aufnahme einer großen Reihe von Vertragsbestimmungen überflüssig macht, die andernfalls zum Schutze der Minorität erforderlich sind. Beide Teile werden vielmehr von Anfang an in freundschaftlicher Weise bestrebt sein, Maßnahmen, die der anderen Partei zum Nachteil gereichen, zu vermeiden.

Vorstehende Erwägungen betreffen die heute vorliegenden Elektrizitätsaufgaben, sie beziehen sich sozusagen auf das Detailgeschäft. Blickt man in die Zukunft und prüft, wie sich eine nicht durch Stadtmauern, Kreis- oder Provinzgrenzen eingeengte Elektrizitätswirtschaft in Deutschland vollziehen müßte, wenn die größtmöglichen wirtschaftlichen Vorteile erreicht werden sollen, so kommt man durch Überlegung und Rechnung zu dem Programm, das ich im vorigen Jahre auf der Jahresversammlung des Verbandes Deutscher Elektrotechniker entwickelt habe und das darauf hinausläuft, die meisten der bestehenden Werke nicht mehr zu erweitern, sondern die Erzeugung in ganz großen Zentralen vorzunehmen, die an den besten Plätzen zu errichten sind. Sie müssen durch Hochspannungsleitungen verbunden werden, aus denen die jetzt vorhandenen und zukünftig entstehenden Unternehmungen den Strom beziehen, ebenso wie jetzt das Brennmaterial bezogen wird.

Dieses Projekt ist in technischer und wirtschaftlicher Hinsicht von außergewöhnlichem Umfang. Beachtet man, daß wir erst am Anfang industrieller Entwicklung unserer Elektrizitätswerke stehen, so läßt sich leicht beweisen, daß es von der Größenordnung (wenn nicht größer) der fiskalischen Eisenbahnunternehmungen ist und daß es auch in seiner wirtschaftlichen Bedeutung diesen gleichkommt. (Ich denke dabei noch nicht einmal an die gegebenenfalls in Verbindung damit durchzuführende Elektrisierung der Eisenbahnen.) Es ist aber wohl von vornherein einleuchtend, daß es ohne Beihilfe des Staates nicht verwirklicht werden kann. Ist aber erst einmal die Überzeugung von seiner Richtigkeit Allgemeingut geworden, so wird sich der Weg zur Durchführung finden lassen, auch wenn der Staat aus irgend welchen Gründen nicht geneigt oder in der Lage sein sollte, die finanziellen Mittel selbst dafür bereit zu stellen. Ein allmählicher Ausbau kann ohnehin nur ins Auge gefaßt werden, zu plötzliches Vorgehen wäre ein Fehler, weil noch nicht einmal alle technischen Voraussetzungen vollkommen erfüllt sind. Immerhin ist der geeignete Zeitpunkt zu gesetzgeberischen Maßnahmen bereits gekommen und dahinzielende Arbeiten sollten unverzüglich in die Wege geleitet werden. Eine Entrechtung der jetzt bestehenden Unternehmungen oder ihre wirtschaftliche Schädigung muß dabei natürlich aus naheliegenden Gründen vermieden werden.

Zu der Überzeugung, daß der jetzige Zustand unhaltbar ist und dringend Besserung fordert, gelangt der Wirtschaftsingenieur gewissermaßen gezwungenerweise, wenn er die Erzeugungskosten des Stromes in mittleren und kleinen Werken denen in großen gegenüberstellt und gleichzeitig die Fortleitungskosten mit den Kohlentransportkosten vergleicht. Es ergeben sich, wie ich auf der Jahresversammlung 1912 gezeigt habe, Zahlen, die eine so deutliche Sprache reden, daß sich auch der Laie ihrer Überzeugungskraft auf die Dauer nicht verschließen kann. Dettmar ermittelt die 1911 in öffentlichen Elektrizitätswerken eingebaute Leistung zu 1 500 000 KW und die Jahresarbeit zu 1600 Millionen KW Std. Rechnet man das Anlagekapital der jetzigen Elektrizitätswerke (ohne Leitungsnetze) zu 500 bis 600 Mark/KW, so ergibt sich als mögliche Kapitalersparnis für die bereits betriebenen Werke ein Betrag von 600 Millionen Mark, wenn man die durchschnittlichen Herstellungskosten großer Elektrizitätswerke zu 160 Mark pro KW annimmt. Die Fortleitungskosten sind von den Kohlentransportkosten nicht wesentlich verschieden, sie können also außer Ansatz bleiben. Man erhält somit ein annähernd zutreffendes Bild über die jährlich mögliche Betriebskosten-Ersparnis, wenn man die jetzigen Kosten der Jahresproduktion mit den erreichbaren vergleicht; einschließlich Zinsen und Abschreibungen dürften diese bei den vorhandenen Werken im Durchschnitt mindestens 5 bis 6 Pfennig pro KW Std. sein, entsprechend einem Jahresbetrage von rund 90 Millionen Mark, der sich nach den von mir durchgeführten Rechnungen auf weniger als 40 Millionen Mark verringern würde; die Ersparnis würde also jährlich mehr als 50 Millionen Mark ausmachen. Das sind große Summen. Sie werden aber in wenigen Jahren ein Vielfaches sein, weil die heutigen Werke noch am Anfang industrieller Versorgung stehen.

Die Notwendigkeit der Änderung kann nicht überzeugender als durch diese Zahlen zum Ausdruck gebracht werden. Leider scheitert allerdings die Durchführbarkeit zurzeit an den rechtlichen Verhältnissen; ich komme deshalb auch auf diesem Wege wiederum zu dem Schluß, daß nur die gesetzgebenden Körperschaften Abhilfe schaffen können.

Die hauptsächlichsten Maßnahmen gesetzgeberischer Art, die der Durchführung vorstehenden Programms dienen sollen, sind folgende:

1. Gründung großer Elektrizitäts-Unternehmungen unter Mitwirkung des Staates, deren Elektrizitätswerke an den bestgeeigneten Plätzen im größten Maßstabe zu errichten sind. Auch wenn der Staat die Gründung dieser Unter-

nehmungen mit eigenen Mitteln durchführen würde, so empfiehlt es sich aus den vorstehend angeführten Gründen dennoch, sie in Form von Gesellschaften ins Leben zu rufen. Gegen den Betrieb durch den Staat allein sprechen allerdings die bereits hervorgehobenen Bedenken, und da der Staat über die für den Betrieb erforderliche umfangreiche Organisation (die ihrer Natur nach nur allmählich geschaffen werden kann) noch nicht verfügt, ist es richtiger, daß er sich die an anderer Stelle vorhandene Erfahrung zunutze macht.

2. Verpflichtung dieser Unternehmungen, an vorhandene und neuentstehende innerhalb des ihnen zugewiesenen Aktionsradius Strom zu festgelegten Bedingungen zu liefern.

3. Erteilung der Wegerechte (Enteignungsrechte) an diese Unternehmungen. Festsetzung der Entschädigungsansprüche für die Durchführung von Leitungen.

4. Beschränkung der Stromerzeugung bestehender Unternehmungen auf die bereits ausgebaute, resp. bis zum Zeitpunkt des Strombezuges ausgebaute Leistung und Bezug des Mehrbedarfes aus den großen Unternehmungen. (Diese Beschränkung scheint auf den ersten Blick eine Härte zu sein, sie verliert aber jede Bedeutung, weil der Strom aus den großen Werken billiger als zu den Selbsterzeugungskosten in den kleineren bezogen werden kann.) Die bestehenden Elektrizitätswerke werden somit die vorhandenen Maschinen entweder still setzen und den gesamten Strom aus den großen Unternehmungen beziehen oder sie in beliebiger Weise weiter betreiben und nur den Mehrbedarf eindecken. Sie werden letzteres Verfahren vorziehen, wenn die Ersparnisse durch den Strombezug kleiner sind als die Verzinsung und Abschreibung der vorhandenen Einrichtungen, und demgemäß die Maschinen so lange weiter betreiben, bis sie annähernd abgeschrieben sind.

5. Gewinnbeteiligung (nach Verzinsung und Abschreibungen) der bestehenden Unternehmungen an den Überschüssen der großen pro rata des Strombezuges.

6. Festsetzung von Bestimmungen, die auf eine Verbindung mit den benachbarten gleichartigen Unternehmungen abzielen. Einheitliche Regelung der hierfür maßgebenden technischen Größen. (Einheitliche Festsetzung der Hauptspannung, Periodenzahl, Regulierungsgrenzen usw., Ausbau der Netze nach einheitlichem System, das den Zusammenschluß, den Ausgleich der Belastung und die Lokalisierung von Fehlern ermöglicht; gegenseitige Reservestellung usw.)

7. Festsetzung oberer Tarifgrenzen für den Verkauf von Licht- und Kleinkraftstrom.

8. Industriestromlieferung zu Bedingungen, die den bestehenden Unternehmungen außer den Fortleitungskosten noch einen mäßigen Zwischengewinn lassen (gegebenenfalls direkte Stromlieferung unter Festlegung des Zwischengewinnes).

Sofern der Staat die Gründung der Unternehmungen nicht selbst in die Hand nehmen will oder kann, sollte den bestehenden Werken, einerlei ob sie kommunaler oder privater Natur sind, auch die finanzielle Beteiligung an den großen ermöglicht werden, etwa in der Weise, daß die durch den Fortfall der Investitionen in eigenen Kraftanlagen frei werdenden Kapitalien zur Beteiligung an dem großen Unternehmen benutzt werden.

Der Staat kann seine Rechnung hierbei auf zweierlei Wegen finden, und zwar einmal durch Festlegung eines Übernahmerechtes (natürlich zu Bedingungen, die die freie Entwicklung der Unternehmungen nicht hindern) etwa nach Ablauf einer längeren Frist (40 Jahre); zweitens durch Festlegung einer Gewinnbeteiligung. (Beispielsweise in der Art, daß der nach einer Bilanznorm zu berechnende Gewinn über 7 % zu $^1/_3$ den Stromabnehmern, zu $^1/_3$ dem Fiskus und zu $^1/_3$ der Gesellschaft zufällt, da auch bei dieser ein Anreiz, die Prosperität des Unternehmens durch möglichst sparsamen Betrieb und gesunde Entwicklung zu fördern, gewahrt werden muß.)

II. Technische Entwicklung. Mit den erweiterten Aufgaben der Elektrizitätswerke geht die technische Entwicklung der letzten Jahre Hand in Hand, insbesondere zwingt der Anschluß industrieller Betriebe zu größter Wirtschaftlichkeit der Erzeugung. Die längst bekannte Trennung der Kapitalkosten in konstante und veränderliche und die neuerdings ebenso für die auftretenden Verluste durchgeführte Trennung in feste und zusätzliche haben den Weg, auf dem trotz der wechselnden Belastung große Verbesserungen erzielt werden können, klar gezeigt. Höhere Ausnutzung des Materials, Herabziehung der Gewichte ohne Beeinträchtigung der Betriebssicherheit, Verkleinerung des umbauten Raumes und der bebauten Grundfläche, sind die zur Herabsetzung des Anlagekapitals angewandten Mittel. Die Einführung selbsttätigen Betriebes (Kohle und Aschebewegung, selbsttätige Feuerung, selbsttätige Aschen- und Schlackenbeseitigung, Speisewasserregelung, Reinigungseinrichtungen und selbsttätige Schaltungen) sorgt für die Verringerung der Personalkosten, die Verminderung der kühlenden Oberflächen, des Kraftverbrauches der Hilfsbetriebe (Kondensation), der Eisenverluste usw. für die Verkleinerung der konstanten Verluste.

Die Zahl der in den letzten Jahren ausgeführten Verbesserungen ist außerordentlich groß, die Anwendung der einzelnen ist zwar für den Betrieb nicht von ausschlaggebender Bedeutung, ihre Gesamtwirkung hat jedoch zu einer völlig neuen Ausgestaltung der Elektrizitätswerke geführt, die heute ein ganz anderes Aussehen als noch vor wenigen Jahren zeigen.

Folgt man dem Wege der Energie, so ergibt sich folgendes Bild: Kohlenstapelung außerhalb der Kesselhäuser, möglichste Beseitigung oder Beschränkung der früher beliebten Kesselhausbunker. Förderung der Kohlen durch einen ununterbrochenen Transportvorgang bis zur Feuerung an Stelle der früher angewandten einzelnen Förderabschnitte. Automatische Feuerung für Handfeuerung. Zusammenbau von Kesseln und Ekonomisern und Anwendung schmiedeeiserner Ekonomiser an Stelle gußeiserner zum Zwecke möglichster Herabziehung des Baukapitals und der kühlenden Oberflächen. Einzelekonomiser statt Gruppenekonomiser. Einzelkamine statt Gruppenkamine. Schmiedeeiserene Kamine statt gemauerter Kamine. Künstlicher Zug (häufig nach dem Ejektorsystem) statt natürlichen Zuges. Möglichste Herabziehung der Widerstände innerhalb des Kessels und Ekonomisers, um die noch mit natürlichem Zug erreichbare Leistung möglichst hoch zu treiben und die Ventilatorarbeit zu vermindern. Erhöhung der mittleren Kesselbelastung ohne Steigerung der maximalen Beanspruchung in den ersten Zügen. Anwendung hoher Überhitzung mit selbsttätiger Temperaturregulierung und automatischer Wasserstandsregelung. Herabsetzung des Wasserinhalts der Kessel in Verbindung mit rascher Feuerungs- und Zugregulierung. Wesentliche Erhöhung der Dampfgeschwindigkeit in den Rohrleitungen und möglichste Herabziehung der Länge des Weges zwischen Kesseln und Maschinen, in Verbindung damit Herabsetzung der Rohrwiderstände durch Verringerung der Zahl der Absperrorgane und Ersatz der Ventile durch Schieber. Verbesserung der Oberflächen-Isolierung der Kessel und Rohrleitungen (Flanschisolierung). Erhöhung der Leistungsgrenze der Dampfturbinen und Generatoren für gegebene Tourenzahlen. Steigerung der Überlastbarkeit für kurze Zeit. Verbesserung der Kurzschluß- und Durchschlagsfestigkeit. In der Kondensationsanlage Erzielung höchsten Vakuums mit geringster Arbeit der Hilfsmaschinen. Beseitigung der Luft im Speisewasser, Kraftschluß der Zirkulationspumpen, möglichst kurze Wasserwege und große Wasserquerschnitte. Dampfantrieb der Hilfsbetriebe für die Kondensation im Interesse größerer Betriebssicherheit.

Auch in dem Aufbau der Schaltanlagen zeigt sich in der Richtung erhöhter Betriebssicherheit gerade in den letzten Jahren eine gesunde Entwicklung: Einführung eines einheitlichen Sicherheitsgrades und einheitlicher Isolatorenformen für alle eingebauten Apparate. Wahl großer Abstände und Unterbringung der Leitungsenden mit deren Schutzvorrichtungen, der Sammelschienen und der Schalteinrichtungen in getrennten Stockwerken. Beseitigung der Gefahren der Ölbrände durch Aufstellung der Transformatoren und der Schalter in besonderen Abteilungen, rascher Abfluß brennenden Öles durch fest angeschlossene Rohrleitungen. Desgleichen findet sich überall das ernsthafte Bestreben, durch Verbesserung und Umgestaltung der Schalter auch die Schaltvorgänge (insbesondere für größere Leistungen und Freileitungsnetze) sicherer zu gestalten. Ebenso zeitigt das ständige Studium der Überspannungserscheinungen heute schon zweckmäßige Vorrichtungen zur Herabminderung der Gefahren; die Verbesserung der Schalteinrichtungen wird sich in den nächsten Jahren hauptsächlich in diesen beiden Richtungen bewegen (Wiedereinführung der Widerstandsschaltung).

Bei dem Bau der Leitungsnetze hat die mit steigender Entfernung und Leistung zunehmende Einführung höherer Betriebsspannung fast wider Erwarten zu dem Ergebnis geführt, daß mit erhöhter Spannung die Betriebssicherheit der Leitungen selbst gestiegen ist. Durch Vergrößerung der Maßabstände, Einrichtungen für Vogelschutz, zweckmäßige Ausbildung des Schutzes gegen atmosphärische Entladungen sucht man sie weiter zu verbessern. Auch der Beseitigung der der Luftschiffahrt drohenden Gefahr durch Kenntlichmachung der Hochspannungsleitungen wird zurzeit große Aufmerksamkeit entgegengebracht.

Eine gesunde Weiterentwicklung bahnt sich ferner in der durch die Bestrebungen des Bundes für Heimatschutz geförderten architektonischen Ausbildung der Elektrizitätswerke und der Transformatorenstationen an, die zu dem Ergebnis geführt hat, daß sich die Architektur dem gewollten Zwecke und der heimischen Bauweise anpaßt, ohne in den Fehler der Schablone zu verfallen. Die neuesten Bauten bieten auch in der Hinsicht ein erfreuliches Bild.

Ob und inwieweit die von Bone und Schnabel entwickelte Oberflächenverbrennung und die damit anscheinend erzielbare außerordentlich hohe Kesselbeanspruchung (bis zu 150 kg pro qm durchschnittlich) zur Einführung der Generatorgasfeuerung in Elektrizitätswerken führen wird, bleibt abzuwarten. Die früher in dieser Richtung angestellten Rechnungen und Versuche haben zu günstigen Ergebnissen nicht geführt, weil einesteils der Kesselwirkungsgrad für Gasfeuerung zu niedrig und andernteils die Hinzufügung einer chemischen Fabrik zur Gewinnung der Nebenprodukte den Nachteil der Wärmeverluste nur dann hätte ausgleichen können, wenn die Werke mit viel besserem Ausnutzungsfaktor arbeiten würden, als dies tatsächlich der Fall ist. Durch das neue Verfahren wird anscheinend zunächst der Nachteil des schlechten Kesselwirkungsgrades beseitigt und durch die geringeren Anlagekapitalien für die Kesselanlagen zweifellos ein großer Vorsprung erreicht. Es ist deshalb jetzt wohl denkbar, daß sich für sehr große Elektrizitätswerke (die natürlich noch mit sehr gutem Ausnutzungsfaktor arbeiten müssen) resp. für den jenigen Teil der Belastung, der mit gutem Belastungsfaktor abgetrennt werden kann, ein wirtschaftlicher Vorteil ergibt. Man sollte sich aber davor hüten, den erzielbaren Gewinn zu überschätzen.

Das anzustrebende Ziel ist gekennzeichnet, der zu ihm führende Weg konnte nur angedeutet werden. Es fehlt noch der Beweis, daß die vorgeschlagenen wirtschaftlichen und technischen Maßnahmen auch tatsächlich auf diesem Wege liegen. Um ihn zu erbringen, habe ich meine neueren und älteren Arbeiten auf diesem Gebiete in einem Buche „Bau großer Elektrizitätswerke" zusammengefaßt.

Berlin, im März 1913.

G. Klingenberg.

Inhaltsverzeichnis.

Seite

Einleitung   1

I. Richtlinien für den Bau großer Elektrizitätswerke   1

  1. Grundbegriffe   2

    a) Anschlußwert, Benutzungsdauer, Belastungsfaktor, Gleichzeitigkeitsfaktor, Betriebs-
zeitfaktor   2

    b) Charakteristische Konsumkurven   3

    c) Wärmecharakteristik   3

    d) Wirtschaftliche Charakteristik   4

  2. Maschinenhaus   6

    a) Wahl der Maschinensätze   6

    b) Dampfdruck, Temperatur, Umlaufszahl   7

    c) Generatoren   7

    d) Überlastbarkeit   8

    e) Größe der Maschinensätze   9

    f) Dampfverbrauchscharakteristik, Jahresdampfverbrauch   9

    g) Erzeugung des Erregerstromes 10

    h) Hilfsbetriebe 11

    i) Elektrischer Antrieb der Hilfsbetriebe 11

    k) Dampfantrieb der Hilfsbetriebe 12

    l) Aufstellung der Maschinensätze im Maschinenraum 15

  3. Kesselhaus 15

    a) Kessel und Vorwärmer, konstante und veränderliche Verluste, Temperaturdiagramme 15

    b) Künstlicher Zug 21

    c) Überhitzer 23

    d) Aufstellung der Kessel 24

    e) Kohlenbunker 25

    f) Rohrleitungen 26

    g) Meßeinrichtungen 27

  4. Lagerung und Transport der Kohle außerhalb des Kesselhauses 30

  5. Aschentransport 32

  6. Schaltanlagen 35

    a) Wahl der Apparate 35

    b) Überlastung und Überspannung 38

    c) Sammelschienen 39

    d) Aufbau der Schaltanlagen 39

    e) Reinigung und Trocknung des Öles 40

    f) Anordnung der Betätigungstafel und des Schalthauses 44

  7. Lage des Werkes 48

  8. Architektur 51

  9. Zusammenfassung, Energieschema 54

**II. Kosten der elektrischen Übertragung der Energie im Vergleich mit den Transportkosten
der Kohle (Steinkohle und Braunkohle)** 57

Seite

III. Wirtschaftlichkeit und Energiegestehungskosten in Abhängigkeit von Größe und Ausnutzungsfaktor 66
   1. Rechnungsgrundlagen 66
   2. Wirtschaftliche Folgerungen 71

IV. Erstes Ausführungsbeispiel: Das Märkische Elektrizitätswerk 74
   1. Allgemeines 74
   2. Kohlenlager und Kohlentransport 76
   3. Kesselhaus 77
      a) Gebäude 77
      b) Kessel und Ekonomiser 77
      c) Speisepumpen 84
      d) Dampfleitungen und Rohrleitungssystem, Wasserversorgung 84
   4. Maschinenhaus 87
      a) Dampfturbinen 87
      b) Kondensatoren 87
      c) Generatoren 88
      d) Architektur 89
   5. Schaltanlage 90
      a) Schaltschema 90
      b) Einrichtung des Schalthauses 94
   6. Wirtschaftliche Ergebnisse 97
      a) Wärmecharakteristik 97
      b) Dampfverbrauchscharakteristik 99
      c) Wirtschaftliche Charakteristik 100

V. Grundlagen für die Tarifbildung 103
   1. Ermittelung der Selbstkosten 103
   2. Vergleich der Selbsterzeugung mit dem Anschluß an ein Elektrizitätswerk 104

VI. Zweites Ausführungsbeispiel: Die Anlagen der Victoria Falls and Transvaal Power Company in Südafrika 116
   1. Vorgeschichte 116
   2. Erster Bauabschnitt: Die Kraftwerke Brakpan und Simmerpan, das Nebenwerk Herkules 124
     A. Das Kraftwerk Brakpan 124
       a) Lage des Werkes 124
       b) Maschinenhaus 124
       c) Kohlenförderung und Kesselhaus 128
       d) Schalthaus 130
     B. Das Kraftwerk Simmerpan 130
       a) Kohlenförderung 130
       b) Kesselhäuser 130
       c) Maschinenhaus 132
       d) Schalthaus 134
     C. Das Nebenwerk Herkules 137
   3. Vorarbeiten für die weitere Entwickelung 137
      a) Allgemeines 137
      b) Kohlenvorkommen am Rand 140
      c) Wasservorkommen am Rand 141
      d) Belastungsfaktor und Leistung der einzelnen Teile der Anlagen 143
   4. Zweiter Bauabschnitt: Das Kraftwerk Roshervilledam und das Nebenwerk Robinson Central 147
     D. Das Kraftwerk Roshervilledam 147
       a) Lage des Werkes 147
       b) Kesselanlage und Kohlenförderung 147
       c) Wasserbeschaffung 148
       d) Maschinenhaus 158
       e) Schalthaus 160
       f) Kompressoranlage 162

Seite

E. Das Nebenwerk Robinson Central 162
    a) Allgemeines 162
    b) Kompressoranlage 165
F. Leitungsnetze 168
G. Unterwerke 171
H. Druckluftanlage 172

5. Vorarbeiten für die weitere Entwickelung 175
    a) Allgemeines 175
    b) Wegerechte 176

6. Dritter Bauabschnitt: Das Kraftwerk Vereeniging 177
    a) Maschinenhaus, Kesselhäuser, Kohlenförderanlage 177
    b) Schalthaus 181
    c) Verbindungsleitungen mit dem Rand 187

7. Zusammenfassung 190

I. Richtlinien für den Bau großer Elektrizitätswerke.

Der jeweilige Belastungszustand öffentlicher Elektrizitätswerke ist als eine gegebene und im voraus ziemlich genau bekannte Größe anzusehen, die durch den Bedarf der angeschlossenen Stromverbraucher festgelegt ist. Auch die Geschwindigkeit des Überganges von einer Belastungsstufe zur andern ist somit im voraus bekannt, sie geht aus der Belastungskurve hervor, die sich in der Regel von einem Tag zum andern (abgesehen von Feiertagen) nur wenig ändert; ihre Form hängt von der Eigenart des Verbrauches und von der Jahreszeit ab, ihr Verlauf zeigt auch zu gleichen Zeiten aufeinanderfolgender Jahre meist nur unwesentliche Verschiebungen. Einsichtige Betriebsleiter haben längst erkannt, daß durch Umgestaltung der Kurve große wirtschaftliche Vorteile zu erlangen sind und demgemäß durch geschickte Tarifbildung ständig auf ihre Verflachung hingearbeitet; bahnbrechend sind in dieser Hinsicht die Oberschlesischen Elektrizitätswerke (Tarif von Agthe) zuerst vorgegangen. Die durch Änderung der Kurve erzielbaren wirtschaftlichen Vorteile sind größer als die mit irgendwelchen andern technischen Mitteln erreichbaren, sie verdienen deshalb besondere Beachtung. (Über das Maß der erreichbaren Verbesserung geben die an späterer Stelle durchgeführten Rechnungen Aufschluß.) Aber selbst wenn man die Konsumkurve als etwas fest Gegebenes ansieht, so bieten sich doch dem Betriebsleiter für die Erzeugung des jeweiligen Bedarfes mannigfaltige Möglichkeiten, weil er zu seiner Deckung verschiedene Maschinen und Kessel heranziehen und die Belastung auf die einzelnen innerhalb weiter Grenzen beliebig verteilen kann. Bestehen also für jede Belastungsstufe fast unbegrenzt viele Betriebsarten, so muß doch eine die wirtschaftlich günstigste sein, d. h. es gibt für jede Belastungsstufe eine bestimmte Gruppierung von Maschinen und eine bestimmte Verteilung der Belastung auf diese, die die geringsten Unkosten verursacht. Wenn wir unsere Betrachtungen für jede Belastungsstufe auf diese beschränken, so ergibt sich eine eindeutige Betriebsführung des ganzen Werkes, man kann es als einheitliche Maschine ansehen, die wie jede andere Betriebsmaschine den auftretenden Belastungsschwankungen zu folgen hat und deren Wirkungsgrad dann nur von der jeweiligen Belastung abhängt.

Es soll damit nicht behauptet werden, daß der praktische Betrieb sich stets der für jede Belastungsstufe günstigsten Betriebsform anpassen ließe. Treten z. B. plötzliche Belastungsänderungen nur vorübergehend auf (Bahnkraftwerke), so wird man sich diesen nicht durch Änderung der Zahl der betriebenen Maschinen anzupassen suchen, wenn die neue Belastung auch an sich durch eine andere Gruppierung der Maschinen wirtschaftlicher gedeckt werden könnte, sondern möglichst die einmal in Betrieb befindlichen Maschinen beibehalten und ihnen gegebenenfalls auch kurzzeitige Überlastungen zumuten, weil das An- und Absetzen neuer Maschinen größere Wärmeverluste bedingt, als die Ersparnis durch günstigere Belastung ausmachen würde. Derartige Ausnahmefälle können aber bei den nachfolgenden Betrachtungen unberücksichtigt bleiben, da es sich bei diesen lediglich um grundsätzliche Erwägungen handelt.

1. Grundbegriffe.

a) Anschlußwert, Benutzungsdauer, Belastungsfaktor, Gleichzeitigkeitsfaktor, Betriebszeitfaktor.

Einen raschen Überblick über die Betriebsverhältnisse geben folgende Begriffe:

1. Anschlußwert: Summe des Kraftbedarfes aller an ein Elektrizitätswerk angeschlossenen Konsumapparate (in KW).

2. Benutzungsdauer der Zentrale: Sie ergibt sich durch Division der jährlich ins Leitungsnetz abgegebenen Kilowattstunden durch das Zentralenmaximum in KW[1]).

3. Belastungsfaktor der Zentrale: Verhältnis der mittleren Jahresbelastung zum Zentralenmaximum. Man erhält den Belastungsfaktor, wenn man die Benutzungsdauer (vgl. 2) durch 8760 dividiert[1]).

4. Belastungsfaktor des Konsumenten:
   a) Verhältnis der mittleren aus dem Leitungsnetze entnommenen Energie zur maximalen.
   b) Verhältnis der mittleren aus dem Leitungsnetze entnommenen Energie zum Anschlußwert des Konsumenten.

   (a und b müssen, um Irrtümer zu vermeiden, sorgfältig unterschieden werden, als „Belastungsfaktor, bezogen auf das Maximum" und „Belastungsfaktor, bezogen auf den Anschlußwert".)

5. Gleichzeitigkeitsfaktor: Verhältnis des wirklich auftretenden Netzmaximums zur Summe der bei den einzelnen Konsumenten oder Konsumgruppen auftretenden Einzelmaxima.

6. Ausnutzungsfaktor der Zentrale: Verhältnis der mittleren Jahresbelastung zu der in der Zentrale installierten Maschinenleistung[2]). Der Ausnutzungsfaktor hängt von dem Belastungsfaktor und dem Betrag der jeweils verfügbaren Reserven ab. Er verringert sich also sprungweise bei jeder Neuinstallation von Betriebsmaschinen und wird gleich dem Belastungsfaktor, sobald die voll ausgenutzte Zentrale ohne Reserven arbeiten würde.

7. Betriebszeitfaktor: Verhältnis der Summe der jährlichen Maschinenbetriebsstunden zu der maximal möglichen, die sich ergibt, wenn man die Zahl der vorhandenen Maschinen mit 8760 multipliziert[3]).

---

[1]) Einer der unter 2 und 3 genannten Begriffe genügt zur Charakterisierung der Belastungsverhältnisse: In Deutschland hat sich der Begriff der Benutzungsdauer eingebürgert, während in England allgemein mit dem Belastungsfaktor gerechnet wird.

[2]) Der Begriff „Ausnutzungsfaktor" findet sich mehrfach in der Literatur, es wird ihm jedoch eine andere Bedeutung beigelegt: vielfach wird das Verhältnis des Zentralenmaximums zur installierten Leistung damit bezeichnet, andere benutzen diesen Ausdruck an Stelle des Belastungsfaktors; manchmal wird auch das Verhältnis des Zentralenmaximums zur installierten Leistung, abzüglich der Reserven, darunter verstanden.

Obige Definition ist deswegen zweckmäßig, weil wirtschaftliche Rechnungen nur nach dieser einwandfrei durchgeführt werden können. Es empfiehlt sich also, den Begriff „Ausnutzungsfaktor" durch obige Definition ein für allemal festzulegen.

[3]) Der Betriebszeitfaktor ist eine neu definierte Größe, deren Einführung sich in wirtschaftlichen Rechnungen als nützlich erweist, weil sie mit größerer Genauigkeit durchgeführt werden können. Aus der Statistik bestehender Elektrizitätswerke läßt sich der Betriebszeitfaktor ohne weiteres festellen, weil die Maschinenbetriebsstunden ohnehin registriert zu werden pflegen. Für Projekte ist der Betriebszeitfaktor aus dem angenommenen Konsumdiagramm zu ermitteln, seine Größe wird wesentlich beeinflußt durch die Zahl von Maschinensätzen, die z. Zt. des Maximums gleichzeitig laufen müssen. Bei der üblichen Voraussetzung, daß in einem Elektrizitätswerke mindestens ein voller Maschinensatz größter Leistung als Reserve vorhanden sein muß, ergibt sich eine weitere Eingrenzung des Betriebszeitfaktors durch die Tatsache, daß mindestens ein Maschinensatz gleich-

b) Charakteristische Konsumkurven.

In den Abb. 1a bis 1f sind einige charakteristische Tagesbelastungskurven von Elektrizitätswerken wiedergegeben, aus denen der Einfluß der wichtigsten Konsumarten auf die Belastung zu ersehen ist.

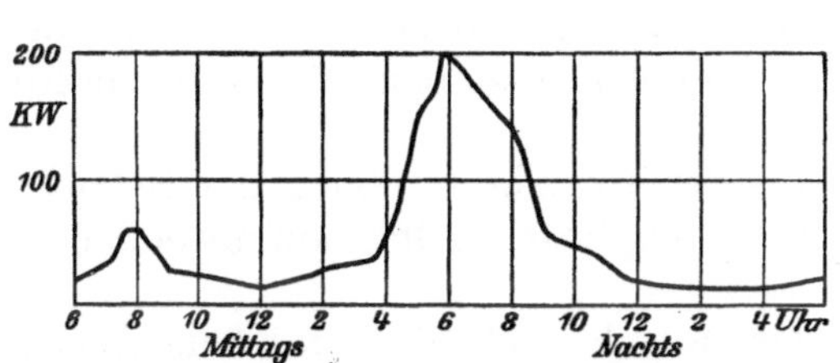

Abb. 1a. Winterkurve einer Kleinstadt (Wolfenbüttel). [Vorwiegend Lichtkonsum, mäßiger Kleinmotorenanschluß, kein Industrieanschluß.]

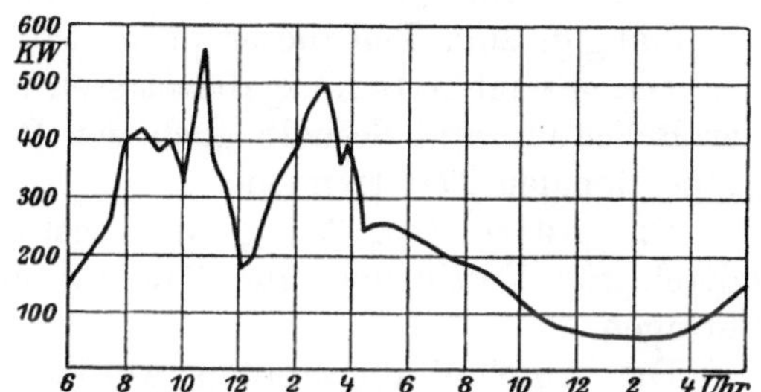

Abb. 1b. Herbstkurve einer landwirtschaftlichen Überlandzentrale (Birnbaum—Meseritz—Schwerin). [Landwirtschaftliche Motoren und Licht.]

Die besonderen Belastungsverhältnisse müssen bei der Projektierung berücksichtigt werden, wenn das günstigste wirtschaftliche Ergebnis erzielt werden soll; dabei ist das Ergebnis der folgenden kurzen Überlegungen in Rechnung zu stellen:

Die gesamten jährlichen Ausgaben bestehen teils aus Barausgaben, teils aus indirekten Unkosten.

Zu ersteren gehören die Ausgaben für Betriebsmaterialien (Kohle, Öl, Putzwolle usw.), Personal, Reparaturen, Versicherungen, Konventionalstrafen usw.

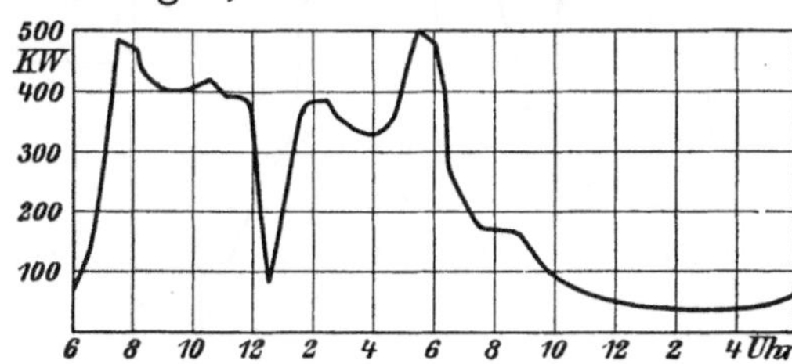

Abb. 1c. Winterkurve einer Kleinstadt mit Industrieanschluß (Lahr).

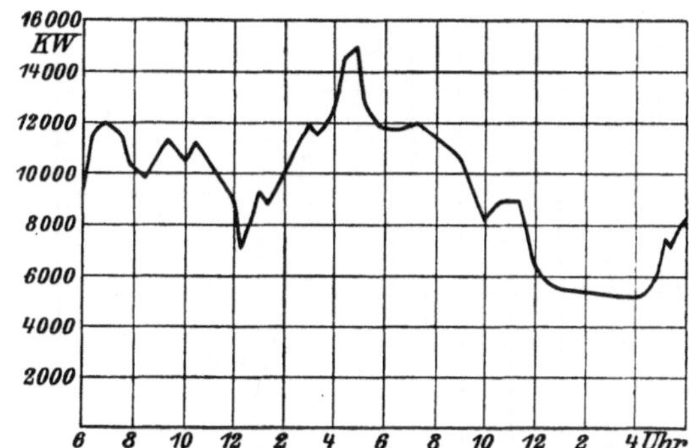

Abb. 1d. Winterkurve eines Großindustriebezirks (Oberschlesische Elektrizitätswerke). [Vorwiegend industrieller Konsum, verhältnismäßig wenig Lichtkonsum.]

c) Wärmecharakteristik.

Den größten Teil hiervon erfordert der Brennstoffverbrauch, dessen Abhängigkeit vom Belastungsfaktor an Hand der Brennstoff- oder Wärmecharakteristik der Zentrale zu ermitteln ist.

Wie später eingehender erörtert werden wird, kann die Abhängigkeit des Brennstoffverbrauches von der jeweiligen Belastung des Werkes innerhalb der vorkommenden Belastungsgrenzen annähernd durch eine gerade Linie dargestellt werden. Rückwärts verlängert, schneidet sie auf der Ordinatenachse ungefähr denjenigen Verbrauch an Brennstoff ab, der für Inbetriebhaltung des unbelasteten Werkes aufgewendet werden muß und der zur Deckung des konstanten Teiles der Energieverluste dient.

zeitig steht. Sind in einem Elektrizitätswerk im ganzen nur zwei Maschinensätze vorhanden, so wird der Betriebszeitfaktor 0,5; sind drei Maschinensätze vorhanden, so ist der Betriebszeitfaktor größer als 0,33 und kleiner als 0,67, bei vier Maschinensätzen ist er größer als 0,25 und kleiner als 0,75 usw.; außerdem kann er nie kleiner als der Belastungsfaktor werden.

d) Wirtschaftliche Charakteristik.

In ähnlicher Weise hängen die Ausgaben für Öl, Putzwolle usw. und bis zu einem gewissen Grade auch die Personalkosten von der Belastung des Werkes ab.

Die Reparaturkosten sind ebenfalls zum Teil konstant und von der Belastung unabhängig, zum Teil dieser proportional.

Die gesamten Barausgaben lassen sich somit in einen konstanten und in einen der Belastung und deshalb auch der Benutzungsdauer bzw. dem Belastungsfaktor proportionalen Teil trennen.

Die indirekten Ausgaben bestehen aus den für Abschreibung der Betriebsmittel, für Verzinsung und Tilgung des Anlagekapitals u. dgl. aufzuwendenden Beträgen.

Die Abschreibungsquoten werden in der Regel nach der wahrscheinlichen Lebensdauer der einzelnen Teile der Anlage ein für allemal festgesetzt. Richtiger wäre es allerdings, für stark in Anspruch genommene Teile auch höhere Abschreibungsquoten zu wählen und sie von der wirklichen Benutzungsdauer bzw. vom Belastungsfaktor abhängig zu machen. Häufig wird so verfahren, daß nicht auf die einzelnen Teile des Werkes, sondern auf die ganze Anlage einschließlich der

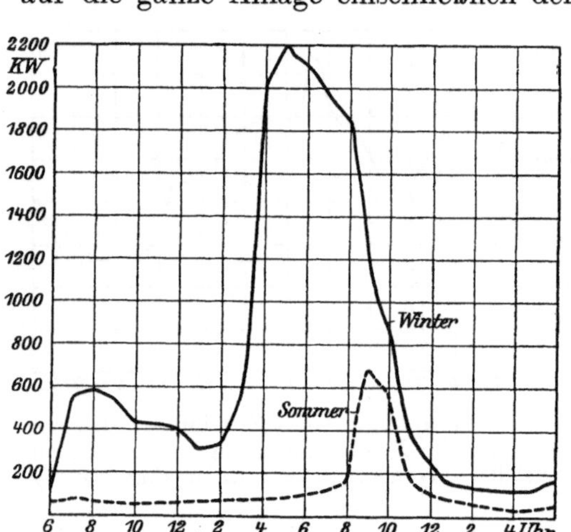

Abb. 1 e. Größte Winterkurve und kleinste Sommerkurve (Sonntag) einer Großstadt (Königsberg ohne Straßenbahnkonsum). [Vorwiegend Lichtkonsum, mäßiger Kleinmotorenanschluß, kein Industrieanschluß.]

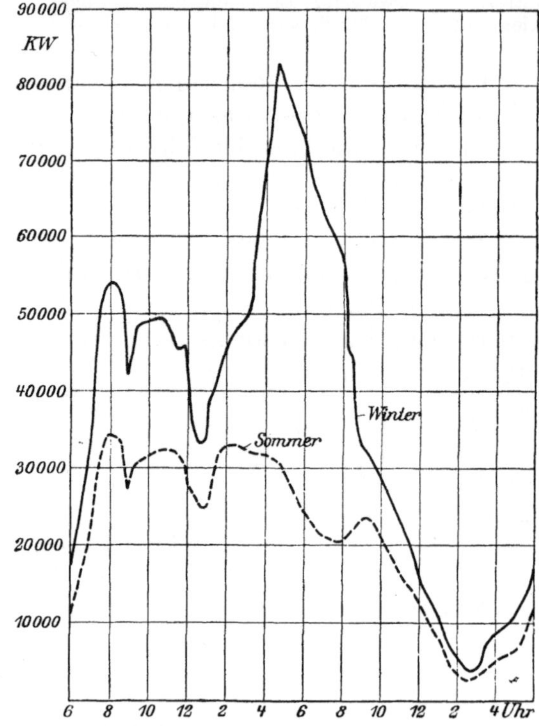

Abb. 1 f. Winter- und Sommerkurve einer Großstadt (Berlin). [Großer Lichtanschluß, industrieller Anschluß, großer Straßenbahnkonsum.]

Netze eine durchschnittliche Abschreibung vorgenommen wird; in Anbetracht des hohen Altwertes der Leitungsnetze werden unter normalen Verhältnissen hierfür 3 bis 4 % als ausreichend angesehen.

Die für Verzinsung und Tilgung des Anlagekapitals aufzuwendenden Summen sind ihrer Natur nach als konstante Ausgaben anzusehen, so daß sich sämtliche indirekten Ausgaben als einen konstanten und von der Belastung des Werkes unabhängigen Kostenbetrag darstellen.

Trägt man in ein Diagramm die ermittelten totalen Betriebskosten für jede Belastung ein, so wird die Abhängigkeit dieser beiden Größen innerhalb der auftretenden Grenzen wiederum annähernd durch eine Gerade dargestellt, die als wirtschaftliche Charakteristik der Zentrale bezeichnet werden möge. Sie schneidet auf der Ordinatenachse den von der Belastung unabhängigen Teil der Gesamtausgaben ab.

Ist das Tagesbelastungsdiagramm bekannt, so kann mit Hilfe der wirtschaftlichen Charakteristik das Diagramm der Betriebskosten gezeichnet werden, dessen Flächeninhalt die Produktionskosten des betreffenden Tages ergibt. (Abb. 2.)

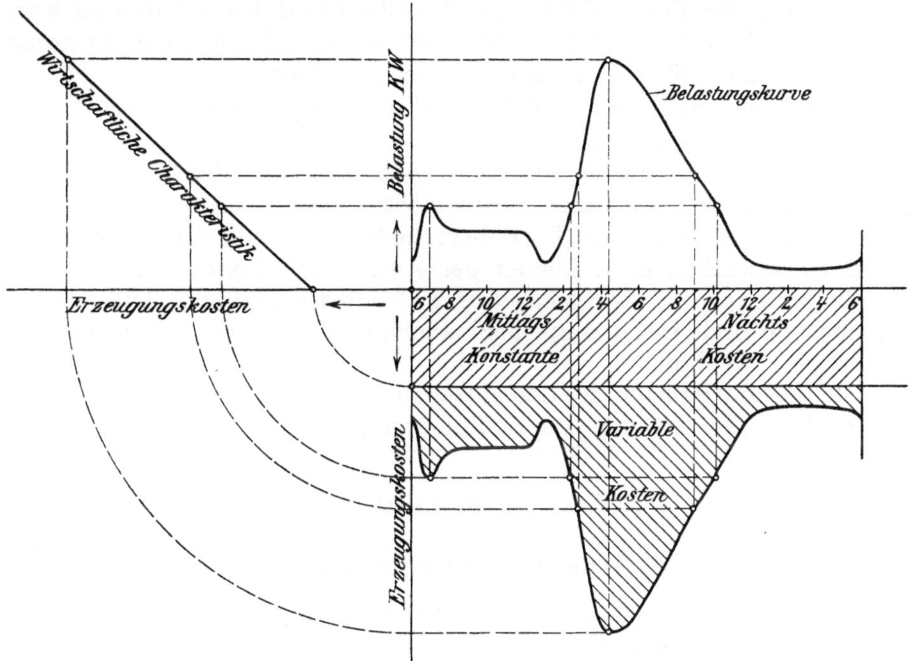

Abb. 2. Wirtschaftliche Charakteristik und Tagesbetriebskosten.

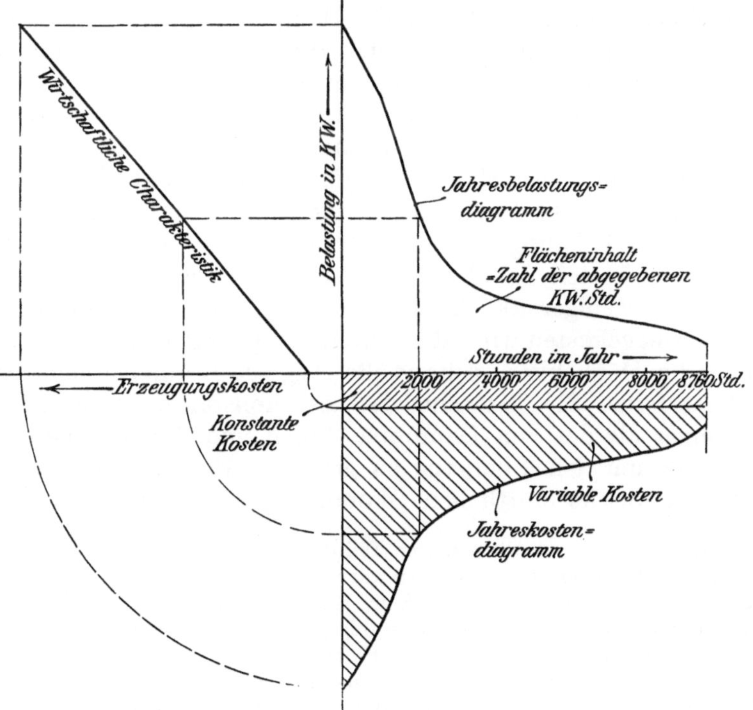

Abb. 3. Jahreskostendiagramm.

Die jährlichen Produktionskosten sind in Abb. 3 durch Vereinigung der wirtschaftlichen Charakteristik mit dem Jahresbelastungsdiagramm aufgezeichnet. Letzteres wird aus den täglichen Belastungskurven dadurch erhalten, daß die einzelnen Belastungsstufen mit derjenigen Jahresstundenzahl aufgetragen werden, die für die betreffende Stufe gilt. Bei neu zu projektierenden Werken ist dieses Diagramm in einfacher Weise aus den Konsumerhebungen und der hierbei zugrunde gelegten Benutzungsdauer unter Berücksichtigung des Gleichzeitigkeitsfaktors zu ermitteln.

Je kleiner der Ausnutzungsfaktor, desto größer wird der Einfluß der konstanten Kosten, während der Vollastwirkungsgrad der einzelnen Anlageteile, der vielfach als ausschlaggebendes Kriterium für deren Güte angesehen wird, die Erzeugungskosten tatsächlich nur wenig beeinflußt.

Man muß also zur Erzielung des günstigsten wirtschaftlichen Ergebnisses bei der Projektierung eines Kraftwerkes desto mehr bemüht sein, jeden der drei Faktoren: Anlagekapital, konstante Betriebsverluste und Bedienungskosten, auf das Mindestmaß zu beschränken, je kleiner der Ausnutzungsfaktor ist.

Eine Verminderung des Anlagekapitals darf selbstverständlich nur durch zweckmäßige Bemessung und Anordnung, nicht aber auf Kosten der Güte und Betriebssicherheit erstrebt werden[1]).

Die nachfolgende Beurteilung der einzelnen Teile der Anlagen wird sich somit wesentlich nach diesen Erwägungen richten müssen.

2. Maschinenhaus.

a) Wahl der Maschinensätze.

Die Einführung der Dampfturbine hat den Bau der Kraftwerke in neue Bahnen gelenkt und die Erzeugungskosten des Stromes auf Werte herabgedrückt, an die man früher nicht zu denken wagte. Dieses Resultat ist nicht etwa durch bessere Ökonomie der Dampfturbine hervorgerufen worden (gute Dampfmaschinen haben, wenigstens bei Vollast, nicht schlechteren Dampfverbrauch als Dampfturbinen), sondern lediglich auf die außerordentliche Herabsetzung des konstanten Teiles der Unkosten zurückzuführen. Die Dampfturbine ist nicht nur an sich wesentlich billiger als die Dampfmaschine gleicher Leistung, große Einheiten lassen sich auch leichter und einfacher ausführen. Während man früher 5000 bis 6000pferdige Landdampfmaschinen (z. B. in den Berliner Elektrizitätswerken) als die größten ihrer Art mit Erstaunen betrachtete, sind heute 10000pferdige Dampfturbinen schon Normalfabrikat geworden und Leistungen von 25000 bis 30000 Pferdekräften keine Seltenheit; die Herstellungskosten der Maschinen mit den dazu gehörigen Generatoren sind gleichzeitig auf weniger als die Hälfte gesunken. Eine weitere wesentliche Verringerung der Anlagekosten wird aber durch den geringen spezifischen Platzbedarf und eben durch die Möglichkeit, sehr große Aggregate aufzustellen, erzielt.

Von Wert ist ferner die Tatsache, daß der konstante Verbrauch von Turbogeneratoren geringer als der von Dampfmaschinen und deren Generatoren ist, ein Umstand, der wiederum den Übergang zu größeren Einheiten erleichtert, weil die Unterschiede in der durchschnittlichen Ökonomie größerer und kleinerer Einheiten

---

[1]) Aussichtsvoll erscheint es, den konstanten Teil der Jahresbelastung mit möglichst ökonomisch arbeitenden Betriebsmitteln zu erzeugen, für den variablen Teil hingegen vorzugsweise auf geringes Anlagekapital zu sehen (Spitzenzentralen). Eine Kombination von Gasmaschinen bzw. Dieselmotoren mit Dampfturbinen oder von Wasserkraftanlagen mit Dampfzentralen wird sich aus diesem Grunde in manchen Fällen empfehlen. Für die Elektrifizierung der Berliner Stadtbahn sind zwei Kraftwerke geplant, wovon das eine auf einer Braunkohlengrube gelegen und für die durchlaufende gleichmäßige Belastung bestimmt ist, während das andere mit Steinkohlen betrieben zur Deckung der Spitzen in Berlin errichtet wird.

geringer sind als bei Dampfmaschinen. Schließlich sind noch die größere Betriebssicherheit und die geringen Kosten für Wartung und für Schmier- und Putzmaterialien hervorzuheben. Ein ziffernmäßiger Vergleich erübrigt sich an dieser Stelle, da er schon wiederholt angestellt wurde, es bleiben vielmehr nur diejenigen Verbesserungen zu erörtern, die in neu zu errichtenden Turbinenanlagen noch erzielt werden können.

b) Dampfdruck, Temperatur, Umlaufzahl.

Dampfspannung und Dampftemperatur haben mit 12 bis 14 at und 300 bis 325⁰ gewissermaßen Normalwerte erlangt; eine Steigerung der Temperatur verbietet sich schon mit Rücksicht auf die Kesselkonstruktionen, bei denen die Dampftemperatur unter Umständen bereits über 350⁰ steigt. Weitere Steigerung der Dampfspannung bringt ebenfalls keine Vorteile, weil der größte Teil der Arbeit gerade aus dem Niederdruckteil des Dampfdiagramms gewonnen wird; man würde bloß Schwierigkeiten in den Kauf nehmen müssen, deren Bewältigung in keinem Verhältnis zu dem zu erwartenden Gewinn steht. In wirtschaftlicher Hinsicht wertvoll ist es dagegen, die Leistungsgrenze, die für jede der Normaltourenzahlen (3000, 1500, 1000 . . .) noch anwendbar ist, möglichst zu steigern. Konstruktionshindernisse liegen allerdings wohl weniger in der Turbine als im Generator, bei dem die Wärmeabfuhr durch die verhältnismäßig kleine kühlende Oberfläche begrenzt ist. Die Verbesserung der Ventilationseinrichtungen bedarf somit besonderer Beachtung und läßt eine weitere Steigerung der Leistung erwarten.

Äußerste Herabziehung der Endspannung des Dampfes ist für die Ökonomie wesentlich. Eine Grenze wird hier lediglich durch Temperatur und Menge des zur Verfügung stehenden Kühlwassers gezogen; die Frage der Mindestgröße des Kondensators muß deshalb insbesondere dann geprüft werden, wenn die Wassertemperatur relativ hoch ist; hierbei ist die für die Förderung des Kühlwassers erforderliche Arbeit in Betracht zu ziehen. Vergleichsrechnungen werden häufig ergeben, daß die Anwendung größerer Wassermengen wirtschaftlicher ist als der Einbau größerer Kondensatoren.

Welches Turbinensystem den Vorzug verdient, möge hier unerörtert bleiben. Setzt man für jedes gleiche Betriebssicherheit, gleiche Lebensdauer und gleichen Platzbedarf voraus, so wird die Entscheidung vom Preis und vom Dampfverbrauch abhängen. Preis und Dampfverbrauch stehen aber in einem gewissen umgekehrten Verhältnis zueinander: Je größer bis zu einer bestimmten Grenze die Zahl der Laufräder und je reichlicher der Kondensator, desto geringer wird der Dampfverbrauch, umso höher aber der Preis der Maschine. Die geeignetste Type ist daher nach der mittleren Jahresbelastung und dem Brennstoffpreis zu bestimmen. Bei billigem Brennstoff (z. B. in Braunkohlenkraftwerken) und kleinem Belastungsfaktor wird eine billige Type den Vorzug verdienen, während teure Kohle und hoher Belastungsfaktor niedrigen Dampfverbrauch verlangen.

c) Generatoren.

Die Höhe der Generatorspannung sollte nach oben stets durch die Anwendungsmöglichkeit von Stabwicklung begrenzt sein, weil die Generatoren mit Rücksicht auf Betriebssicherheit so einfach als möglich auszuführen sind; der am stärksten gefährdete Teil, d. h. die Hochspannungswicklung, wird besser in besonderen Apparaten untergebracht. Drahtwicklungen für 10 000 und 15 000 V sind wohl mehrfach ausgeführt, sollten aber insbesondere in Verbindung mit Freileitungen nicht angewandt werden.

Häufig findet sich zwar das Bestreben, sie direkt für Netzspannungen von 10 000 und 15 000 V zu wickeln, doch haben derartige Hochspannungsgeneratoren einen prinzipiellen Nachteil: Bei freien Schwingungen und Überspannungen treten zwischen benachbarten Wicklungsdrähten Beanspruchungen auf, die die normalen Werte um ein Vielfaches überschreiten und zu Durchschlägen Anlaß geben, da ihre gegenseitige Isolationsfestigkeit viel geringer ist als die gegen Erde. Diese Gefahr ist bei Stabwicklung nicht vorhanden, weil die gegenseitige Isolation der Stäbe mindestens der gegen den Körper entspricht. Die zugehörigen Transformatoren können aber leichter überspannungssicher gebaut werden als die Hochspannungswicklung der Generatoren, der eventuelle Ersatz von Wicklungen kann gleichfalls schneller und billiger erfolgen.

Ob die Transformatoren dabei besser vor die Generatoren oder in die Speiseleitungen einzuschalten sind, hängt von den Konsumverhältnissen ab. Zu beachten ist aber, daß das in besonderen Transformatoren angelegte Kapital zum Teil zurückgewonnen wird, weil die Leistung der Stabwicklung nicht unbeträchtlich höher ist als die der Drahtwicklung; eine Steigerung der konstanten Verluste infolge Vermehrung der Magnetisierungsarbeit muß allerdings in Kauf genommen werden. Werden die Transformatoren jedoch gewissermaßen als Teile der Generatoren angesehen und mit diesen ab- und zugeschaltet, so wird durch die geringeren Kupferverluste im Generator auch hiervon ein Teil wieder ausgeglichen.

Das Bestreben, aus dem einzubauenden Material die größtmögliche Leistung herauszuziehen, wird schon durch Konkurrenz der Fabriken ausreichend gefördert; es ist so lange als erfreulich zu begrüßen, als sich nicht Nachteile für die Betriebssicherheit ergeben. Der häufig gemachte Einwand, daß die Charakteristik der Generatoren durch zu hohe Beanspruchung des Eisens und Kupfers verdorben würde, ist nicht stichhaltig, da man heute ohnehin ihre Reaktanz künstlich erhöht, um die Kurzschlußgefahr in den Anlagen zu verringern. Gute Regulierung wird auch bei stark abfallender Charakteristik durch Schnellregler erreicht, die eingebaut werden müssen, wenn starke und plötzliche Belastungsschwankungen häufig auftreten.

d) Überlastbarkeit.

Bei dieser Gelegenheit sei auf den Begriff der „Überlastbarkeit" hingewiesen, der nach englischer und deutscher Praxis verschieden aufgefaßt wird.

In englischen Ausschreibungen wird häufig verlangt, daß das Aggregat um einen gewissen Prozentsatz dauernd überlastbar sein soll, während nach deutschem Gebrauch die sich dann ergebende dauernde Maximalleistung in der Regel als Normalleistung angesehen wird. Über die Normalleistung hinaus wird dann für zwei Stunden eine $25\,^0/_0$ ige Überlastbarkeit (Normen des Verbandes Deutscher Elektrotechniker) verlangt. Es hat sich in Deutschland jetzt die Praxis herausgebildet, daß die Überlastbarkeit für die Maschine in kaltem Zustande gewährleistet wird; dies bringt natürlich in betriebstechnischer Hinsicht keine Vorteile, da die Erwärmung bei dauernder Normallast größer ist, und führt zu einem Mißverhältnis zwischen Leistung des Dampfteiles und der des Generators. Von Interesse für den Betrieb der Kraftwerke ist lediglich diejenige Spitzenleistung, die das Aggregat nach vorangegangener Normalbelastung für eine bestimmte kurze Zeit hergibt. Der Dampfteil muß natürlich imstande sein, diese Überlastung dauernd auszuhalten, so daß man es in Wirklichkeit mit einer größeren Dauerleistung des Dampfteiles und einer vorübergehenden Maximalleistung des Generators zu tun hat.

Der Forderung der Überlastbarkeit wird dampftechnisch häufig dadurch entsprochen, daß man Frischdampf in den Niederdruckteil eintreten läßt. Diese Maßnahme ermöglicht die Wahl einer verhältnismäßig kleinen Turbine auf Kosten des Dampfverbrauchs, sie empfiehlt sich daher besonders bei Anlagen mit geringem Belastungsfaktor oder billigem Brennstoff; von der Überlastbarkeit der Aggregate wird in vielen Betrieben allerdings falscherweise kein Gebrauch gemacht.

e) Größe der Maschinensätze.

Die Größe der einzelnen Maschinensätze richtet sich natürlich in erster Linie nach den Konsumschätzungen; doch sei ausdrücklich bemerkt, daß infolge übergroßer Vorsicht oft mit der Aufstellung zu kleiner Einheiten Fehler gemacht werden.

Vor allem ist auf die künftige Entwicklung Rücksicht zu nehmen, die schon beim ersten Ausbau eingehend erwogen werden muß; es empfiehlt sich daher die Aufstellung einer Rentabilitätsrechnung für verschiedene Ausbaustufen.

Man wird dann erkennen, bis zu welchem Maße eine Herabsetzung des Ausnutzungsfaktors für den ersten Ausbau gerechtfertigt ist, insbesondere bei solchen Anlagen, die eine baldige Steigerung des Anschlusses erwarten lassen. Wird mäßige Verringerung der anfänglichen Rentabilität in Kauf genommen, so kann häufig desto besseres Ergebnis nach kurzer Zeit erwartet werden.

Eine eingehende Rechnung ist ferner nötig, um festzustellen, ob es mit Rücksicht auf Ersparnis an Betriebsmitteln ratsam ist, für die Zeiten schwacher Belastung einen besonderen kleineren Maschinensatz aufzustellen, eine Einrichtung, von der heute mit Vorliebe Gebrauch gemacht wird. Eine richtig durchgeführte Vergleichsrechnung wird in den meisten Fällen ergeben, daß die Mehrkosten für Verzinsung und Abschreibungen die Ersparnisse an Betriebsmitteln übertreffen.

Der Wunsch, die Anlagekosten herabzusetzen, führt zur Aufstellung möglichst großer Maschinensätze. Der Einheitspreis pro KW nimmt allerdings bei Aggregaten von mehr als 5000 KW nicht mehr erheblich ab, wohl dagegen der Platzbedarf und damit die Kosten des Maschinenhauses und der Hilfseinrichtungen.

Große Einheiten haben zwar außerdem kleineren Dampfverbrauch bei hohen Belastungen und erfordern geringere Bedienungskosten, eine größere Zahl kleinerer Einheiten läßt sich dagegen den Belastungsschwankungen besser anpassen. Die endgültige Entscheidung hängt deshalb wiederum vom Belastungsfaktor und von der Form der Belastungskurve ab und kann meist nur auf Grund einer Rechnung getroffen werden, für die sich die Benutzung der Dampfverbrauchs-Charakteristik empfiehlt.

f) Dampfverbrauchs-Charakteristik.

Innerhalb der vorkommenden Belastungsgrenzen läßt sich der gesamte Dampfverbrauch annähernd durch eine Gerade darstellen. Rückwärts verlängert, schneidet sie auf der Ordinatenachse einen Wert ab, der für Dampfturbinen etwas unter dem wirklichen Leerlaufsverbrauch liegt. Es läßt sich somit der Dampfverbrauch Q mit ausreichender Genauigkeit nach der Formel $Q = a + b \cdot L$ darstellen, worin a den konstanten Teil des Dampfverbrauches, b den spezifischen Belastungsverbrauch und L die Belastung bedeutet.

Die Größe a wird für das wirtschaftliche Resultat wiederum desto mehr ins Gewicht fallen, je kleiner der Belastungsfaktor ist.

In Abb. 4 ist der Jahresdampfverbrauch aus dem Konsumdiagramm mit Hilfe der Dampfverbrauchscharakteristik ermittelt.

Anlagen, die gleichzeitig zwei Stromarten, z. B. Drehstrom und Gleichstrom, liefern müssen, werden heute in der Regel so eingerichtet, daß einzelne Maschinensätze nur die eine, andere nur die andere Stromart erzeugen; außerdem wird mindestens ein Maschinensatz als Doppelaggregat ausgebildet, so daß von diesem gleichzeitig beide Stromarten entnommen werden können. Dieser dient dann als gemeinschaftliche Reserve und wird außerdem zur Stromerzeugung in Zeiten schwacher Belastung herangezogen. In den meisten Fällen ist dieses leider übliche Projekt zu verwerfen, es ist richtiger, nur eine Stromart direkt zu erzeugen, und die andere durch Umformung aus ersterer zu gewinnen. Zwar müssen für einen wesentlichen

Teil der Stromlieferung die nicht unerheblichen Umformerverluste gedeckt werden, diese werden aber in der Regel mehr als ausgeglichen durch die Tatsache, daß für die einheitliche Erzeugung des gesamten Stromquantums besser und wirtschaftlicher arbeitende Anlagen geschaffen werden können. Zunächst erhält man eine geringere Anzahl größerer Maschinensätze, dann aber brauchen von diesen nur so viele laufen, als zur Deckung des Gesamtkonsums erforderlich sind, und es können hierfür die jeweils zweckmäßigsten Sätze herangezogen werden, während bei der üblichen Einrichtung soviel Maschinensätze jeder Kategorie laufen müssen, als für das Maximum jeder Stromart erforderlich sind. Die Umformerverluste werden somit durch die Dampfersparnis infolge besserer Belastung größerer Maschinensätze in der Regel aufgewogen. Führt man für bestimmte Fälle Vergleichsrechnungen unter Berücksichtigung des Betriebszeitfaktors durch, so läßt sich der wirtschaftliche Vorteil letzterer Anordnung auch rechnerisch nachweisen.

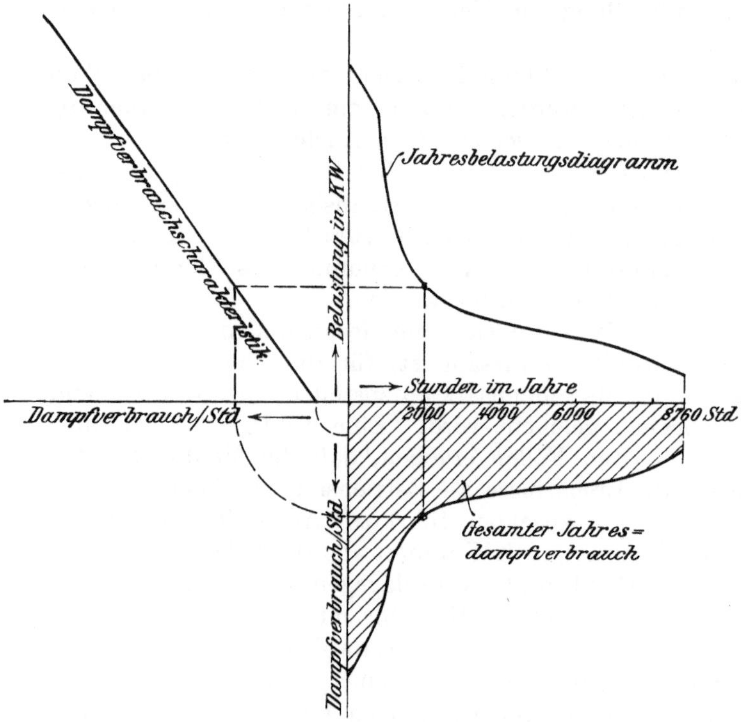

Abb. 4. Jahresdampfverbrauch.

g) Erzeugung des Erregerstromes.

Nach den eingangs erwähnten Grundsätzen sollte der Wirkungsgrad der Generatoren nicht bei der höchsten, sondern bei der tatsächlichen mittleren Belastung am besten sein[1]); der Energieaufwand für Erregung und die Größe der Eisenverluste sind als konstante Verluste hierfür ausschlaggebend.

Von wesentlichem Einfluß sind somit auch die Einrichtungen zur Erzeugung des Erregerstromes. Nach amerikanischer Praxis werden hierfür in großen Anlagen häufig besondere Dampfaggregate aufgestellt, die dann gleichzeitig den Strom für die übrigen Hilfsbetriebe liefern. Als maßgeblich wird von amerikanischen Ingenieuren die Frage der Betriebssicherheit hierbei in den Vordergrund gestellt. Zweifellos ist es im Interesse der Betriebssicherheit jedoch richtiger, die Erregermaschinen mit den Hauptmaschinen direkt zu kuppeln. Wird anderseits die Wirtschaftlichkeit als ausschlaggebend betrachtet, so muß gleichzeitig die Höhe des Anlagekapitals geprüft werden. Es ergibt sich dann, daß dieses von der Tourenzahl der Hauptmaschinen abhängt, und daß für schnellaufende Aggregate (Dampfturbinen) direkte Kupplung vorzuziehen ist. In Anlagen mit langsam laufenden Aggre-

---

[1]) Die einzige Ausnahme bilden Niederdruck-Wasserkräfte ohne Akkumulierung, da das Wasser bei schwacher Belastung ohnehin unbenutzt abfließt. Dagegen sind für Wasserkraftanlagen mit Hochdruckakkumulierung die gleichen Gesichtspunkte wie für Dampfanlagen maßgebend.

gaten, insbesondere also bei Wasserkraftanlagen, wird der Erregerstrom nach europäischer Praxis meistens durch Umformung gewonnen, wobei eine Batterie als Reserve dient.

h) Hilfsbetriebe.

Die Anlage der sogenannten Hilfsantriebe, von denen Kondensations-, Kühlwasser- und Speisepumpen die wichtigsten sind, verlangt sorgfältige Überlegung. Der Energieverbrauch ersterer ist zum großen Teil unabhängig von der Belastung, er gehört deshalb zu den konstanten Verlusten, deren Kosten nach Vorstehendem soweit wie möglich herabgezogen werden müssen. Die Hilfsmaschinen könnten nun zweifellos am billigsten betrieben werden, wenn ihr Energiebedarf von den Hauptmaschinen gedeckt würde, da er für diese eine zusätzliche Belastung darstellt, für die Dampf- bzw. Kohlenverbrauch außergewöhnlich niedrig ausfällt.

i) Elektrischer Antrieb der Hilfsbetriebe.

Diese Forderung führt in Turbinenzentralen naturgemäß zum elektrischen Antrieb der Hilfseinrichtungen; der Strom ist dann aus den Sammelschienen der Zentrale zu entnehmen, eine Anordnung, der solange keine Bedenken entgegenstehen, als man sicher sein kann, daß stets Strom zur Verfügung steht. Werden verschiedene Stromarten gleichzeitig erzeugt (kombiniertes Gleichstrom- und Drehstromwerk oder besondere Batterie), so lassen sich keine Einwände erheben.

Steht aber nur eine Stromart zur Verfügung, so ist zu befürchten, daß die Hilfsbetriebe eventuell schon bei starken Spannungsschwankungen stillgesetzt werden; es vergeht dann lange Zeit, bis die Zentrale wieder anlaufen kann. In einzelnen englischen Anlagen sucht man diesen Nachteil dadurch zu vermeiden, daß man den Strom für die Hilfsmaschinen direkt von den Klemmen der Generatoren mittels eines besonderen Transformators abzweigt (vgl. Abb. 5), und erzielt auch tatsächlich den Vorteil, daß die Hilfsbetriebe zusammen mit dem betreffenden Maschinensatz wieder anlaufen, wenn der Generator vorher erregt wird. Die elektrische Kupplung tritt also gewissermaßen an Stelle der mechanischen, die Abhängigkeit von Fehlern oder von Spannungsschwankungen an den Sammelschienen bleibt jedoch bestehen, so daß lediglich der Vorteil schnelleren Wiederanfahrens und Unabhängigkeit der einzelnen Hilfsbetriebe voneinander erzielt wird.

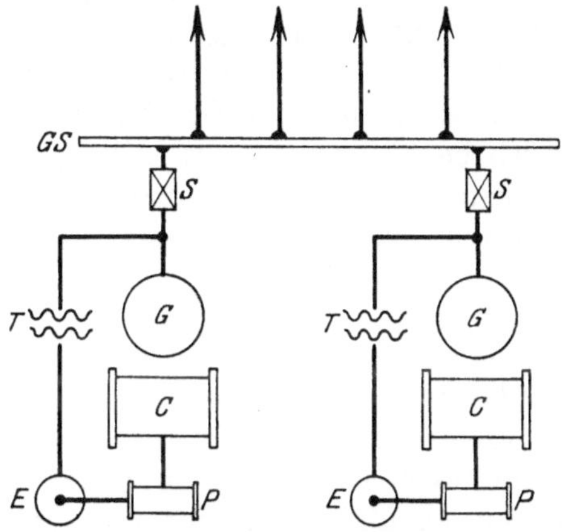

Abb. 5. Schaltschema für elektrischen Antrieb der Kondensationspumpen. $GS =$ Generator-Sammelschiene, $S =$ Schalter, $G =$ Generator, $T =$ Transformator, $C =$ Kondensator, $E =$ Elektromotor, $P =$ Pumpe für die Kondensation.

In kleineren Zentralen kann der Nachteil elektrischen Antriebes der Hilfsbetriebe durch Anordnung von Wechselventilen und Auspuffleitungen an den Hauptmaschinen gemildert werden. Dieses Hilfsmittel verliert jedoch schon bei Anlagen mittlerer Größe jede Bedeutung, weil die Kesselanlage das bei Auspuffbetrieb um 100 bis 120 %/0 gesteigerte Dampfquantum auch vorübergehend nicht zu liefern vermag; bei großen Anlagen versagt es vollkommen.

Von den meisten Betriebsleitern wird mit Recht größere Betriebssicherheit besserer Ökonomie vorgezogen; man verlangt deshalb, daß die Hilfseinrichtungen von unabhängigen Energiequellen betrieben werden. In Amerika hat man sogar verhältnismäßig unbedeutende Antriebe, z. B. Rostbewegung, häufig durch besondere kleine Dampfmaschinen bewirkt. Die anderen Hilfsmaschinen werden zwar elektrisch angetrieben, der Strom wird jedoch von einem Maschinensatz geliefert, der mit dem übrigen Betrieb keinen Zusammenhang hat. Nach unserer Anschauung sind solche Einrichtungen nur in sehr großen Zentralen berechtigt, wo der Kraftbedarf der Hilfsantriebe so beträchtlich ist, daß seine Wirtschaftlichkeit fast ebenso gut ist wie die der Hauptmaschinen.

k) Dampfantrieb der Hilfsbetriebe.

Die europäische Praxis bevorzugt aus vorerwähnten Gründen (Betriebssicherheit, Vereinfachung, schnelles Wiederanfahren) neuerdings mit Recht den Antrieb der Hilfsbetriebe durch Dampfmaschinen. Es taucht dann die Frage auf, ob es zweckmäßig ist, die Hilfsbetriebe vollständig oder teilweise zu zentralisieren. Ein solches Projekt würde beispielsweise darauf hinauslaufen, daß Luft-, Kondensat- und Kühlwasserpumpen, eventuell auch die Speisepumpen an einer Stelle vereinigt würden und daß die Größe der Aggregate sich nur nach dem Gesamtbedarf der Zentrale (natürlich unter Berücksichtigung der erforderlichen Reserve), nicht aber nach der Größe der Einzelaggregate zu richten hätte; man würde mit einer geringeren Anzahl Hilfsmaschinen auskommen und ökonomischeren Betrieb erreichen. Die Tatsache aber, daß Zentralisierung wesentlich ausgedehntere und kompliziertere Rohrleitungen bedingt und daß dadurch die Übersicht über den Betrieb nicht nur erschwert, sondern wiederum die Betriebssicherheit verkleinert wird, läßt dieses Projekt nur dann gerechtfertigt erscheinen, wenn besondere Verhältnisse (z. B. schwierige Beschaffung des Kühlwassers) vorliegen. Man wird die Hilfsbetriebe deshalb richtiger für jedes Maschinenaggregat gesondert und neben diesem aufstellen.

Da Dampfturbinen ohnehin Einzelkondensationen verlangen, weil Zentralkondensation zu große Druckverluste bringt, ergibt diese Anordnung somit auch die natürliche Lösung; man wird lediglich zu überlegen haben, welche der Hilfsbetriebe nunmehr durch gemeinschaftlichen Kraftantrieb zusammenzufassen sind, wobei wiederum der Herabziehung konstanter Verluste besondere Beachtung geschenkt werden muß.

Es ist nun ohne weiteres ein Zusammenfassen derjenigen Hilfsmaschinen möglich, die stets gleichzeitig betrieben werden: Luftpumpe, Kondensatpumpe und Zirkulationswasserpumpe. Da die Quantität des geförderten Kondensats (abgesehen von unvermeidlichen Verlusten) der Quantität des jeweils erforderlichen Kesselspeisewassers entspricht, läßt sich je eine Kesselspeisepumpe in eine solche Kombination ebenfalls einbeziehen, so daß dann für jede Hauptmaschine nur ein Hilfsaggregat, bestehend aus Luft- und Kondensatpumpe, Speisepumpe, Zirkulationswasserpumpe und der dazu gehörigen Antriebsmaschine, erforderlich wird. In Deutschland sind derartige Einrichtungen noch nicht bekannt geworden; über eine in England nach diesem System ausgeführte Anlage liegen günstige Betriebsberichte vor.

Der naheliegende Wunsch, hin- und hergehende Massen und Steuerorgane im Interesse der Vereinfachung zu beseitigen, hat zur Ausbildung hochtouriger rotierender Hilfsmaschinen geführt, die dann ebenfalls von einer Turbine angetrieben werden können. Der Nachteil hohen Dampfverbrauches wird größtenteils dadurch ausgeglichen, daß man den Abdampf in eine Zwischenstufe der Hauptturbine eintreten läßt und ihn dort bis zur Kondensatorspannung ausnutzt. Die Aggregate werden dann so klein, daß sie ohne Vergrößerung des Maschinenhauses unmittelbar vor dem Kondensator aufgestellt werden können, wobei sich gleichzeitig die kürzesten Rohrleitungen ergeben. Weitere Vorteile sind: Die Möglichkeit, den Kondensator nach beiden Seiten ausziehen zu können, weil die niedrigen Aggregate nicht im Wege stehen, Beaufsichtigung vom Maschinenraum aus und Greifbarkeit durch den Hauptkran, wenn Öffnungen im Maschinenfußboden vorgesehen werden (vgl. Abb. 6 und 7).

Überlegt man sich nun bei den einzelnen Teilen einer solchen Einrichtung, wie die konstanten Verluste weiter herabgesetzt werden können, so kommt man zu folgenden Ergebnissen.

Die Kühlwasserpumpe nimmt die geringste Arbeit auf, wenn Wasserschluß streng durchgeführt und die Reibungsverluste auf das Mindestmaß herabgezogen werden; daraus die Forderung: möglichst kurze und weite Rohrleitungen, Zulauf- und Abflußkanal von großem Querschnitt, so daß hier keine wesentlichen Höhenverluste auftreten (vgl. Abb. 6).

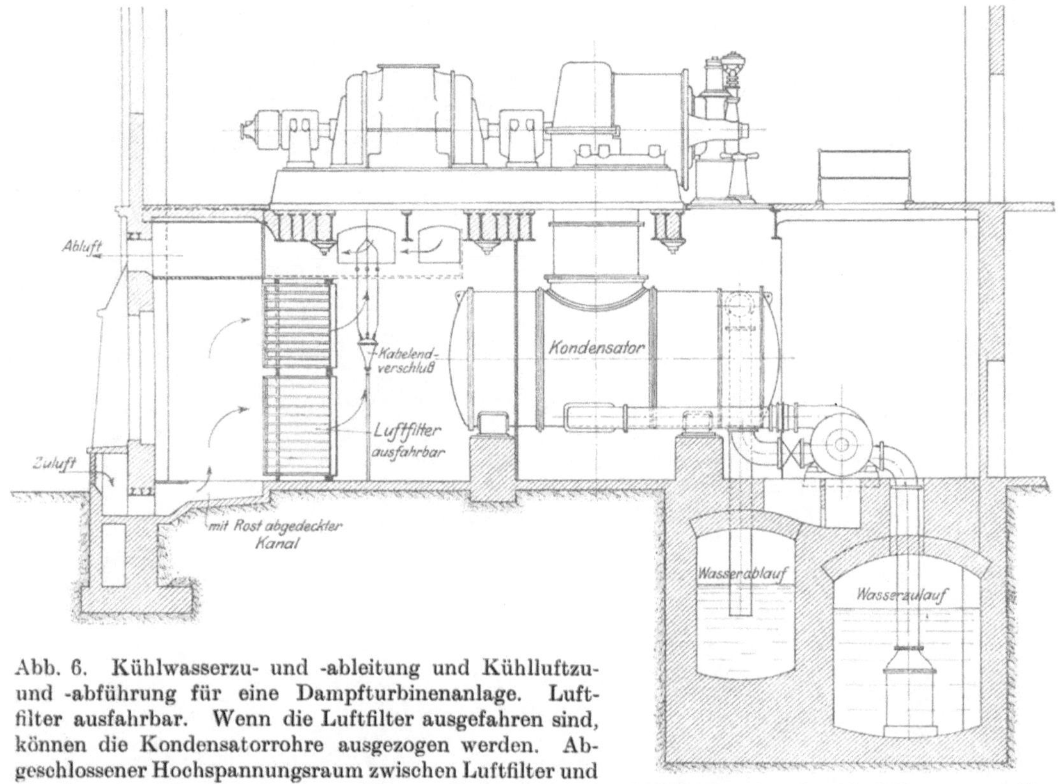

Abb. 6. Kühlwasserzu- und -ableitung und Kühlluftzu- und -abführung für eine Dampfturbinenanlage. Luftfilter ausfahrbar. Wenn die Luftfilter ausgefahren sind, können die Kondensatorrohre ausgezogen werden. Abgeschlossener Hochspannungsraum zwischen Luftfilter und Kondensator für Kabelendverschlüsse. Gute natürliche Belichtung für den Luftfiltergang. Von oben einfallendes Licht für die Hilfsbetriebe.

Die Kühlwasserpumpe hat dann nur die geringen Reibungsverluste innerhalb des Kondensators zu überwinden; ihr Kraftbedarf sinkt auf den erreichbaren Mindestwert.

Luft- und Kondensatpumpe. Die Luftpumpenarbeit hängt wesentlich von der im Abdampf der Turbine noch enthaltenen Luftmenge ab, die zum Teil durch Undichtigkeiten der Turbine und des Kondensators, sowie der Verbindungsleitung zwischen beiden eindringt.

Ein besonders schwacher Punkt ist in dieser Hinsicht die Stopfbuchse der Rohrverbindung zwischen Dampfturbine und Kondensator. Man erzielt hier völligen Luftabschluß, wenn sie mit einem Wassermantel umgeben wird, ein Hilfsmittel, von dem heute schon vielfach Gebrauch gemacht wird.

Größere Luftmengen können ferner durch das Speisewasser in die Kessel eintreten, sie sind nicht nur aus dem vorerwähnten Grunde schädlich, sondern veranlassen außerdem Korrosionen innerhalb der Kessel und Ekonomiser; auf ihre Beseitigung ist deswegen besonderes Gewicht zu legen.

Da das Kondensat die Kondensatpumpen ziemlich luftfrei verläßt, kann Luft in das Speisewasser nur auf dem Wege zwischen Kondensatpumpe und Speise-

Abb. 7.   Kondensationsanlage.

pumpe eintreten; Kolbenspeisepumpen bedürfen bezüglich der Wasserführung besonderer Vorsicht, weil die stoßweise wirkende Ansaugung zeitweise Unterdruck hervorruft, der das Eindringen von Luft durch Undichtigkeiten in der Saugleitung und an der Pumpe begünstigt. Kann die Kondensatpumpe mäßige Förderhöhen überwinden, so sollte deshalb das Kondensat zunächst in ein Hochreservoir mit möglichst kleiner Oberfläche gedrückt werden, damit die Luftabsorption beschränkt wird. Von hier aus fließt es dann unter Druck den Speisewasserpumpen zu, so daß auf diesem Wege Luft nicht eindringen kann. Die Anwendung von Hochdruckzentrifugalpumpen als Kesselspeisepumpen erlaubt gegebenen Falles Hochbehälter fortzulassen. Werden sie durch besondere Dampfturbinen angetrieben, so ist allerdings mit größerem Dampfverbrauch zu rechnen, ein Nachteil, der aber von geringerer Bedeutung ist, weil sich die im Abdampf enthaltene Wärme zum Teil zurückgewinnen läßt; wird die Speisepumpe mit der Kondensatorturbine gekuppelt, so entfällt er vollständig. Luftpumpe und Hilfsturbine verlangen wiederum möglichst kurze Rohrleitungen, um Druck- und Wärmeverluste herabzusetzen, eine Forderung, die durch vorerwähnte Aufstellungsart erfüllt wird.

l) Aufstellung der Maschinensätze im Maschinenraum.

Für die Aufstellung der Maschinensätze im Maschinenraum ist in erster Linie die Verminderung der Gebäudekosten maßgebend, die wesentlich von der Größe der bebauten Grundfläche und von der Spannweite der Eisenkonstruktionen (Dach und Laufkran) abhängen.

Es kommen drei Aufstellungsarten in Betracht:

1. Aufstellung parallel nebeneinander und senkrecht zur Maschinenhausachse.
2. Aufstellung hintereinander in der Maschinenhausachse.
3. Aufstellung in zwei zur Maschinenhausachse parallelen Reihen hintereinander.

Anordnung 1, bei der die Pumpen vor den Kondensatoren stehen, ist in den meisten Fällen vorzuziehen, weil sie kleinste Gebäudekosten ergibt und außerdem folgende Vorteile aufweist:

Die Bedienung der Dampfturbinen und Kondensatpumpen wird einfach, da sie auf der gleichen Seite des Maschinenhauses liegen. Durch Einziehen einer Zwischenwand im Keller können Dampfteil und elektrischer Teil voneinander getrennt werden. Die Dampfleitungen lassen sich im Maschinenkeller einfach und übersichtlich anordnen und erhalten für alle Einheiten nahezu die gleiche Länge. Zu- und Abwässerkanäle verlaufen in geradem Strange unterhalb des Kellerfußbodens in unmittelbarer Nachbarschaft der Pumpen (die Länge dieser Kanäle wird allerdings unter Umständen größer als bei Anordnung 3). Die Luftfilter und Luftkanäle für die Generatoren sind bequem unterzubringen.

Bei Anordnung 2 wird man zur Vereinfachung der Bedienung je zwei Aggregate mit den Dampfseiten gegeneinander stellen. Die Pumpen können dann entweder vor den Kondensatoren oder seitlich neben den Fundamentklötzen der Turbine aufgestellt werden. Anordnung 2 ergibt ein schmales und langes Maschinenhaus; sie kommt daher nur bei sehr großen Einheiten in Frage und ist in einzelnen Fällen wegen des Platzbedarfes der Kesselhäuser berechtigt.

Anordnung 3, bei der man je vier Einheiten mit den Dampfseiten gegeneinander richtet und die Pumpen vor den Kondensatoren aufstellt, kann nur selten empfohlen werden, weil die Raumausnutzung nicht besser als bei Anordnung 1 wird, und weil sie außerdem bezüglich der Führung der Rohrleitungen und Kanäle erhebliche Nachteile aufweist.

3. Kesselhaus.

a) Kessel und Vorwärmer.

Das Projekt der Kesselanlage stellt gewöhnlich den schwierigsten Teil des Gesamtprojektes dar und verlangt sorgfältige Auswahl der Betriebsmittel nach den in der Einleitung genannten Grundsätzen. Erleichtert wird die Entscheidung dadurch, daß die beiden Forderungen: Verminderung des Anlagekapitals und der Verluste, zu den gleichen Konstruktionen führen.

Während alle Betriebsleiter auf möglichst hohen Wirkungsgrad der im Maschinenhaus befindlichen Anlagen größeres Gewicht legen, werden in der Regel in den heutigen Kesselhäusern Energiemengen verschwendet, über deren Größe durchaus falsche Vorstellungen herrschen; insbesondere sind es wiederum die konstanten Verluste, denen nicht genügend Beachtung zuteil wird. Denn auch für die Kesselanlagen können die Verluste in einen konstanten, von der Belastung unabhängigen und in einen veränderlichen, der Belastung ungefähr proportionalen Teil getrennt werden.

Die konstanten Verluste entstehen durch Wärmeleitung und Strahlung an der Oberfläche der Kessel und der Rauchgaskanäle usw., ein kleiner Teil der mit den Rauchgasen fortgeführten Wärme ist ebenfalls hinzuzurechnen. Der weitaus größere Teil letzterer ist von der Belastung abhängig und zählt daher zu den variablen Verlusten, zu denen außerdem noch die durch Druckverluste, Wirbelungen usw. der Abgase in den Rauchkanälen sowie die durch unvollkommene Verbrennung entstehenden Verluste zu zählen sind.

Hinzu kommen noch die Anheizverluste, die durch die nach Tages- und Jahreszeit schwankende Belastung verursacht werden. Sie hängen von der Form der täglichen Belastungskurve ab und werden um so größer, je ausgeprägter die täglichen Maxima, d. h. je kleiner der Belastungsfaktor ist. Wird dagegen der Belastungsfaktor annähernd 1, so beschränkt sich das Anheizen auf die zur Revision stillgelegten Kessel. Der jährliche Kohlenverbrauch für Verluste und Anheizen hängt somit wesentlich vom Belastungsfaktor und der Größe der Kesselsätze ab; er kann unter Berücksichtigung des Betriebszeitfaktors rechnerisch ermittelt werden[1]).

Da die Anheizverluste vom Gesamtgewichte, die konstanten Betriebsverluste hauptsächlich von der Gesamtoberfläche des Kessels abhängen, muß demnach das Bestreben dahin gehen, Kessel und Ekonomiser nebst ihren Rauchkanälen usw. bei geringstem Gewichtsaufwand auf kleinsten Raumbedarf zu bringen, womit gleichzeitig der Forderung geringsten Anlagekapitals Genüge geleistet wird.

Größere Ausnutzung der aktiven Materialien darf selbstverständlich nicht durch übertriebene Steigerung der maximalen Beanspruchung der Heizfläche erstrebt werden; man sollte vielmehr Dimension und Konstruktion so wählen, daß ohne Steigerung der Maximalbeanspruchung höhere spezifische Dampfleistung erzielt wird.

Um hierfür Anhaltspunkte zu gewinnen, empfiehlt es sich, die beim Kesselbetrieb auftretenden Verhältnisse durch ein Diagramm (Abb. 8) darzustellen, in das die Temperatur der Heizgase als Funktion ihres Weges und ferner die Temperatur der von den Heizgasen berührten Wandungen eingetragen sind.

Die Temperaturwerte des Diagramms entsprechen ungefähr normalen Verhältnissen.

Da die pro Flächeneinheit erzeugte Dampfmenge von der Temperaturdifferenz der Heizgase und der Wandungen abhängt, ergibt sich, daß der überwiegende Teil des Dampfes im ersten Teil der Kesselzüge erzeugt wird, während die Dampferzeugung im letzten Teil der Züge auf sehr niedrige Werte sinkt.

Denkt man sich nun den letzten Teil der Züge bei *a* abgeschnitten oder fortgelassen, so würde sich an dem Betrieb des übrigbleibenden Kessels nichts ändern,

---

[1]) Die Einführung des Betriebszeitfaktors für die wirtschaftliche Rechnung der Kesselanlage ist nicht von so wesentlichem Einfluß auf das Resultat wie für die der Maschinenanlage, weil die Zahl der Kessel in großen Anlagen stets erheblich höher ist als die Zahl der Maschinensätze. Je größer aber die Zahl der Kessel, desto mehr nähert man sich dem idealen Zustande, daß nur gut belastete Kessel im Betriebe sind. Man begeht deshalb keinen großen Fehler, wenn man den Betriebszeitfaktor in der Berechnung solcher Kesselanlagen nicht berücksichtigt und die Anheizverluste in den Wirkungsgrad einbezieht. Das ist auch in nachstehend durchgeführter Rechnung geschehen.

die Beanspruchung wäre dieselbe geblieben. Die durchschnittliche Belastung ist dann aber wesentlich größer, der Wirkungsgrad schlechter, da die Abgase jetzt mit 350 bis 400⁰ (statt 250⁰) austreten würden. Infolge dieser Verkleinerung verringert sich der Preis des Kessels. Da die Temperaturdifferenzen zwischen Heizgas und Wasserinhalt im Ekonomiser größer werden, kann die Verschlechterung des Wirkungsgrades aber durch eine verhältnismäßig unwesentliche Vergrößerung des Ekonomisers ausgeglichen werden, in den die Heizgase dann mit höherer Temperatur eintreten und eine höhere Vorwärmung des Speisewassers bewirken. Man ersetzt durch dieses Verfahren somit ein verhältnismäßig großes und unwirksames Stück des Kessels durch ein kleines aber wirksames Stück des Ekonomisers.

Bei Verfeuerung normaler Kohle erhält man die wirtschaftlichen Dimensionen von Kessel und Ekonomiser im allgemeinen, wenn die Heizgase den Kessel mit einer Temperatur von 400 bis 450⁰ verlassen. Bei richtig bemessenem Ekonomiser tritt dann das Speisewasser mit einer Temperatur bis zu 140⁰ in den Kessel ein.

Eine Verkürzung des Kessels im erwähnten Sinne läßt sich auch dadurch erreichen, daß man einen normalen Kessel mit einer geringeren Anzahl von Zügen

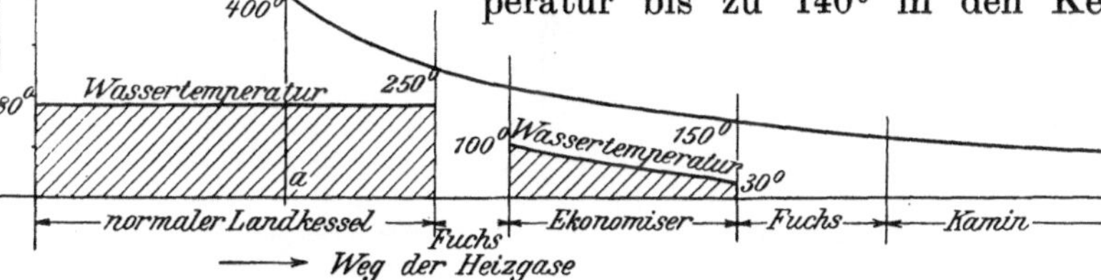

Abb. 8. Temperaturdiagramm einer normalen Kesselanlage.

ausführt (z. B. 3 statt 4) und gleichzeitig Rostfläche und Rauchgasquerschnitte vergrößert. Man erzielt ebenfalls eine größere Durchschnittsbeanspruchung des Kessels, ohne die maximale Beanspruchung der dem Feuer zuerst ausgesetzten Heizflächen zu steigern.

Die Verminderung der konstanten Verluste führt nach Vorstehendem zur Verkleinerung derjenigen Oberflächen, die einer ständigen Abkühlung ausgesetzt sind. Da die Erzielung genügenden Zuges (bei natürlichem Zug) eine gewisse Mindesttemperatur der Heizgase beim Eintritt in den Kamin verlangt, gehören zu diesen Verlusten auch die Oberflächenverluste der Füchse. Die Grundsätze für den Entwurf der Kesselanlage lassen sich hiernach wie folgt zusammenfassen:

1. Verringerung der spezifischen Oberfläche des einzelnen Kessels durch Steigerung der mittleren Beanspruchung ohne Änderung der maximalen im ersten Teil der Heizfläche.

2. Vermeidung von Luftüberschuß bei schwacher Belastung durch Verringerung der wirksamen Rostoberfläche (teilweise abdeckbarer Rost).

3. Vermeidung von Undichtigkeiten am Kessel, durch die kalte Luft (besonders schädlich bei Stillstand) eintreten kann (eiserner Einbau, Vermeidung von Rauchschieberschlitzen).

4. Gute Isolation der Oberfläche.

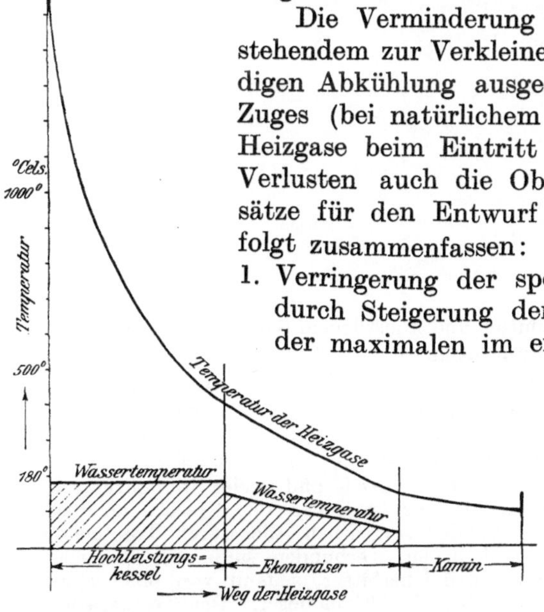

Abb. 9. Temperaturdiagramm der Kesselanlage des Verfassers. (Victoria Falls Power Co., Märkisches Elektrizitätswerk usw.)

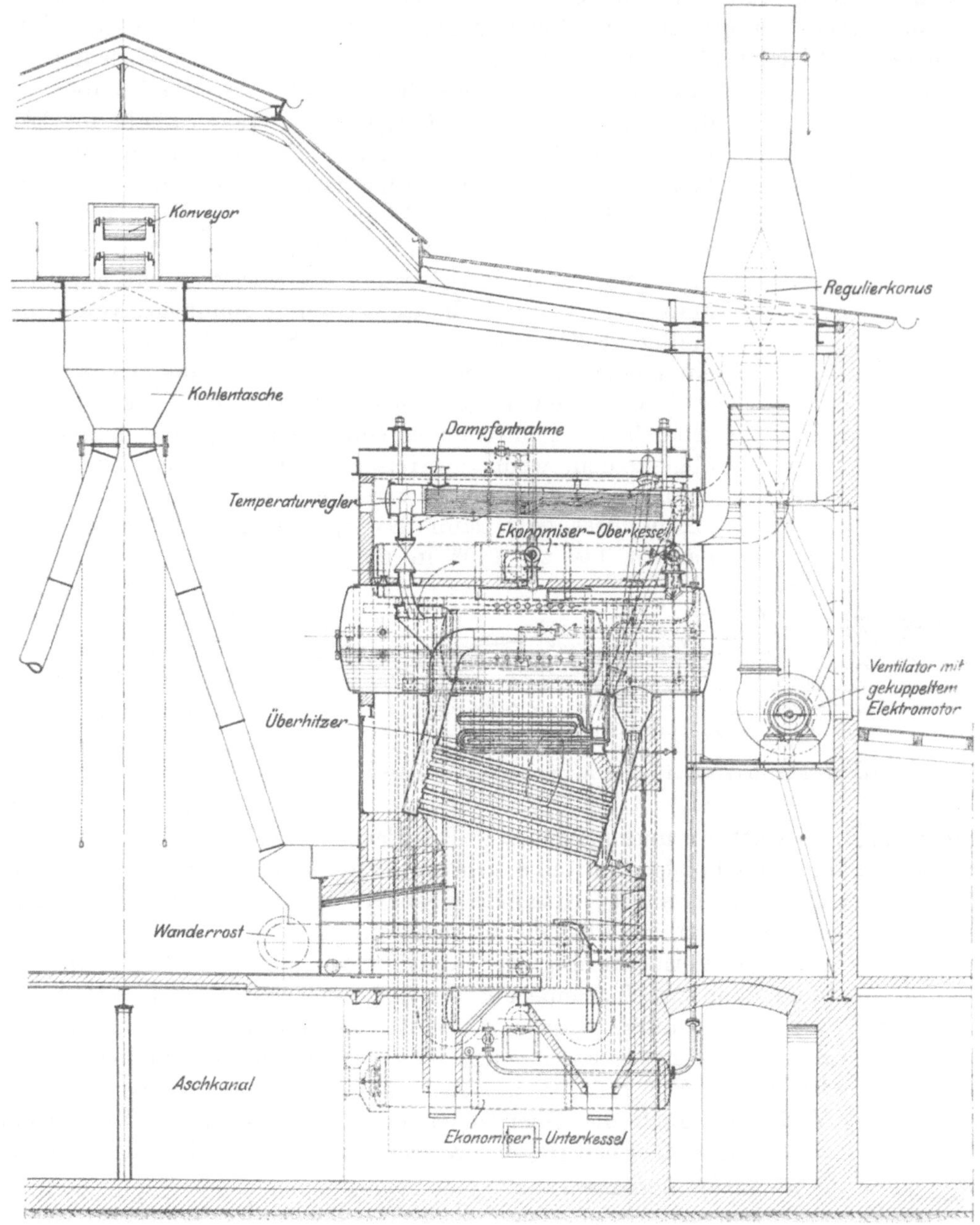

Abb. 10. Hochleistungskessel mit eingebautem Ekonomiser und künstlichem Saugzug der Fa. Steinmüller für E. W. Breitungen.

Maximale Dampfleistung	15 180 kg	Rostfläche	13,56 qm
Wasserberührte Heizfläche . . .	345 qm	Wasserinhalt	38,7 cbm
Überhitzer-Heizfläche	108 „	Dampfdruck	15 at
Ekonomiser-Heizfläche	290 „	Dampftemperatur	350 ⁰

Der Kessel ist eine Kombination eines Schrägrohr- (Zweikammer-) kessels und zweier Steilrohrkessel.
Letztere liegen zu beiden Seiten des Schrägrohrkessels. In den 4 Ecken des Kessels, an den
Stirnseiten des Steilrohrkessels, sind 4 Ekonomiser-Rohrbündel vorgesehen, die durch Trommeln,
die über bezw. unter den Trommeln der Steilrohrkessel liegen, verbunden sind. Die Heizgase
steigen im Schrägrohrelement auf, durchstreichen hierauf den Überhitzer, sodann von oben nach
unten den Steilrohrkessel und schließlich von unten nach oben den Ekonomiser. Der Temperatur-
regler, nach Art eines Röhrenvorwärmers gebaut, ermöglicht eine Herabminderung der Überhitzung
dadurch, daß der überhitzte Dampf das vom Sattdampf durchflossene Rohrbündel umströmt, wobei
gleichzeitig Entwässerung und Trocknung des Sattdampfes erzielt wird.

5. Möglichste Herabsetzung der Widerstände innerhalb des Kessels, damit der erforderliche Zug (auch bei natürlichem Zuge) noch bei möglichst großem Wärmegefälle bis zum Anfang des Kamines erzielt werden kann.

6. Möglichste Verkürzung des Fuchses zwischen Kessel und Ekonomiser.

7. Für den Ekonomiser gelten wiederum die Grundsätze 1 bis 5.

8. Möglichste Verkürzung des Fuchses zwischen Ekonomiser und Kamin.

Die Herabsetzung der Widerstände wird am besten erreicht, wenn der Weg der Rauchgase vom Rost bis zum Eintritt in den Kamin mit der geringsten Anzahl von Krümmungen zurückgelegt wird, da der Widerstand der Krümmungen infolge von Wirbelbildung ein Vielfaches desjenigen der geraden Strecke ist.

Vorstehenden Grundsätzen entsprechen Kessel der sogenannten Hochleistungstype am besten, wenn der Ekonomiser unmittelbar mit dem Kessel zusammengebaut und jeder Kessel mit einem besonderen wieder unmittelbar am Ekonomiser anschließenden Kamin ausgestattet wird, so daß Kessel, Ekonomiser und Kamin ein einheitliches Ganze bilden und auch als Lieferungsobjekt gegebenenfalls zusammengefaßt werden können. Diese Anordnung erlaubt, die kühlende Oberfläche und gleichzeitig die Widerstände auf das Mindestmaß zu verringern. Es ergibt sich dann das in Abb. 9 dargestellte Temperaturdiagramm.

Als Nachteil ist die Notwendigkeit des Ausbaues einer großen Anzahl eiserner Kamine anzusehen, deren Reparaturkosten höher werden als die gemauerter Kamine; als weiteren Nachteil muß man schmiedeeiserne Ekonomiser in Kauf nehmen, die außer größeren Reparaturkosten Mehraufwand an Bedienung für Reinigung verlangen.

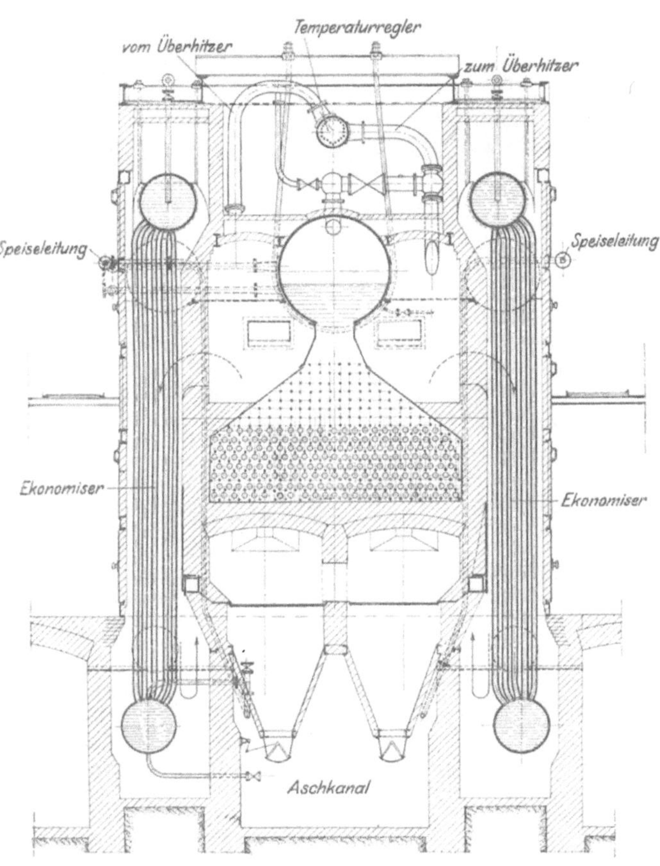

Abb. 10a.

Diesen Nachteilen stehen aber weitere wesentliche Vorteile gegenüber, die darin bestehen, daß die Grundfläche des Kesselhauses auf beinahe die Hälfte normaler Kesselhäuser herabgezogen werden kann, daß somit auch die Länge der Rohrleitungen zwischen Kessel- und Maschinenhaus wesentlich vermindert wird, wodurch sich weitere Ersparnisse an konstanten Verlusten ergeben. Die Nachteile gemauerter Kamine und Füchse, die von vornherein für eine spätere Vergrößerung vorgesehen werden müssen und trotzdem bei der weiteren Entwicklung hindernd im Wege stehen, werden gleichfalls vermieden; man behält nach jeder Richtung freie Verfügung über den unbebauten Raum. (Vgl. Abb. 10, 11 und 12.)

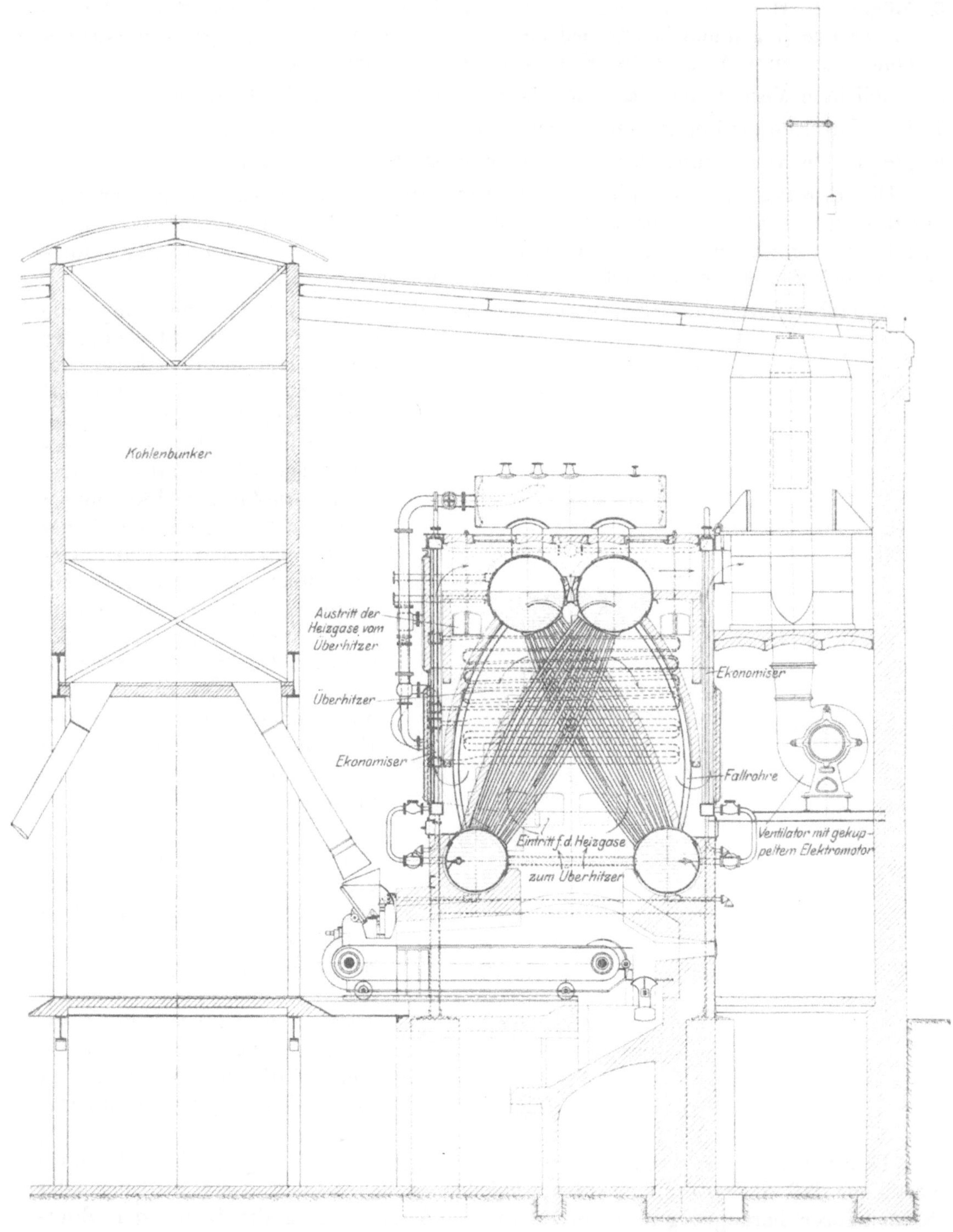

Abb. 11. Hochleistungskessel mit eingebautem Ekonomiser und künstlichem Saugzug der Firma Jacques Piedboeuf für E. W. Königsberg i. Pr. Einbau in vorhandenes Kesselhaus, vorhandener Kohlenbunker. Maximale Dampfleistung 15000 kg, wasserberührte Heizfläche 350 qm, Überhitzerheizfläche 155 qm, Ekonomiserheizfläche 225 qm, Rostfläche 18 qm, Dampfdruck 14 at, Dampftemperatur 350°. Der nach vorn herausziehbare Überhitzer liegt in der Mitte des Kessels und wird in Parallelschaltung mit den Rohrbündeln des Kessels geheizt. Ein Teil der Gase tritt durch die bezeichneten Öffnungen in die mittlere Überhitzerkammer und verläßt diese oben durch ähnliche Öffnungen, die durch Klappen regulierbar sind; sie vereinigen sich dort mit den anderen Heizgasen, die dann den vorn und hinten vertikal liegenden Ekonomiser bestreichen.

b) Künstlicher Zug.

Mit der Vergrößerung der Zentralen sind die baulichen Schwierigkeiten für gemauerte Füchse und Kamine ständig gewachsen; hinzu kommt die beschränkte Regulierfähigkeit und die Abhängigkeit der Zugstärke von der Belastung. Vorstehende Kesselkonstruktion vermeidet diese Fehler, wenn gleichzeitig künstlicher Zug angewandt wird, der dann die Höchstleistung der Kessel noch beträchtlich zu steigern erlaubt. Die Verschlechterung des Wirkungsgrades und der Kraftbedarf spielen dabei eine desto kleinere Rolle, je niedriger der Ausnutzungsfaktor, weil verstärkter Zug nur zur Deckung der Spitzenbelastung und zum Wiederanfachen des Feuers nach vorangegangener schwacher Belastung gebraucht wird. Für den Antrieb der häufig an- und abzustellenden Ventilatoren sind demnach Elektromotoren mit automatischen Anlaßvorrichtungen vorzusehen.

Die Frage, ob Unterwind oder Saugzug vorzuziehen ist, bedarf noch der Klärung; sie muß zusammen mit den Einrichtungen automatischer Feuerung und Aschenentfernung entwickelt werden.

Im Gegensatz zu der auf Schiffen üblichen Einrichtung wird in Europa für ortsfeste Anlagen in der Regel Saugzug angewandt, der die gebräuchlichen Einrichtungen für mechanische Feuerung, für Kontrolle und Beobachtung des Feuers sowie für Abschlacken beizubehalten gestattet. In Amerika sind dagegen Anlagen mit Unterwind häufiger ausgeführt; in einzelnen Fällen wird Druckluft mit ziemlich hoher Pressung durch die hohlen Roststäbe gedrückt, um diese gleichzeitig zu kühlen; die Schichthöhe des Brennmaterials wird dann außerordentlich hoch gewählt. Bei handgefeuerten Kesseln entspricht die Pressung des Unterwindes manchmal nur dem Widerstande der Brennmaterialschicht, so daß über dem Rost gleicher Druck mit der Außenluft vorhanden ist; man will auf diese Weise den Eintritt kalter Luft beim Öffnen der Feuertüren verhindern (balanced draught).

Ob für Saugzuganlagen direkte oder indirekte Absaugung der Heizgase anzuwenden ist, hängt zum Teil von den besonderen örtlichen Verhältnissen ab. Direkter Saugzug, bei dem der Ventilator in den Weg der Rauchgase eingebaut wird, hat den Vorteil geringeren Kraftbedarfes; um auch mit natürlichem Zuge arbeiten zu können, muß jedoch ein durch Klappen abschließbarer Umgang eingebaut werden. Indirekter Saugzug nach dem Ejektorsystem (Abb. 10, 11 und 12) hat, trotz des größeren Kraftbedarfes, den Vorteil, daß der Ventilator kalte Luft ansaugt und unabhängig von der Führung der Rauchgase bequem zugänglich aufgestellt werden kann. Neuerdings versucht man auch bei diesem System den Kraftbedarf dadurch zu vermindern, daß ein Teil der Rauchgase vor Eintritt in den Kamin durch den Ventilator abgesaugt und nunmehr an Stelle der frischen Luft für die Ejektorwirkung benutzt wird; es bleibt dann gegenüber direktem Saugzug noch der Vorteil des Fortfalls der Klappen.

Die maximale Dampfleistung der Kessel in kg/Std kann bei vorstehender Anordnung unter der Voraussetzung, daß auch die Wasserwiderstände innerhalb des Kessels genügend klein und daß sich innerhalb des Kessels keine toten, von den Heizgasen nicht bestrichenen Winkel vorfinden, leicht auf das 40 bis 45 fache der Zahl der Quadratmeter wasserberührter Heizfläche gesteigert werden, wobei die Leistung, die noch mit natürlichem Zug erzielbar ist, das 28 bis 30 fache erreicht[1]);

---

[1]) Mit einem Kessel nach Abb. 11 der Firma Jacques Piedboeuf wurden Anfang Oktober 1912 Abnahmeversuche gemacht. Der Kessel wurde im Betriebe geprüft, ohne hierfür besonders vorbereitet zu sein. Da die zugehörige Dampfturbine auf Straßenbahnbetrieb arbeitet, schwankte die Belastung in den Grenzen von 11 000 kg bis 15 500 kg, entsprechend einer durchschnittlichen Belastung der Heizfläche von 31,5 bis 44,5 kg pro qm. Dem Versuchstage war ein ca. 1000 stündiger ununterbrochener Betrieb vorangegangen.

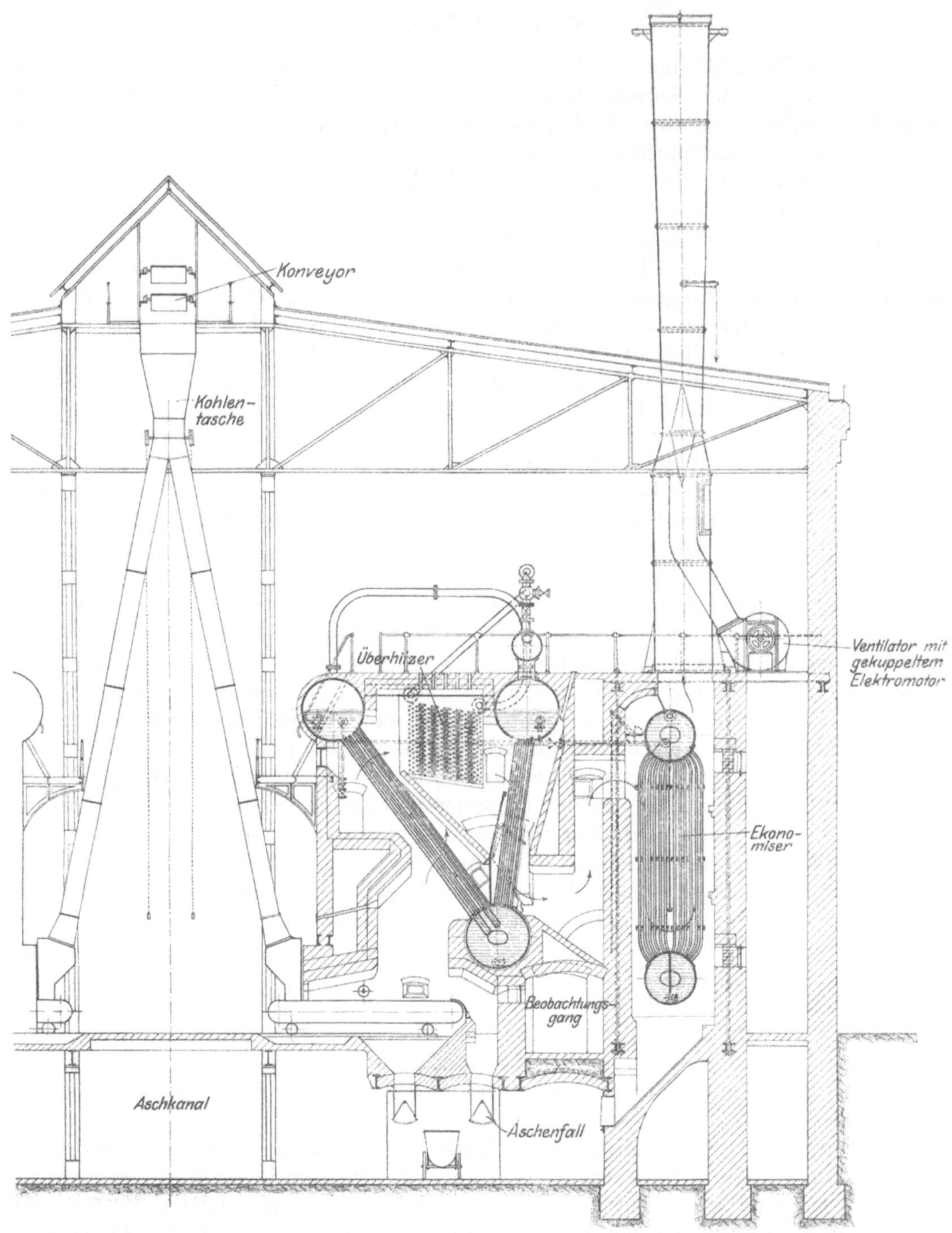

Abb. 12. Hochleistungskessel mit eingebautem Ekonomiser und künslichem Saugzug der Fa. Hartmann-Chemnitz für die Elbtalzentrale. Maximale Dampfleistung 11200 kg, wasserberührte Heizfläche 350 qm, Überhitzer-Heizfläche 165 qm, Ekonomiser-Heizfläche 300 qm, Rostfläche 10 qm, Wasserinhalt 33 cbm, Dampfdruck $14\frac{1}{2}$ at, Dampftemperatur 350°. Der Kessel besteht aus 2 Steilrohr-Elementen, mit getrennten Oberkesseln und gemeinschaftlichem Unterkessel. Jedes Steilrohr-Element hat in sich geschlossenen Wasserumlauf; das Wasser steigt in den engeren Siederöhren nach oben und fließt in weiten im Mauerwerk gegen Wärmezufuhr geschützt liegenden Röhren zum Unterkessel zurück. Die Heizgase durchstreichen zunächst im Gleichstrom mit dem Wasser das vordere Röhrenelement, sodann den Überhitzer und hierauf im Gegenstrom mit dem Wasser das hintere Röhrenelement und schließlich wieder im Gleichstrom den Ekonomiser. Der im vorderen Oberkessel erzeugte Dampf durchströmt auf dem Wege zum Überhitzer den hinteren Oberkessel und einen auf diesem angeordneten Dampfsammler.

Anwendung automatisch beschickter Roste ist natürlich Bedingung. Die bezüglich dieser zu stellenden Forderungen richten sich im wesentlichen nach der Art des zu verfeuernden Brennmaterials. Außer leichter Regulierbarkeit ist möglichst kleiner Luftüberschuß und vollkommene Verbrennung auch bei schwachen Belastungen (teilweise Abdeckbarkeit des Rostes) anzustreben.

Die Kohlenzufuhr muß sich den Belastungsschwankungen jederzeit anpassen lassen. In Verbindung mit rasch regulierbarem künstlichem Zug läßt sich dann eine fast momentane Steigerung der Dampfentwicklung herbeiführen, so daß der kleine Wasservorrat der Hochleistungskessel bzw. ihr geringer Wärmewert keine Gefahr bringt. Automatische Speiseeinrichtungen haben sich in diesen Anlagen gut bewährt.

c) Überhitzer.

Mit dem jetzt üblichen Einbau der Überhitzer hinter dem ersten Zuge lassen sich die erforderlichen Dampftemperaturen für Vollbelastung leicht erreichen; schwieriger ist es schon, auch bei schwachen Belastungen genügende Überhitzung zu erzielen, weil das Temperaturgefälle der Rauchgase im ersten Zuge bereits zu groß wird. Gerade bei schwacher Belastung ist aber gute Überhitzung besonders erwünscht, weil

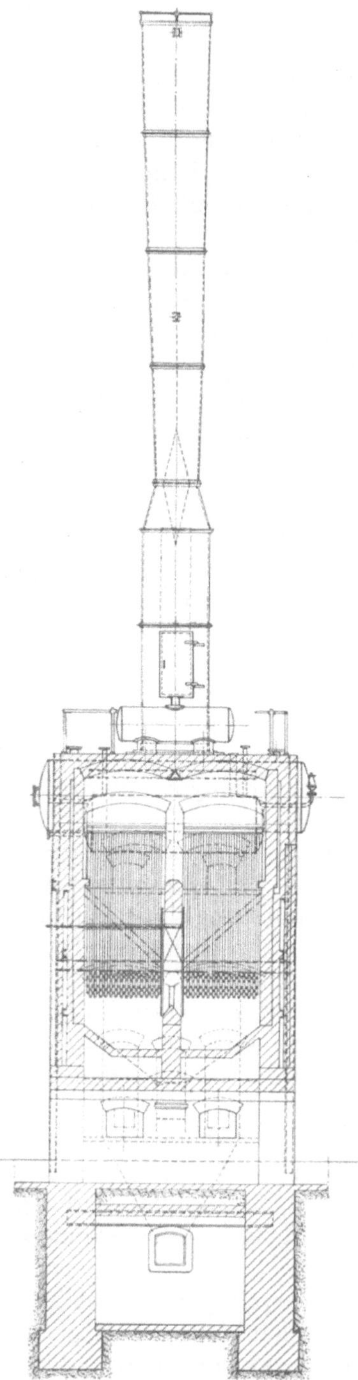

Abb. 12 a.

Aufzeichnungen und Versuchsergebnisse:

Kesselheizfläche . . . . 350 qm
Vorwärmer (Ekonomiser) . . . . 225 „
Rostfläche . . . . 18 „
Dauer des Versuchs . . . . 8 Stunden 1 Minute
Gesamtkohlenverbrauch . . . . 13 800 kg
Gesamtwasserverbrauch . . . . 105 980 „
1 kg Kohle verdampfte demnach 7,68 kg Wasser.
Speisewasser-Temperatur beim Eintritt in den Ekonomiser
43 Grad Cels.
Speisewasser-Temperatur beim Austritt aus dem Ekonomiser
144 Grad Cels.
Dampfspannung . . . . 14,07 at
Temperatur des überhitzten Dampfes . . 345,2 Grad Cels.
Erzeugungswärme des gesättigten Dampfes . 670,5 Kalorien
Erzeugungswärme des Heißdampfes . . . 81 „
(Cp. = 0,554).

Im Kessel nutzbar gemachte Wärme 5450 Kalorien. Bei dem ermittelten Heizwert der Kohle 6624 Kalorien ergibt sich demnach der Nutzeffekt des Kessels zu rund 82 %; dieses bei einer mittleren Belastung von 37,7 kg pro qm Heizfläche, wobei, wie schon erwähnt, [zu beachten ist, dass die Belastung dauernd zwischen 31,5 und 44,5 kg pro qm schwankte. Die Temperatur der Rauchgase am Ende des Kessel-Systems, d. h. hinter dem Ekonomiser, betrug im Mittel 292 Grad Cels. Der mittlere Zug, ebenfalls hinter dem Ekonomiser gemessen, betrug bei der erwähnten Belastung nur 15 mm, der Kraftverbrauch des Ventilators rund 12,5 KW; der mittlere Kohlensäuregehalt der Abgase war 12 %. Besondere Anstände wurden während des Versuches am Kessel nicht beobachtet. Der Rost wurde nicht übermäßig heiß. Trotz der stark schwankenden Belastung trat Überreißen von Wasser nicht ein; die Überhitzertemperatur blieb vielmehr während des ganzen Versuches annähernd konstant, was noch speziell durch 5 Minuten-Ablesungen an der Turbine festgestellt wurde.

das Temperaturgefälle in der Rohrleitung wegen zu geringer Dampfgeschwindigkeit ohnehin zunimmt und der Dampfverbrauch der Turbinen somit steigt. Einrichtungen, die gute Überhitzung des Dampfes auch bei schwacher Belastung gewährleisten, sind deshalb vom wirtschaftlichen Standpunkt besonders wertvoll. Bemißt man aber den Überhitzer für schwache Belastung richtig, so wird die Überhitzung bei voller Beanspruchung zu hoch. Nachträgliche Mischung des überhitzten Dampfes mit gesättigtem, Umleitung der Heizgase und nachträgliche Wärmeabgabe an den gesättigten Dampf (vgl. Abb. 10) sind die gebräuchlichsten Mittel, die für Regelung der Überhitzung angewandt werden.

Einbau der Überhitzer in Mauerwerk ist bei Elektrizitätswerken mit stark schwankenden Belastungen zu verwerfen. Wird die Dampfentnahme nach vorangegangener starker Belastung plötzlich vermindert, so steigt die Dampftemperatur wegen der Wärmekapazität des Mauerwerks und der kleinen Dampfgeschwindigkeit auf Werte, die den Betrieb der Turbinen gefährden: der Überhitzer muß demgemäß unbedingt innerhalb der wasserumgebenen Zone des Kessels liegen.

d) Aufstellung der Kessel.

Baukostenersparnis und Rohrleitungsverluste bedingen den allgemein üblichen Anbau des Kesselhauses an die Maschinenhauslängswand; in älteren Dampfzentralen wurden die Kessel deshalb in einer Reihe an der Maschinenhauswand aufgestellt.

Diese Bauweise war in bezug auf Billigkeit, Übersichtlichkeit, Einfachheit der Rohrleitungen und der Kohlentransportanlage die beste, sie paßte sich dem großen Platzbedarf der Dampfmaschinen an, der nur verhältnismäßig kleine Leistungen pro lfd. m Maschinenhauslänge unterzubringen erlaubte.

Schon kleine Dampfturbinen ergeben so viel bessere Raumausnutzung, daß die entsprechende Kesselleistung auf gleicher Länge nur bei zweireihiger Anordnung untergebracht werden kann.

Bei großen Turbozentralen ist auch die Parallelanordnung zweireihiger Kesselhäuser nicht mehr durchführbar. Mit Turbineneinheiten von 4000 bis 15000 KW wird bei guter Ausnutzung des Maschinenhauses (in Parallelanordnung) eine Leistung von 700 bis 1400 KW pro lfd. m Maschinenhauslänge erreicht, während mit Hochleistungskesseln von 300 bis 500 qm Heizfläche höchstens 200 bis 320 KW pro lfd. m einfacher Kesselfront erzielt werden können. Es folgt daraus die Notwendigkeit, eine größere Anzahl von Kesseln in einer Reihe senkrecht zur Maschinenhausachse aufzustellen, falls polizeiliche Vorschriften nicht die in Amerika häufige Bauweise in mehreren Stockwerken übereinander gestatten.

Da die Bedienungsgänge vor den Kesseln bei Verwendung mechanischer Feuerungen so breit sein müssen, daß die Roste ganz ausgefahren werden können, führt Rücksicht auf gute Ausnutzung des umbauten Raumes dazu, je zwei Kesselreihen mit ihren Fronten gegeneinander zu stellen und sie in einem Kesselhause zusammenzufassen (Abb. 13).

Für große Turbozentralen wird man somit eine Anzahl zweireihiger Kesselhäuser nebeneinander errichten, die senkrecht zum Maschinenhause stehen. Man erhält gleichzeitig bequeme Verbindung mit dem Maschinenhause und Kondensatorraum sowie kurze, übersichtliche Rohrleitungen. Die Verteilung der gesamten Dampfleistung auf mehrere voneinander unabhängige Kesselhäuser gibt außerdem größere Betriebssicherheit.

Für Maschineneinheiten bis zu ca. 6000 KW wird man, parallele Aufstellung im Maschinenhause vorausgesetzt, im allgemeinen je 2 Kesselreihen für 3 Aggregate erhalten. Bei größeren Leistungen bis etwa 12000 KW ist je eine Kesselreihe für je eine Maschineneinheit vorzusehen. Für Einheiten noch größerer Leistung ergibt sich eine gute Anordnung, wenn man die Maschinensätze in der Maschinenhausachse hintereinander aufstellt und für jedes Aggregat ein zweireihiges Kesselhaus projektiert.

Abb. 13. Anordnung der Kohlentaschen und Fallrohre im E.-W. Obererzgebirg.

e) Kohlenbunker.

Lage und Größe der Kohlenbunker haben auf die Gestaltung der Kesselhäuser maßgeblichen Einfluß. Die jetzt beliebte Praxis der Einrichtung großer Bunker im Kesselhause hat dann keine Berechtigung, wenn genügender und billiger Platz zur Lagerung der Kohle außerhalb des Kesselhauses vorhanden ist. Sie verteuern die Anlage unnötig, weil sie eine schwere und kostspielige Tragkonstruktion mit entsprechender Fundierung bedingen und außerdem den Zutritt von Licht und Luft schmälern.

Ungleichmäßige Kohlenzufuhr, Streikgefahr und örtliche Verhältnisse zwingen außerdem in der Regel zur Lagerung einer so großen Kohlenmenge, daß sie in Kesselhausbunkern allein nicht untergebracht werden kann. Die Kohle muß daher ohnehin außerhalb des Kesselhauses gestapelt und mittels mechanischer Transportvorrichtungen dem Kesselhaus zugeführt werden. Gut durchgebildete mechanische Kohlenförderanlagen arbeiten aber heute so betriebssicher, daß auf ununterbrochene Zufuhr der Kohle in das Kesselhaus gerechnet werden kann. Es genügt daher für einen geregelten Betrieb, wenn man nur den etwa zweistündigen Kohlenbedarf im Kesselhaus selbst unterbringt.

Die Bunker werden dann so klein und leicht, daß sie ohne wesentliche Verstärkung der Dachkonstruktion an diese angehängt werden können und keiner Unterstützung durch Pfeilerkonstruktionen bedürfen (Abb. 13).

Bis zu welchem Betrage das Gewicht der Eisenkonstruktion der Kesselhäuser durch Verringerung der Grundfläche der Kesseleinheiten und durch kleine Bunker vermindert werden kann, zeigt das Beispiel des Märkischen Elektrizitätswerkes (vgl. S. 78). Bei einer Leistungsfähigkeit des Kesselhauses von maximal 95 t Dampf pro Stunde wiegt die Eisenkonstruktion desselben nur 97 t, d. i. etwa ein Fünftel des Eisengewichtes, das bei Anordnung großer Bunker und normaler Kessel erforderlich gewesen wäre. Man erkennt, daß außerordentliche Ersparnisse ohne Nachteil für die Betriebssicherheit erzielt werden können.

f) Rohrleitungen.

Wegen der pulsierenden Dampfentnahme der Kolbenmaschinen war man früher gezwungen, geringe Geschwindigkeiten (etwa 25 m/Sek) und reichliche Querschnitte zu wählen, wenn man nicht Dampfsammler vor den Maschinen einschalten wollte.

Diese Beschränkung entfällt bei der gleichmäßigen Dampfentnahme des Turbinenbetriebes; wären wirtschaftliche Rücksichten allein maßgebend, so müßten die Dampfleitungen derart bemessen werden, daß die jährlichen Ausgaben für Verzinsung und Amortisation zuzüglich der Kosten der Verluste (Druckverluste und Wärmeverluste) möglichst klein werden. Diese Rechnung führt jedoch zu Dampfgeschwindigkeiten, die schon mit Rücksicht auf Erschütterung der Rohrleitung bei Belastungsschwankungen nicht zulässig sind und so große Druckunterschiede zwischen Kesseln und Maschinen ergeben, daß man aus betriebstechnischen Gründen hiervon absehen muß; es empfiehlt sich, mit der maximalen Dampfgeschwindigkeit nicht über ca. 80 m/Sek hinauszugehen.

Den Wärmeverlusten der Rohrleitungen hat man früher nur geringe Bedeutung beigelegt, obwohl sie, als zu den konstanten Verlusten gehörig, besondere Beachtung verdienen.

Betragen sie z. B. (was bei schlecht isolierten Leitungen leicht möglich ist) auch nur 2 % des Wärmeverbrauches der vollbelasteten Anlage, so sind bei einem Belastungsfaktor von 0,2 schon 10 % des gesamten Kohlenverbrauches für diesen Teil der Verluste aufzuwenden. Man sieht daher in neuerer Zeit mit Recht auf vorzügliche Wärmeisolation der Rohrleitungen und wendet sie auch für Flansche, Wasserabscheider, Ventile usw. an. Es gelingt durch diese Maßnahme, die Ausstrahlungsverluste auf ca. 600 bis 900 Kal. pro qm Oberfläche und Stunde zu reduzieren[1]), so daß sie auf das wirtschaftliche Ergebnis fast ohne Einfluß werden.

Die Druckverluste der Rohrleitung sind, als Energieverluste betrachtet, bedeutungslos; sie bestimmen aber den Druckunterschied zwischen den einzelnen Kesseln und den Maschinen und müssen daher im Interesse guten Parallelbetriebes verschieden entfernter Kessel bei plötzlichen Belastungsschwankungen niedrig gehalten werden. Da die Druckverluste mit der Länge der Leitungen wachsen, anderseits aber große Dampfgeschwindigkeit, wie vorstehend ausgeführt, anzuwenden ist, so sollte auf möglichst kurze Rohrleitungen ganz besonderer Wert gelegt werden.

---

[1]) Siehe Eberle, „Zeitschr. d. Ver. Deutsch. Ing." 1908, S. 481.

Auch aus diesem Grunde ist also der direkte Anbau des Kesselhauses an das Maschinenhaus wünschenswert. Großen Druckverlust verursachen ferner Ventile, deren Widerstand ungefähr demjenigen einer Leitung von 17 m Länge von gleichem Durchgangsquerschnitt entspricht; als Absperrorgane für Frischdampfleitungen sollten daher ausschließlich Schieber verwandt werden, deren Widerstand vernachlässigt werden darf.

In der Rohrleitungsanlage sollte man alle Komplikationen vermeiden und davon ausgehen, daß die einfachste und kürzeste Rohrleitung die billigste und betriebssicherste ist. Störungen treten nur hin und wieder an Absperrorganen und Flanschen auf, während Materialdefekte an den Rohren selbst zu den größten Seltenheiten gehören. Je weniger Schieber oder Ventile also eine Rohrleitung benötigt, desto größer ist ihre Betriebssicherheit; das gleiche gilt für Kompensatoren, deren Einbau häufig durch geschickte Rohrleitungsführung vermieden werden kann. ·

Ringleitungen, die nach alter Regel an jeder Stelle für den Transport des ganzen Dampfquantums bemessen werden, erhalten große Querschnitte und eine große Anzahl von Absperrorganen und sind daher nicht zu empfehlen.

Doppelleitungen kommen für größere Leitungen in Betracht, wenn es aus Gründen der Betriebssicherheit nicht wünschenswert ist, das gesamte Dampfquantum in einer Leitung zu führen. Läßt man im Falle des Defektwerdens eines Rohrstranges größeren Druckverlust zu, so ergeben sich Abmessungen, die auch wirtschaftlich nicht ungünstig sind.

In zweireihigen, senkrecht zum Maschinenhaus liegenden Kesselhäusern wird man Doppelleitungen nicht benötigen, sondern je einen Rohrstrang (eventuell mit abgestuften Querschnitten) längs jeder Kesselreihe anordnen. Ohne nennenswerte Mehrkosten ist dann eine beschränkte Reserve dadurch zu schaffen, daß beide Rohrstränge in der Nähe ihrer freien Enden durch eine für den Dampf von 2 oder 3 Kesseln ausreichende Hilfsleitung verbunden werden.

Entspricht in großen Zentralen jeder Kesselreihe ein Turbinensatz, so werden die Rohrleitungen unmittelbar zu den Turbinen geführt. Es ist aber auch auf dieser Seite notwendig, eine gemeinschaftliche durch Schieber absperrbare Verbindungsleitung zwischen den einzelnen Rohrsträngen anzuordnen, die, für den Dampf einer Turbine bemessen, wiederum verhältnismäßig kleinen Querschnitt erhalten kann. Geht die Zahl der Turbinen mit der Zahl der Kesselreihen nicht auf, so müssen die einzelnen Turbinen an eine Sammelleitung angeschlossen werden. In beiden Fällen empfiehlt sich die Einschaltung von Wasserabscheidetöpfen an den Enden der einzelnen Rohrstränge des Kesselhauses, die so konstruiert werden sollten, daß sie gleichzeitig als Fixpunkte für die Rohrleitung dienen. Die Sammelleitung wird dann als Verbindung zwischen diesen Töpfen ausgeführt und muß demgemäß eine besondere Wärmekompensation erhalten, die an dieser Stelle als einfache Stopfbüchse ausgeführt werden darf, da die Enden der Verbindungsleitung durch die gut verankerten Töpfe festgehalten werden.

g) Meßeinrichtungen.

Will man im Kesselhaus eine tägliche Kontrolle der Kohlen und des verdampften Wassers ausüben, so ist der Einbau von Kohlen- und Wassermessern erforderlich. Für letztere ergibt sich die einfachste und zweckmäßigste Anordnung, wenn sie zwischen jeden Kondensator und den Speisewasserbehälter eingeschaltet werden; ein besonderer Wassermesser dient zur Messung des Zusatzwassers. Außer dem Gesamtdampfverbrauch wird dann gleichzeitig der jedes Maschinensatzes festgestellt (vgl. Abb. 14 und 15). Soll die Dampfleistung jedes Kessels ermittelt werden, so ist der Einbau von Dampfmessern oft zweckmäßiger als der einzelner Wassermesser.

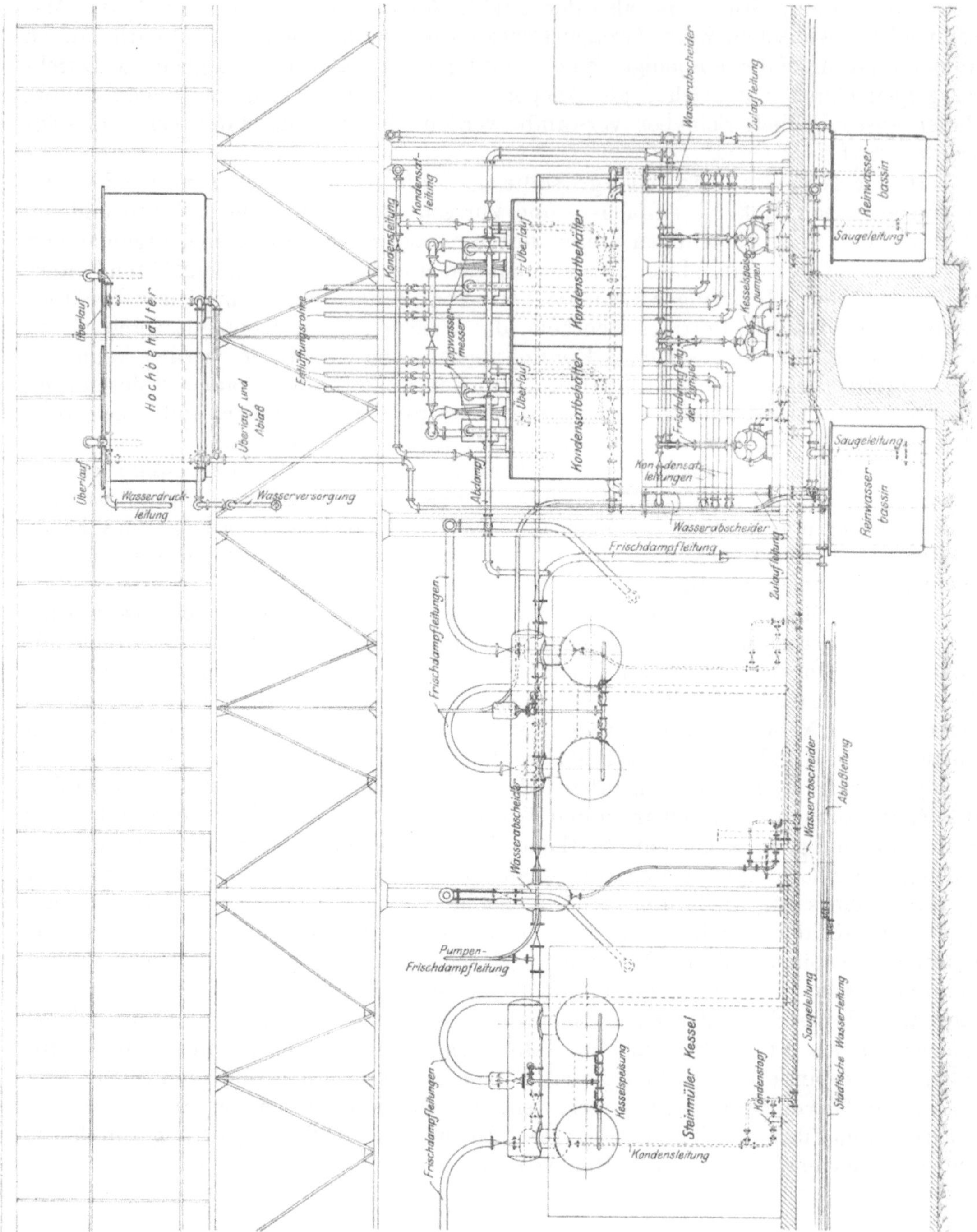

Abb. 14 u. 15. Speisewasserversorgung im Kraftwerk der Hamburger Hochbahn. Das Rohwasser fließt aus 2 Hochbehältern zum Wasserreiniger. Das gereinigte Wasser wird in Reinwasserbehältern im Kellergeschoß gesammelt und nach Bedarf in die über den Kesselspeisepumpen angeordneten Kondensatbehälter gepumpt. Von jeder Turbodynamo führt eine besondere Kondensatdruckleitung nach den Kondensatbehältern bzw. zu den auf diesen angeordneten Kippwassermessern. Jeder Kessel ist außerdem mit einem Scheibenwassermesser ausgerüstet, so daß Kondensat und Speisewasser dauernd kontrolliert werden. Die Kondensatdruckleitungen sind vor den Kippwassermessern derart angeordnet, daß der Dampfverbrauch einer beliebigen Turbodynamo während des Betriebes ermittelt werden kann.

Hochbehälter
Überlauf-
leitung
Ablaßleitung
Wasserversorgung
Kondensleitung
Dreiweghahn
Kippwasser-
messer
Standrohr
Pumpen-Frischdampfleitung
Pumpen-Abdampfleitung
Frischdampfleitung
Rohwasserdruckleitung
Wasserabscheider
Abdampfleitung
Abdampfleitung
Auspuffleitung
Abdampfleitung
Wasserreiniger
Turbo-Speisepumpe
Reinwasserabfall-
leitung
Frischdampf-
leitung
Turbo-
Speisepumpe
Kondensatdruckleitgn.
Kondensatleitungen
Kondenstopf
Kondensleitung
Kondensleitung
Abdampfleitung
Kondensatdruckleitung
Kondenspumpe
Kesselspeiseleitungen
Reinwasser-
behälter
Überlauf
Ablaßleitung
Überlauf
Ablaßleitung
Reinwasser-
behälter

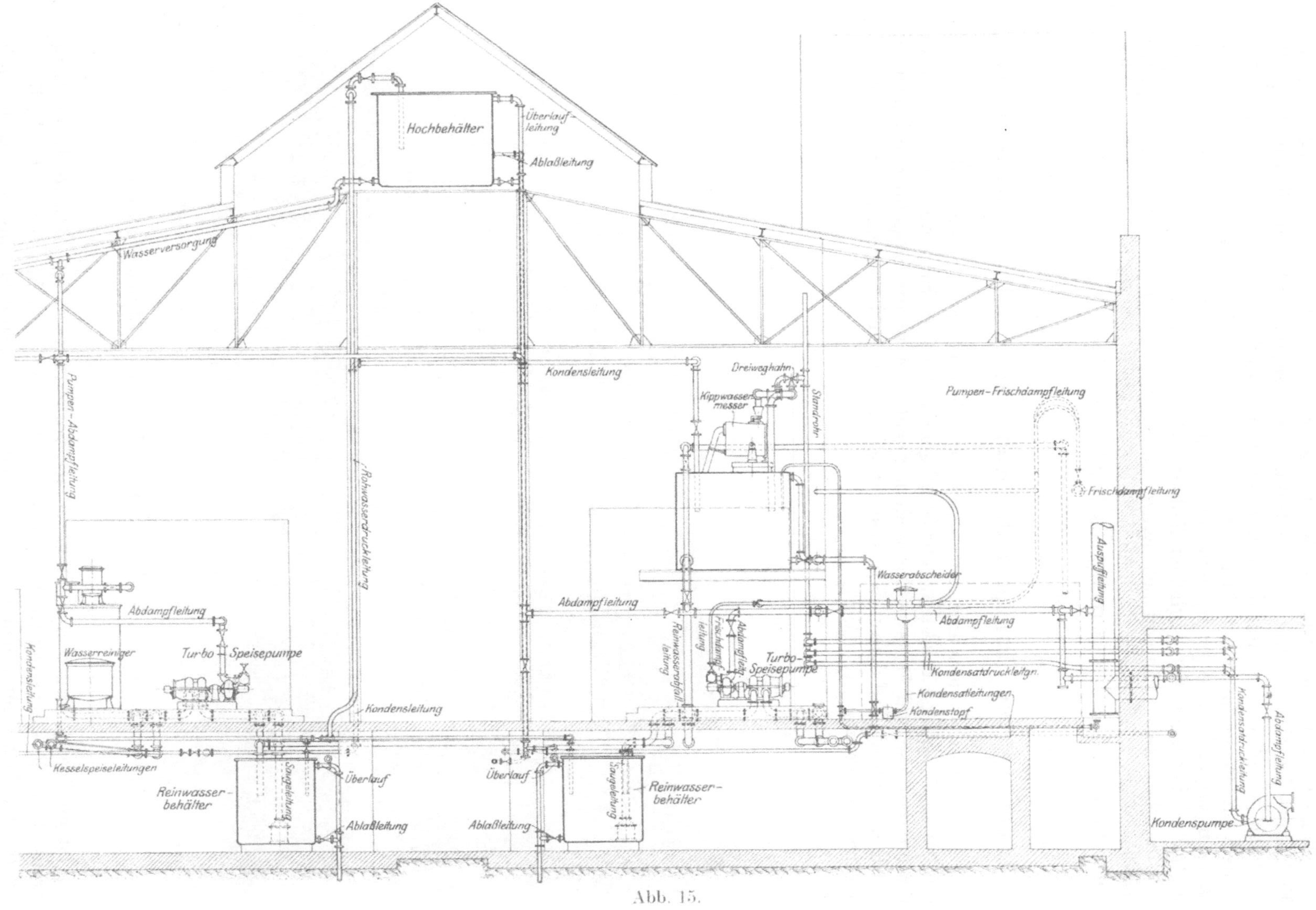

Abb. 15.

Tägliche Kohlenkontrolle verlangt den Einbau automatischer Wagen in das Fallrohr jedes Kessels, wenn große Bunker vorhanden sind, eine Einrichtung, die ziemlich kompliziert ist und den schon durch die Bunker sehr beengten Raum oberhalb der Kessel in unschöner Weise weiter vermindert. Sind dagegen lediglich Kohlentaschen ausgeführt, so genügt eine einzige in den Conveyorstrang eingebaute automatische Wage, um den täglichen Kohlenverbrauch zu ermitteln, wenn sie täglich zu derselben Zeit (während schwacher Belastung der Anlage) vollständig gefüllt werden. Diese zuverlässige und billige Einrichtung hat sich zur Kontrolle des Kohlenverbrauches und des Heizerpersonals bestens bewährt.

4. Lagerung und Transport der Kohle außerhalb des Kesselhauses.

Auch wenn in normalen Zeiten auf ununterbrochene Kohlenzufuhr gerechnet werden kann, zwingt Rücksicht auf Streikgefahr zur Lagerung des Kohlenbedarfes für mindestens zwei Monate. Besonders reichlich muß die Stapelmenge bemessen werden, wenn die Zufuhr auf dem Wasserwege erfolgt und Eisgang im Winter regelmäßige Anlieferung verhindert.

Abb. 16.   Braunkohlenbunker und Fallrohre im Kraftwerk Fortuna.

Ist genügend großer und billiger Platz vorhanden, so ist offene Lagerung vorzuziehen, da sie geringste Anlagekosten erfordert. Zu beachten ist allerdings, daß die Kohle an der freien Luft einem Verwitterungsprozeß unterworfen ist und mit der Zeit an Qualität verliert. Der Verlust an Heizwert ist in der Regel jedoch so gering, daß er allein Silolagerung nicht rechtfertigt. Diese kommt nur in einzelnen Fällen in Betracht, z. B. für Braunkohle oder stark staubende Kohle, deren offene Stapelung in bewohnten Gegenden bisweilen unstatthaft ist.

Ist aber aus irgendwelchen Gründen offene Lagerung nicht zulässig, so muß durch eine Kostenberechnung festgestellt werden, ob dann nicht die Lagerung eines möglichst großen Kohlenquantums in den Kesselbunkern der Errichtung einer Silospeicherung vorzuziehen ist (vgl. Abb. 16, 17, 18, 19, [Tafel]).

Hat man sich andererseits für kleine Kohlentaschen im Kesselhaus entschieden, so muß im Interesse der Betriebssicherheit verlangt werden, daß die Kohle vom Stapelplatz bis in die Kohlentaschen durch einen ununterbrochenen Transportvorgang befördert wird. Besondere Bedienung sollte nicht nötig sein; sie wird entbehrlich, wenn die Kohlentaschen im Kesselhaus mit automatischen Einrichtungen ausgerüstet werden, die ein Überfüllen der Taschen verhindern, die Füllung automatisch auf die nächste Tasche überleiten, sobald die vorhergehende voll ist, und die Transporteinrichtung abstellen, wenn auch die letzte Tasche gefüllt ist.

Die Kohlenförderanlage zwischen Lager und Kesselhaus sollte daher so eingerichtet werden, daß ihr die Kohlen vom Lager aus durch das eigene Gewicht zufallen. Bei offener Stapelung ergibt sich eine gute Lösung, wenn die Transportanlage in Kanälen unterhalb des Kohlenplatzes angeordnet und ihr die Kohle durch Auslaufstutzen in der Decke zugeführt wird (Abb. 20).

Auf dem Wege vom Lagerplatz zum Kesselhaus ist unnötige Hebearbeit und Umladung der Kohle ebenfalls zu vermeiden. Becherförderung verdient deshalb den Vorzug vor Bandtransporten. Sie hat

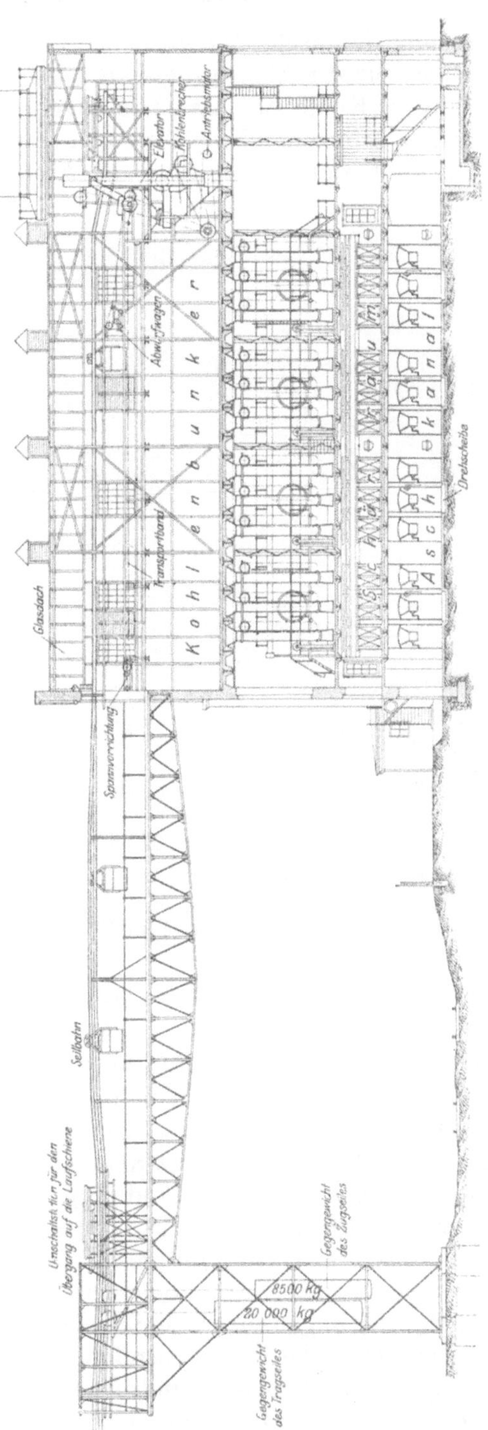

Abb. 17. Kohlenförderanlage für E. W. Hirschfelde (Braunkohlenkraftwerk). Seilbahn. Großer Kohlensilo über den Kesseln, Fassungsvermögen 550 cbm. Die Seilbahn läuft direkt in den Kohlensilo, die ankommenden Wagen werden automatisch an jeder gewünschten Stelle entleert. Länge der Seilbahn 1310 m. Kraftbedarf 11—13 PS. Kesselhaus 12 Wasserrohr-Kessel der Firma Steinmüller mit angebautem Ekonomiser und natürlichem Zug. Maximale Dampfleistung 550 kg pro Kessel, wasserberührte Heizfläche 247,1 qm, Überhitzerheizfläche 71,2 qm, Ekonomiserheizfläche 250 qm pro zwei Kessel, Rostfläche 12,2 qm, Dampfdruck 14 at, Dampftemperatur 340°.

den weiteren Vorteil, daß sie für jedes Kesselhaus nur eine endlose Becherkette und einen Antriebsmotor benötigt und sich infolgedessen durch Billigkeit und geringen Platzbedarf auszeichnet (Abb. 20).

5. Aschentransport.

Die Entfernung der Asche und Schlacke aus den Kellern des Kesselhauses und ihr Weitertransport bis zur Ablagerungsstätte erfordert desto mehr Arbeit, je größer der Aschengehalt der Kohle ist. Man hat vielfach versucht, für große Elektrizitätswerke automatisch arbeitende Einrichtungen zu schaffen, doch haben sich automatische Anlagen nicht bewährt, bei denen die Asche in offenen Gefäßen transportiert

Abb. 18. Kohlenbunker im E. W. Hirschfelde. Seilbahn und Gurtförderer über dem Kohlenbunker.

wurde. Es liegt natürlich nahe, für die Beseitigung der Asche die Transporteinrichtungen der Kohle mitzubenutzen und z. B. mit dem ohnehin häufig durch den Aschenkeller geführten Becherband gleichzeitig Asche zu transportieren und zu heben. Der Verschleiß derartiger Einrichtungen ist aber außergewöhnlich groß, weil die in der Schlacke enthaltenen glasharten Bestandteile alle beweglichen Gelenke usw. stark angreifen. Besseren Erfolg versprechen automatische Einrichtungen, bei denen die Asche auf pneumatischem Wege in geschlossenen Rohrleitungen abgesaugt wird. Ist die Asche genügend fein (Braunkohlenasche), so mag die hauptsächlich an den Krümmern der Rohrleitungen eintretende Abnutzung innerhalb zulässiger Grenzen bleiben; für Steinkohlenasche liegen ausreichend lange Erfahrungen noch nicht vor. Auch die Beseitigung von Schlacke und Asche in der auf Schiffen üblichen Weise durch einen von einer Zentrifugalpumpe gelieferten Wasserstrom eignet sich für ortsfeste Anlagen schlecht, weil die zu fördernde Wassermenge zu groß wird; sie ist ein Vielfaches der Aschenmenge.

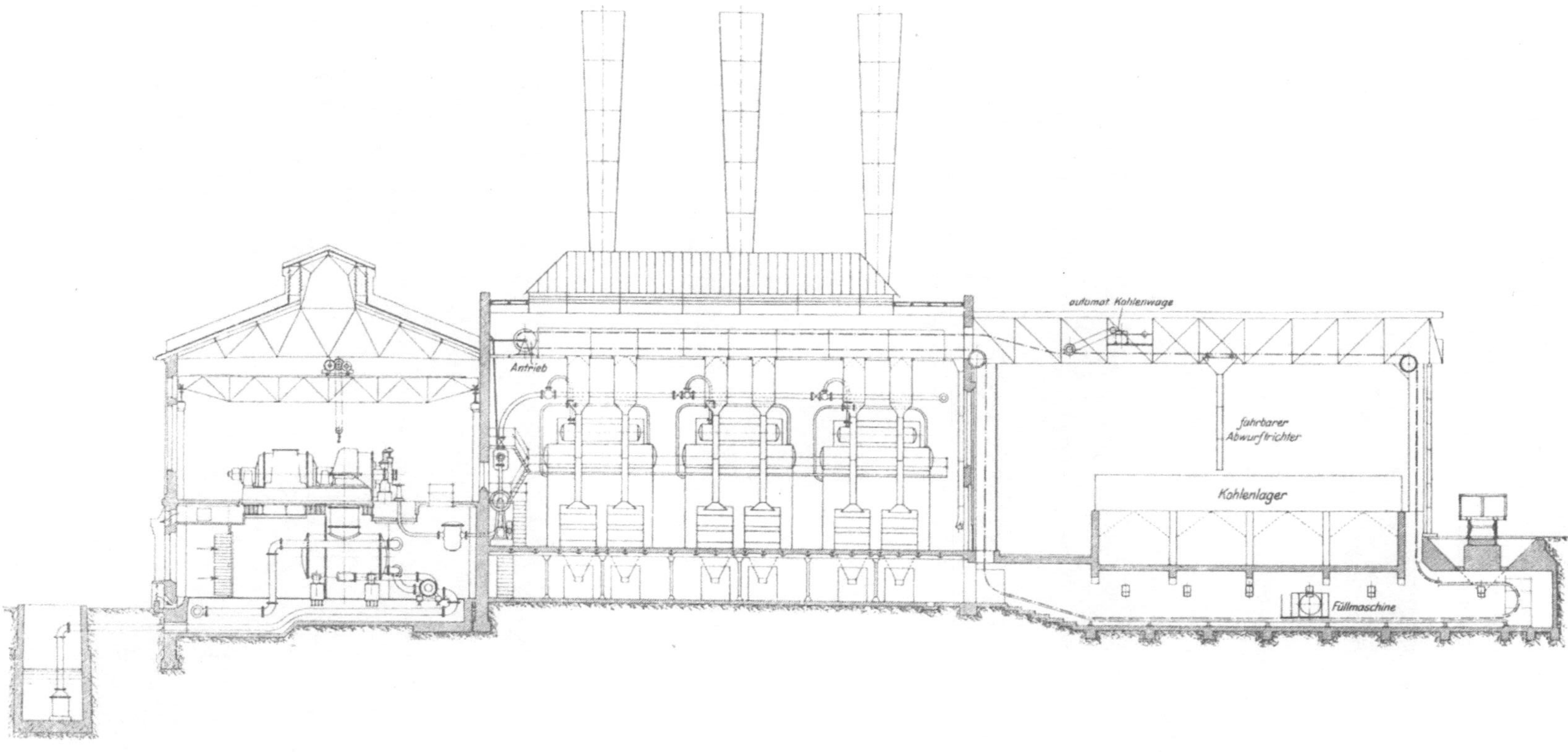

Abb. 20. Kohlenförderanlage im E. W. Obererzgebirg. Durchlaufendes Becherband, das gleichzeitig zum Ausladen der Eisenbahnwagen, zur Beschickung des Kohlenlagerplatzes, zur Förderung von den Eisenbahnwagen in die Kohlentaschen des Kesselhauses und zur Förderung vom Kohlenlagerplatz in das Kesselhaus benutzt wird. Fahrbarer Abwurftrichter. Antrieb des Becherbandes durch einen Elektromotor von 5 PS. Fassungsvermögen des Kohlenlagerplatzes 1000 cbm. Leistung des E. W. zunächst 8000 KW.

Aus vorstehenden Gründen empfiehlt es sich deswegen in der Regel, für die Aschenbeseitigung auf Schienen laufende Lowren zu benutzen und diese mit einem Aufzug oder durch eine schiefe Ebene ohne Umladung aus dem Keller zu heben. Derartige Einrichtungen haben sich bestens bewährt, wenn für ausreichende Be-

Abb. 21. Einrichtung für den Aschentransport im Keller des E. W. Hirschfelde.

Abb. 22. Schürraum im E. W. Hirschfelde.

leuchtung und gute Ventilation im Aschenkeller gesorgt wird (vgl. Abb. 21, 22 und 23); doch ist es nicht ratsam, den Aschenkeller mit dem Kesselhaus durch

Abb. 23. Aschentunnel unter den Kesseln im E. W. Hirschfelde.

Öffnungen im Fußboden in unmittelbare Verbindung zu bringen, weil dadurch das Kesselhaus zu sehr verunreinigt wird.

6. Schaltanlagen.

Die an Schaltanlagen zu stellenden Anforderungen sind mit Erhöhung der Leistung und Spannung der Zentralen ständig gestiegen, und das früher beliebte Bestreben, gerade hier Platz- und Kapitalersparnisse erzielen zu wollen, mußte daher im Interesse der Betriebssicherheit verlassen werden.

a) Wahl der Apparate.

In Schaltanlagen liegen Betriebsbedingungen vor, die viel ungünstiger sind, als die der übrigen Teile des Werkes. Einerseits werden die Energiemengen der ganzen Zentrale in der Schaltanlage zusammengefaßt und Versagen dieser bedeutet somit Stillsetzung des Werkes. Anderseits gehören Netzkurzschlüsse und Überspannungen, die das Material elektrisch und mechanisch mit dem Vielfachen des Normalen beanspruchen, zu den unvermeidlichen, fast betriebsmäßigen Erscheinungen. Die in der Schaltanlage verwendeten Apparate und Konstruktionsteile sollten daher nach den im allgemeinen Maschinenbau längst üblichen Grundsätzen bemessen werden und folgenden Hauptbedingungen genügen:

1. Sie müssen einheitlich einen so großen elektrischen Sicherheitsgrad aufweisen,
   daß sie auftretende Überspannungen ohne Schaden vertragen, wobei der Sicherheitsgrad in den unzugänglichen Teilen höher sein soll als in den zugänglichen.
2. In bezug auf mechanische Festigkeit müssen sie der Beanspruchung durch die
   Kurzschlußleistung der Zentrale mit Sicherheit und ohne Beeinträchtigung der
   Betriebsbereitschaft gewachsen sein.

Die Innehaltung ersterer Bedingung wird wesentlich erleichtert, wenn die
Schaltanlage nebst Schaltern, Trennschaltern, Stromwandlern usw. mit nur einem
einzigen Stütz- und Durchführungsisolator ausgerüstet wird (Abb. 24 und 25). Mit

Abb. 24.   Stütz- und Durchführungsisolatoren für Trennschalter und Sammelschienen
im E. W. Hirschfelde.   40000 V.

der richtigen Isolatorgröße ist dann der elektrische Sicherheitsgrad im voraus
einheitlich festgelegt, wenn gleichzeitig der gegenseitige Abstand der Leitungen
voneinander und von Erde normalisiert ist.

Der Sicherheitsgrad ist nach den bei Schaltvorgängen und Kurzschlüssen usw.
zu erwartenden Überspannungen zu bemessen, deren Höhe bei gegebenen Verhältnissen wesentlich von der Größe der Stromstärke, unwesentlich von der Höhe der
Betriebsspannung abhängt.   Je höher letztere ist, um so kleiner werden verhältnismäßig die auftretenden Überspannungen, desto niedriger darf der Sicherheitsgrad sein.

Für mittlere Betriebsspannungen (10000 bis 20000 V) und mittlere Zentralenleistungen ist der Sicherheitsgrad 5 als ausreichend anzusehen, während z. B. bei
100000 V-Anlagen der Sicherheitsgrad 2 in der Regel genügt.

Im Interesse leichter Reinigung sollten die Isolatoren möglichst glatte Form erhalten, die gleichzeitig die Ablagerung von Staub vermindert (Abb. 24 und 25); ihre Überschlagsspannung muß beträchtlich kleiner als die Durchschlagsspannung sein. Auch die Durchschlagsspannung eingebauter Apparateteile, z. B. der Wicklung von Stromwandlern gegen das Gestell, sollte höher als die Überschlagsspannung der Isolatoren sein. Bei dieser Bemessung bilden dann die Isolatoren gewissermaßen eine Sicherheitsfunkenstrecke, an der schlimmstenfalls eine Entladung ohne Zerstörungen wesentlicher Teile der Apparate erfolgen kann.

Da der hochspannungführende Teil der Schaltanlage um so betriebssicherer ist, je weniger Apparate er enthält, muß deren Zahl tunlichst vermindert werden. Stromwandler und Meßtransformatoren sollten deshalb so reichlich bemessen sein, daß an jeden vier oder fünf Instrumente niederspannungseitig angeschlossen werden können.

Abb. 25. Sammelschienen im E. W. Hirschfelde 40 000 V. Trennwände in Duroplatten; zwischen den Sammelschienen keine Trennwände.

In der Zahl der Instrumente ist man dann nicht beschränkt. Besonderer Wert ist auf zuverlässige Messung der erzeugten und abgegebenen Leistung zu legen, die am besten doppelt durch Einbau von Zählern für jeden Generator und für jeden Abzweig festgestellt wird. Außerdem sollte die Betriebskontrolle durch registrierende Instrumente, die Zentralenspannung und Belastung der einzelnen Abzweige ständig aufzeichnen, erleichtert werden.

Die am höchsten beanspruchten Teile der Schaltanlage sind diejenigen Ölschalter, die direkt an den Hauptsammelschienen liegen; sie haben im Notfalle die Kurzschlußleistung der ganzen Zentrale zu unterbrechen; sie sollten daher diese Leistung wiederholt ohne Beeinträchtigung der Betriebsbereitschaft abschalten können.

Konstruktionen, die auch für sehr große Leistungen unter allen Verhältnissen dieser Forderung gerecht werden, sind noch nicht durchgebildet, und es ist fraglich, ob das jetzt benutzte Prinzip der Unterbrechung unter Öl allein zum Ziel führen wird. Man sucht heute die Schalteinrichtungen durch Verringerung der Kurzschlußstromstärke (Zeitverzögerung für den Beginn der Abschaltung, fester Einbau von Reaktanzen, Stufenschaltung mit Widerständen oder Reaktanzen, Unterteilung des Konsums) zu erleichtern. Die Schaltbedingungen sind besonders ungünstig, wenn die Abschaltung bei kleinerem Leistungsfaktor (Freileitungsnetze, Ofenbetrieb) erfolgen muß; durch Erhöhung der Schaltgeschwindigkeit lassen sich wesentliche Verbesserungen erzielen.

Für den unmittelbaren Anschluß an das Sammelschienensystem kommt nur eine einzige Schaltertype in Betracht, die von der Leistung der einzelnen Abzweige unabhängig ist, jedoch von vornherein für den vollen Ausbau bemessen werden sollte.

Große Leistungen verlangen einpolige Schalterelemente mit automatischem Antrieb und Fernbetätigung. Aber auch bei Anlagen mittlerer Größe empfiehlt es sich, im Interesse sicherer Parallelschaltung wenigstens die Maschinenschalter elektrisch zu steuern, während die seltener zu bedienenden Schalter der Abzweige von Hand betätigt werden können.

Als wesentlich für die Betriebssicherheit der Anlage ist ferner die richtige Wahl des Schutzes gegen Überlastung (Kurzschluß) und Überspannungen anzusehen.

b) Überlastung und Überspannung.

Der Schutz gegen Überlastung muß so durchgebildet werden, daß der fehlerhafte Abzweig ohne Beeinträchtigung des übrigen Betriebes abgetrennt wird. Vertragen die Generatoren Kurzschluß bei voller Erregung, so eignen sich für ihren Schutz momentan wirkende Rückstromrelais am besten, weil der von dem defekten Generator aufgenommene Rückstrom diesen sofort abschaltet.

Für die einzelnen abgehenden Kabel oder Freileitungen ist Differentialschutz, besonders in Ringnetzen, am geeignetsten (siehe „ETZ" 1908, S. 316 bis 321, 329 bis 333, 361 bis 365); er kann so empfindlich eingestellt werden, daß die Leitung schon im Anfangsstadium des Fehlers gleichzeitig an beiden Enden abgetrennt wird, wobei die ungewollte Abschaltung gesunder Leitungsstrecken vermieden wird; eine Zeitverzögerung für den eigentlichen Schaltvorgang kann gleichfalls eingerichtet werden, wenn Abschaltung während des ersten besonders hohen Stromstoßes unerwünscht ist. Nächst dem Differentialschutz verdienen Maximalrelais mit unabhängiger Zeiteinstellung den Vorzug vor Einrichtungen, bei denen die Auslösezeit von der Stromstärke beeinflußt wird. Bei letzteren ist zuverlässige Zeiteinstellung nicht zu erreichen, weil die Auslösezeit bei großer Überlastung zu kurz wird. Tritt z. B. in einem unbelasteten Zweig Kurzschluß ein, so wird häufig eine andere schon vorher vollbelastete Leitung zuerst abgeschaltet.

Um auch Erdschlüsse abschalten zu können, empfiehlt es sich, die Neutrale eines der im Betrieb befindlichen Generatoren über einen geeigneten Widerstand zu erden; es müssen dann natürlich alle Phasen jedes Abzweiges geschützt werden.

Bezüglich des zweckmäßigsten Überspannungsschutzes herrschen heute noch geteilte Ansichten, es würde zu weit führen, sie hier eingehend zu erörtern. Es sei aber hervorgehoben, daß hoher Sicherheitsgrad, Zwischenschaltung von Transformatoren mit besonders kräftig isolierten Anfangswindungen, Erdung der Neutralen und große Phasenabstände der Hochspannungsleitungen innerhalb der Schaltanlage den besten Schutz gegen Überspannungen geben. Man übersieht häufig, daß die für reichlichere Bemessung der Apparate aufgewendeten Mehrkosten durch Vereinfachung des Überspannungsschutzes ausgeglichen werden können.

Als Blitzschutz hat sich die Anbringung einer künstlichen Erde über den Freileitungen durch ein oder mehrere von Mast zu Mast gespannte Stahlseile von ausreichendem Querschnitte gut bewährt; sie bilden einen wirksamen Schutz gegen Blitzschläge in die Hochspannungsleitungen und verhüten bis zu einem gewissen Grade deren statische Aufladung.

c) Sammelschienen.

Als Sammelschienensystem ist das Doppelsammelschienensystem dem älteren Ringsystem überlegen.

Bequeme und ungefährliche Reinigung, Vermeidung von Trennschaltern in den Hauptschienen, beliebige Aufeinanderfolge der Generator- und Abzweigfelder sind neben der Möglichkeit, jeden Generator mit jedem Abzweig zusammenschalten und somit getrennte Betriebe führen zu können, die Hauptvorteile dieses Systems.

In größeren Zentralen mit vielen abgehenden Leitungen von verhältnismäßig kleiner Leistung empfiehlt sich folgende Modifikation, die Raum- und Kapitalersparnis ohne Beeinträchtigung der Betriebssicherheit ergibt: Man fasse je vier bis sechs Abzweige zu einer Sektion durch besondere Gruppensammelschienen zusammen und verbinde jede dieser Gruppen durch einen besonderen Sektionsölschalter mit den Hauptsammelschienen. Während letzterer für die volle Kurzschlußleistung der Zentrale bemessen sein muß, können die Gruppenschalter kleiner gewählt werden.

Zwischen Sammelschienen und Ölschaltern sollten keine Apparate eingebaut werden, da Fehler in letzteren einen Sammelschienenkurzschluß hervorrufen. Die richtige Reihenfolge der Apparate ist somit: Leitungsende, Trennschalter (parallel abzweigend, Überspannungsschutz und Spannungstransformatoren), Stromwandler. Ölschalter, Trennschalter, Sammelschienen.

d) Aufbau der Schaltanlagen.

In vorstehender Reihenfolge können die Hochspannungsapparate entweder auf gleicher Stockwerkshöhe nebeneinander oder in verschiedenen Stockwerken übereinander untergebracht werden. Letztere Anordnung ist in der Regel vorzuziehen, da sie geringere Gebäudekosten und kleinere Leitungslänge ergibt. Soll die Schaltanlage nicht unübersichtlich zusammengedrängt werden, so sind bei höheren Spannungen drei Stockwerke auszubauen, und zwar je eines für Sammelschienen, Ölschalter und Kabelendverschlüsse bzw. Freileitungseinführungen (nebst deren Überspannungsschutz). Sind nur Kabel als Abzweige vorhanden, so werden die Sammelschienen in das oberste Stockwerk gelegt (vgl. Abb. 27), bei Freileitungen ist das Mittelgeschoß für diesen Zweck geeigneter. (Vgl. Abb. 28 und 29.)

Der Ölschalterraum ist so einzurichten, daß die Schalterantriebe in einem von der eigentlichen Hochspannung durch massive Wände abgeschlossenen Bedienungsgange liegen. (Abb. 26.)

Besondere Rücksichtnahme erfordert die Feuersicherheit der Anlage. Lichtbogenbildung muß durch genügend große Abstände der Leitungen gegeneinander und gegen Erde verhindert werden. Die Trennung der einzelnen Phasen durch Zwischenwände hat dagegen (auch bei den Sammelschienen) nicht den großen Wert, der ihr heute noch vielfach beigelegt wird. Sie ist nur dort angezeigt, wo große Ölmengen (einpolige Schalter) gefährliche Brände verursachen könnten. In den übrigen Teilen der Anlage genügt es, die ganzen Felder der einzelnen Generatoren und Abzweige durch massive Wände voneinander zu trennen, so daß Reparaturen gefahrlos und ohne Störung des übrigen Betriebes ausgeführt werden können. Die einzelnen Stockwerke müssen unter Verwendung von Durchführungsisolatoren feuersicher

Abb. 26. Gang f. d. Ölschalterantriebe im E. W. Rheinfelden, rechts und links im Fußboden abdeckbare Kanäle f. d. Betätigungsleitungen; links unten an den einzelnen Feldern abnehmbare Blechtafeln, unter denen die Endklemmen der Meßleitungen liegen; zur Revision der Meßleitungen brauchen die Hochspannungsräume nicht betreten zu werden.

gegeneinander abgeschlossen werden (keine offenen Leitungsdurchführungen), um das Übergreifen eines Brandes von dem einen auf das andere Stockwerk zu verhüten.

e) Reinigung und Trocknung des Öles.

Die in Transformatoren, Ölschaltern, Meßtransformatoren usw. zu Isolations- und Kühlzwecken verwandten Ölmengen stellen in großen Anlagen so beträchtliche Werte dar, daß es sich lohnt, besondere Einrichtungen zu treffen, durch die der Ersatz verbrauchten Öles und dessen Reinigung und Trocknung von einer Zentral-

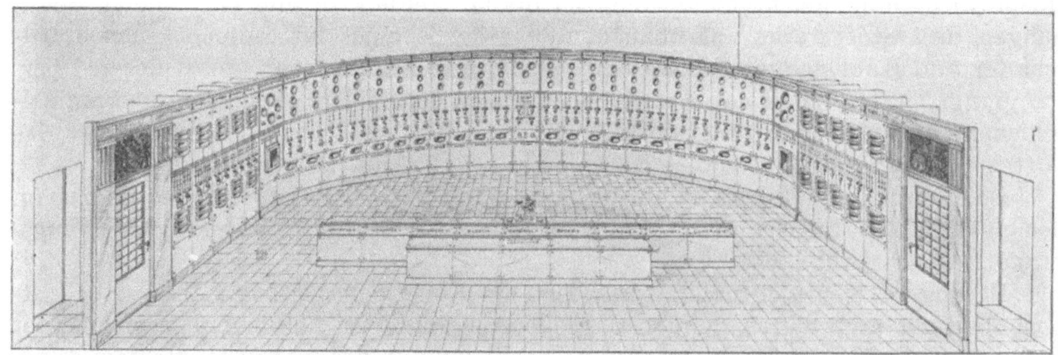

Abb. 27a. Operationstafel im Schalthaus des E. W. Bremen. In der Mitte Maschinenfelder, rechts und links Verteilung. Schaltpulte für Umformer und Nebenbetriebe.

stelle aus in einfacher Weise erfolgen kann. Neuerdings wird für Transformatoren und Apparate in der Regel säure- und wasserfreies russisches Mineralöl verwandt, dessen Gefrierpunkt unter 20 und dessen Flammpunkt über 150⁰ liegt. Die Zeitdauer, während der ein Transformator mit einer Ölfüllung betrieben werden kann,

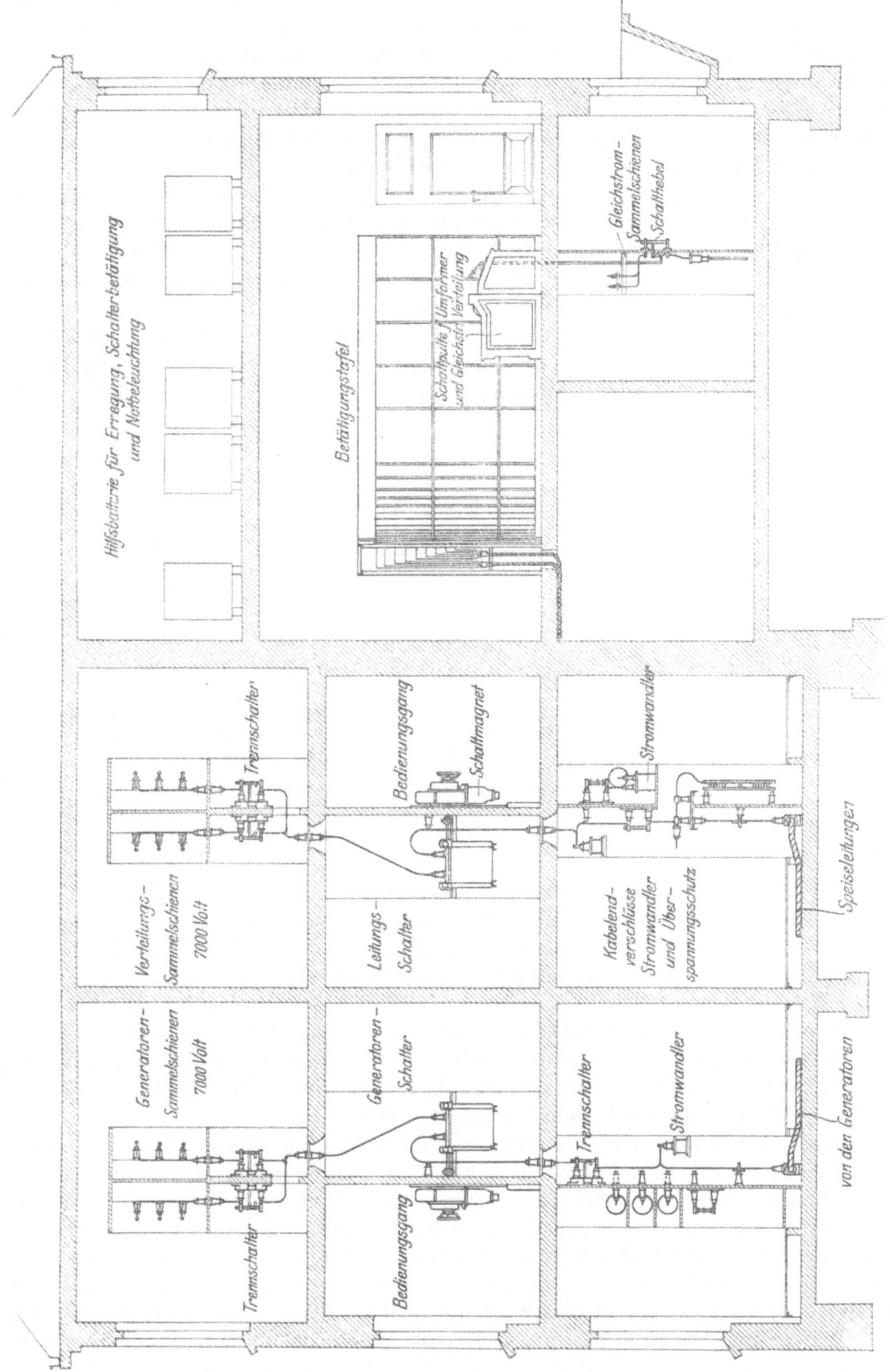

Abb. 27. Schalthaus für E. W. Bremen 7000 V; vollkommen durchgeführte Phasentrennung zwischen Kabelendverschluß und Sammelschienen.

hängt wesentlich von der durchschnittlichen und der maximalen Temperatur des
Öles ab, diese wiederum richtet sich nach den Belastungsverhältnissen und nach
den für die Kühlung der Transformatoren getroffenen Einrichtungen; normalerweise
wird etwa alle 1 bis 2 Jahre eine Untersuchung des Transformatorenöles vorgenommen werden müssen. Sind Einrichtungen vorhanden, die einen Wechsel des
Öles in einfacher Weise ermöglichen, so wird man im Interesse der Betriebssicherheit häufigere Reinigung der Ölfüllung durchführen.

Die Lebensdauer des Öles in Schaltern hängt von der Abschaltleistung ab, der
die Schalter bei der Unterbrechung ausgesetzt sind. Hat eine Abschaltung bei Überlastung oder Kurzschluß stattgefunden, so verkohlt ein Teil des Öles und es empfiehlt sich, spätestens nach jeder zweiten derartigen Schaltung eine Kontrolle des
Öles eintreten zu lassen. Die verbrannten Schichten befinden sich oben, sie müssen
entfernt werden, weil Isolierung und Schaltleistung durch verkohltes Öl beein-
trächtigt werden. Im Falle von Bränden muß das Öl in kurzer Zeit abgelassen
werden können, damit weiterer Ausdehnung des Brandes vorgebeugt wird.

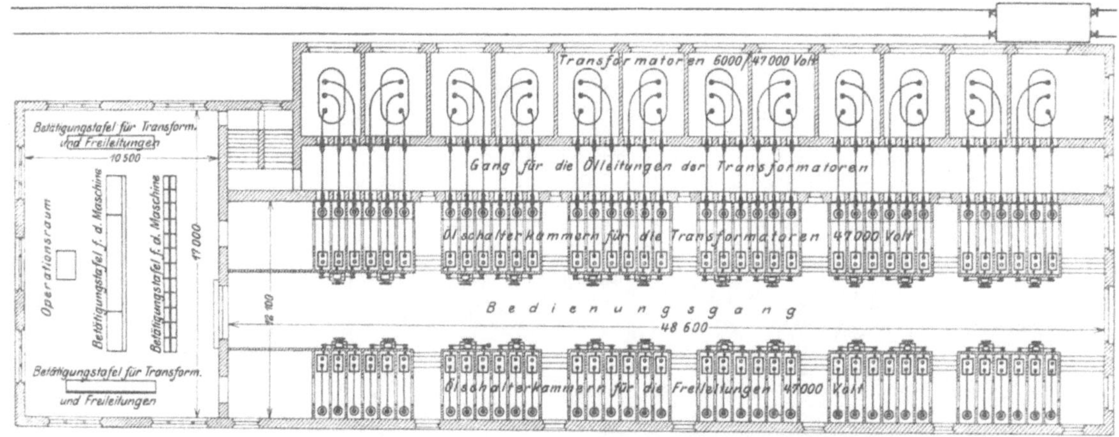

Abb. 28. Grundriß des Schalthauses für E. W. Laufenburg.

Zu der für die Ölbehandlung dienenden Anlage (vgl. Abb. 31 u. 31a) gehört deshalb
ein außerhalb des Gebäudes anzuordnender, vertieft liegender eingemauerter eiserner
Sammelbehälter, dessen Inhalt größer sein muß als der des größten Transformators;
er ist durch weite Leitungen mit den einzelnen Ölkästen zu verbinden. Die vollständige Entleerung des größten Ölkastens sollte in etwa 10 Minuten durchgeführt
werden können. Ein zweiter Behälter gleicher Größe dient für das reine Öl. Der
Fußboden der Transformatorenkammern wird als Ölfang ausgebildet, damit aus
undichten Flanschen usw. abfließendes Öl abgeleitet wird; jeder Ölfang erhält eine
besondere Abflußleitung nach dem Sammelbehälter.

Um das abgelassene oder verunreinigte Öl wieder zu verwenden, wird es zunächst filtriert und dann gekocht. Das aus dem Sammelbehälter entnommene Öl
setzt in diesem bereits Schlamm ab; es wird zunächst durch ein Sieb geführt, das
sich in einem vom Sammelbehälter abgeteilten Raum befindet und größere Verunreinigungen zurückhält (3 mm Maschenweite); von hier wird es durch eine Roh-
ölpumpe nach einem Nebenraume des Transformatorengebäudes geschafft und durch
eine Filterpresse gedrückt, von dieser gelangt es dann in einen Rein-Ölbehälter. Mit
einer Filterleistung von 1000 Litern pro Stunde wird man in der Regel auskommen,
und da der Druckverlust nur etwa 0,3 bis 0,4 at beträgt, so genügt eine Pumpen-
leistung von 0,5 PS für diesen Zweck. Um ungewollte Drucksteigerungen zu verhüten, empfiehlt sich die Anordnung eines Standrohres von etwa 4 m Höhe, das

gleichzeitig für die Entlüftung des Öles dient. Das Reinölbassin wird mit einer Heizschlange ausgerüstet, deren Heizfläche in qm ungefähr dem Inhalt des Behälters in cbm entsprechen sollte. Sie wird durch Dampf aus der Kesselanlage beheizt und muß das Öl auf eine Temperatur von etwa 120° bringen. Zur Bewegung des Öles

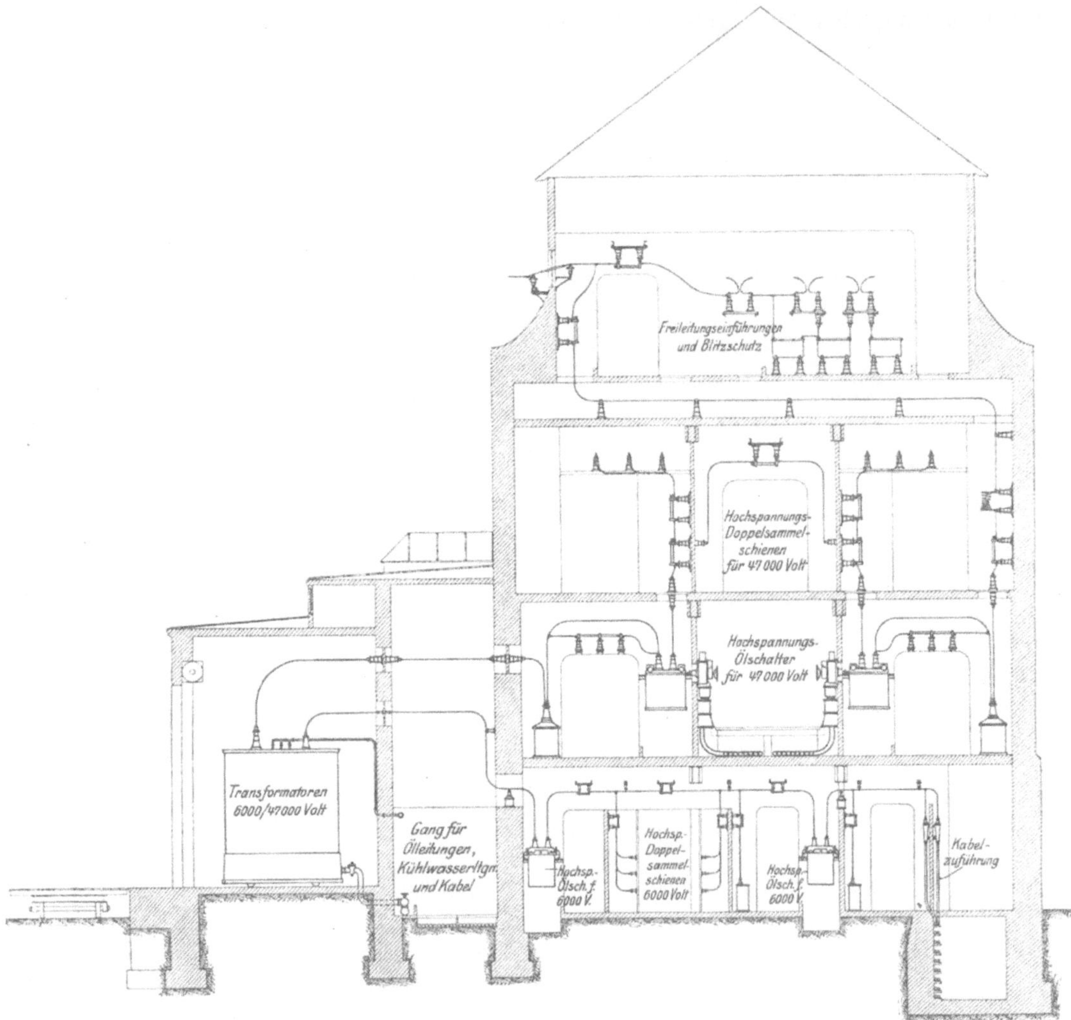

Abb. 29. Schnitt durch das Schalthaus des E. W. Laufenburg.

Abb. 28 u. 29. Schalthaus Laufenburg. Eingerichtet zunächst für 10 Generatoren à 5000 KW und 10 Transformatoren, außerdem je 2 Reservefelder. Transformierung der Generatorenspannung von 6000 auf 47 000 V., 4 abgehende Kabelleitungen für 6000 V., 6 abgehende Freileitungen für 47 000 V. In dem Schalthaus befinden sich außerdem alle Betätigungstafeln. Die Kabel zwischen Maschinen- und Schalthaus sind in einem unterirdischen Kanal verlegt. Die Transformatoren befinden sich in besonderen angebauten Kammern und können unmittelbar vom Eisenbahnwagen abgerollt werden. Zwischen Transformatorenkammern und Schalthaus ist ein Gang zur Aufnahme der Öl- und Kühlleitungen und für die Verbindungskabel mit dem Maschinenhaus angeordnet. Die Einrichtung für die Behandlung des Öles ist ähnlich wie in Abb. 31 u. 31a ausgeführt.

während des Trockenprozesses empfiehlt sich die Aufstellung einer besonderen kleinen Pumpe, die in der Abbildung als Reinölpumpe bezeichnet ist. Die Ölgeschwindigkeit in der Druckleitung sollte 0,5 bis 0,8 m pro Sek. nicht übersteigen, weil verhindert werden muß, daß das Öl dem Transformatorkasten schneller zugepumpt wird, als es durch die Überlaufleitung wieder zurückfließt. Das reine Öl wird von unten in die Transformatorenkasten gedrückt, in diesen steigt es langsam auf und fließt dann durch die Überlaufleitung nach dem Trockenbehälter zurück. Diese Einrichtung ermöglicht gleichzeitig die Trocknung der Transformatorenkerne in dem fertig aufgestellten Behälter. Der Trocknungsprozeß des Kernes läßt sich natürlich noch beschleunigen, wenn die Primär- und Sekundärwicklungen durch Strombelastung elektrisch geheizt werden.

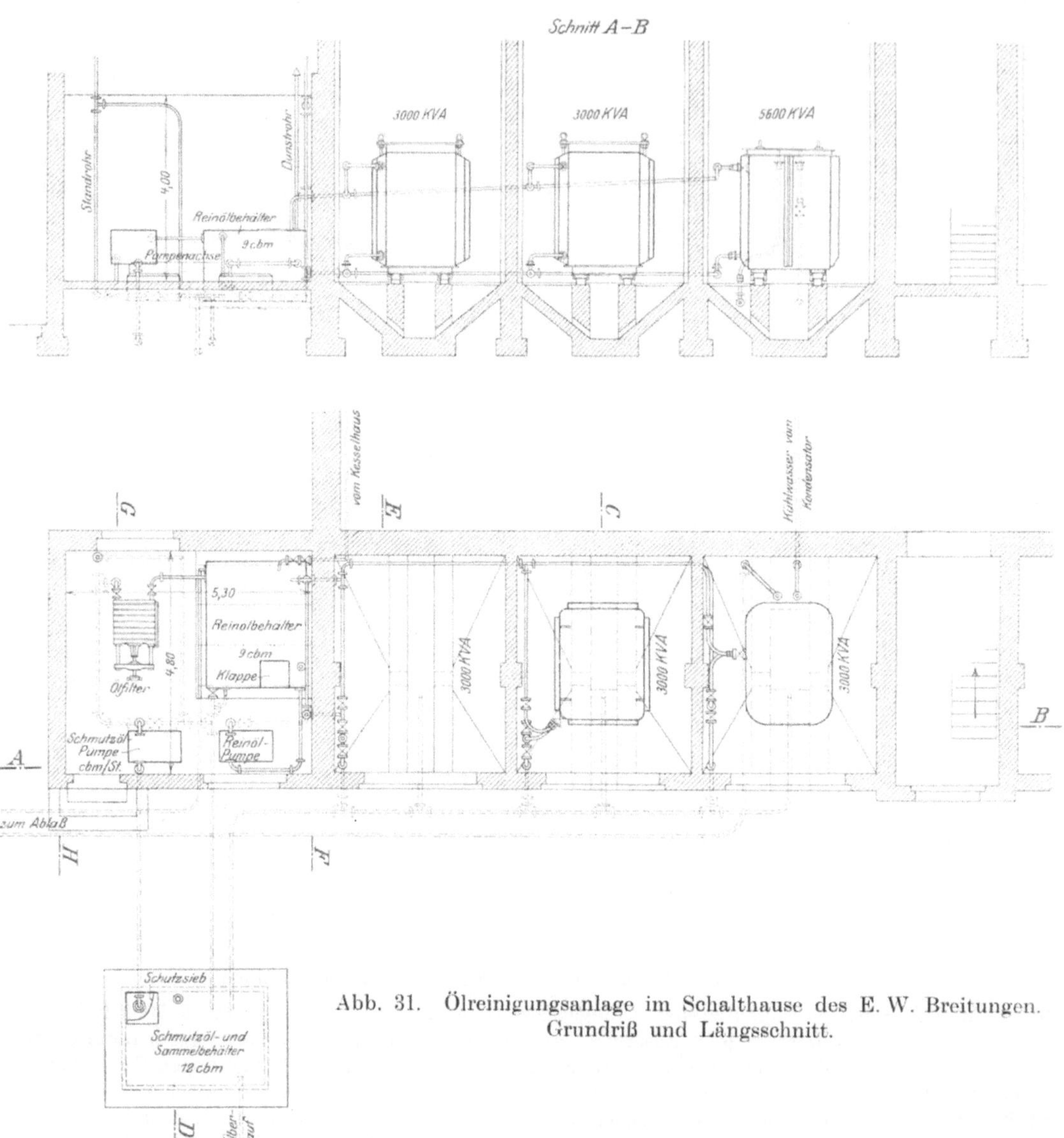

Abb. 31. Ölreinigungsanlage im Schalthause des E. W. Breitungen. Grundriß und Längsschnitt.

f) Anordnung der Betätigungstafel und des Schalthauses.

Die Betätigungstafel soll von einer Stelle aus bequem übersehen werden können und mit dem Bedienungsgang der Hochspannungsanlage in guter Verbindung stehen (Abb. 27a und 33). Wird ein freistehendes Schalthaus errichtet, so lege man sie in die direkte Verlängerung des Verbindungsganges mit dem Maschinenhaus oder in den Verbindungsgang selbst (Abb. 38 bis 41, Tafeln). Für die Anordnung der Instrumente auf den einzelnen Tafeln ist hauptsächlich zu beachten, daß die organische Zusammengehörigkeit bestimmter Apparate auch auf der Schalttafel sichtbar zum Ausdruck gebracht wird.

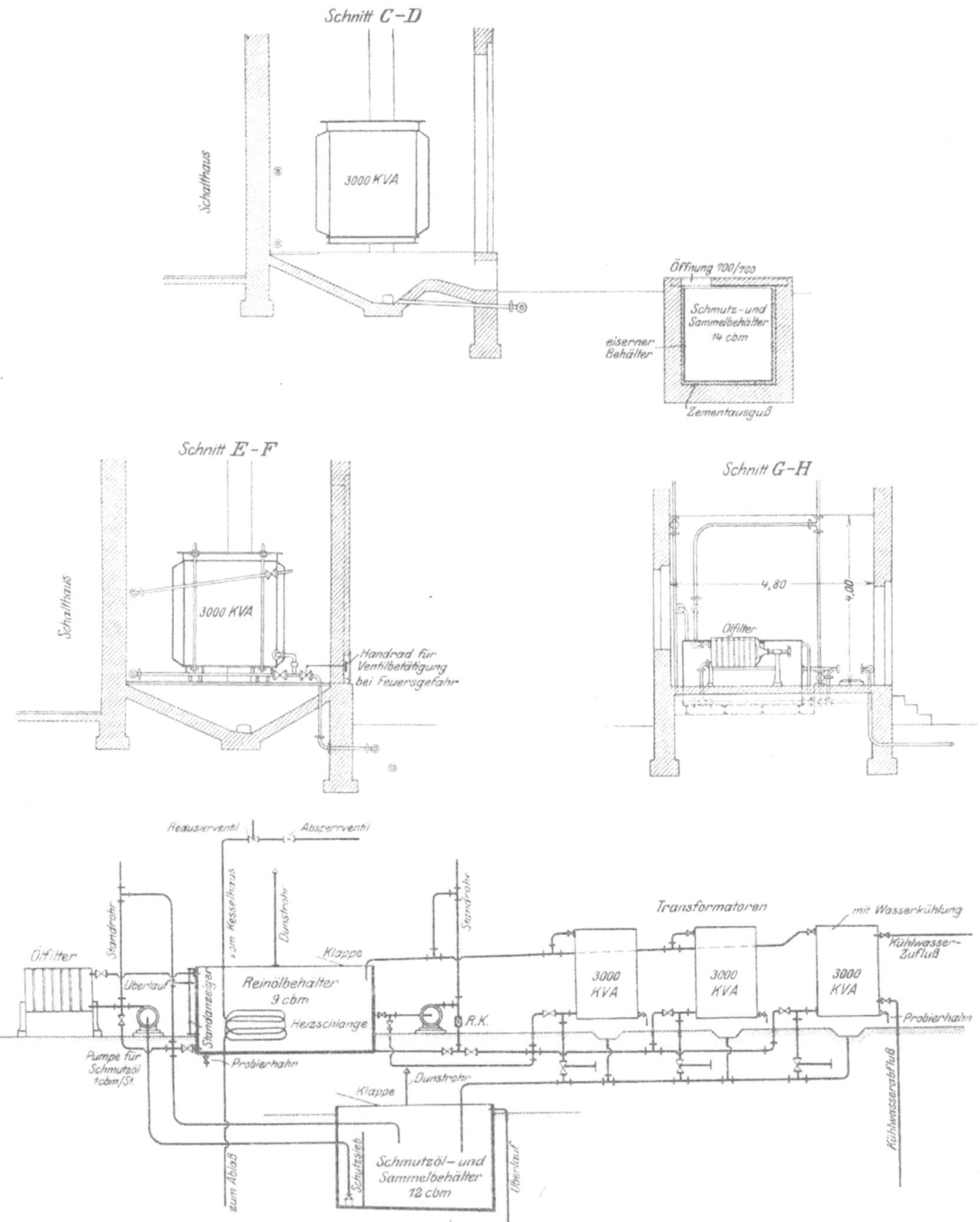

Abb. 31a. Ölreinigungsanlage im Schalthause des E. W. Breitungen. Querschnitt durch Transformatorenkammern und Reinigungsraum, Rohrleitungsschema.

Meß- und Betätigungsleitungen werden am besten in aufdeckbaren Kanälen verlegt, die der Kontrolle bequem zugänglich sind. (Vgl. Abb. 26.)

Soll das Schalthaus direkt mit dem Maschinenhaus zusammengebaut oder als besonderes Gebäude errichtet werden? Für den üblichen direkten Zusammenbau

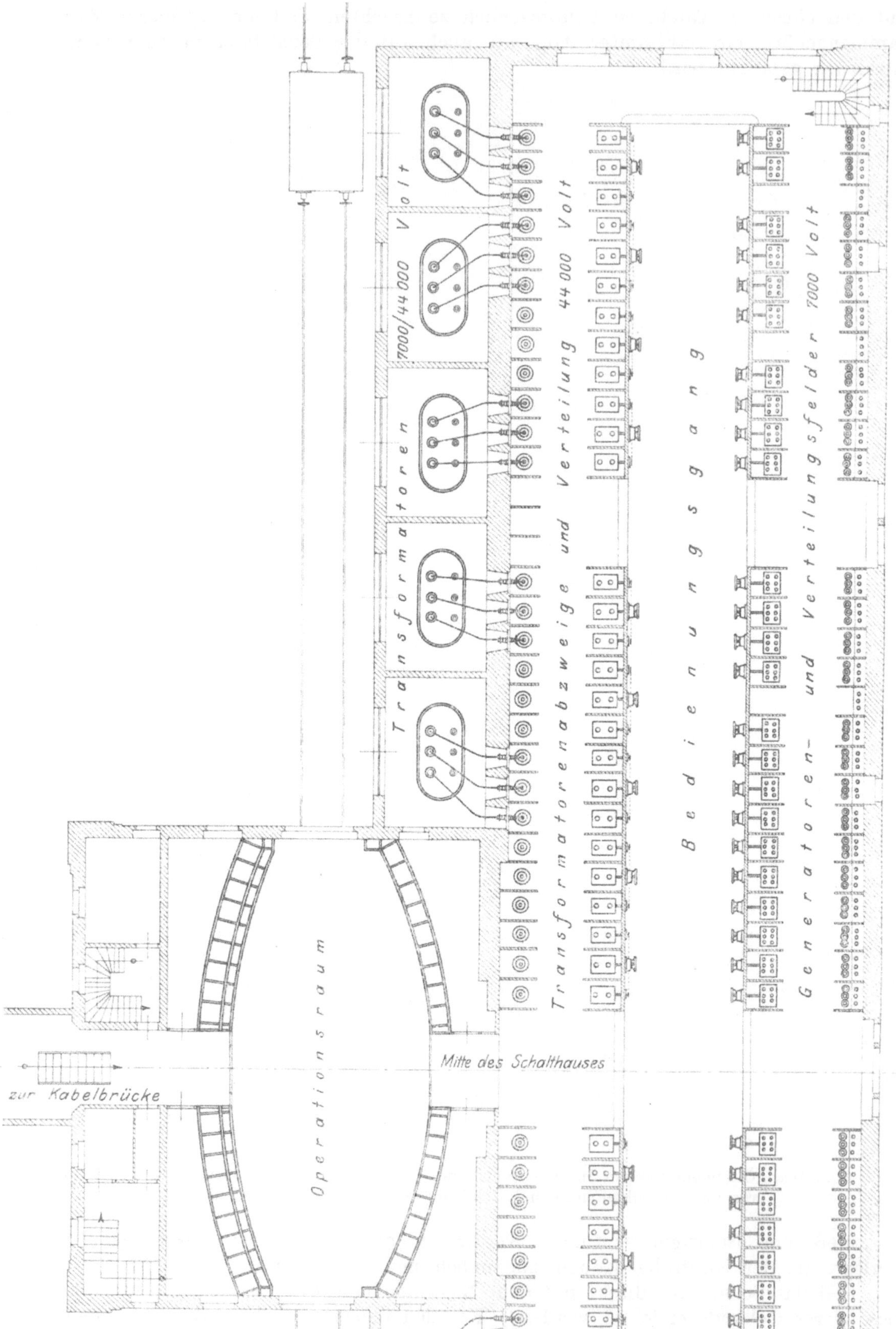

Abb. 32. Grundriß des Schalthauses des E. W. Wyhlen.

Abb. 33. Operationstafel im Schalthaus des E. W. Wyhlen, rechts Generatorenfelder, links Verteilungsfelder; Ausführung der Tafeln in poliertem blauen Marmor; Schaltschema in blanken Messingleisten auf den Tafeln verzeichnet.

spricht nur eine überdies noch ziemlich fragliche Ersparnis an Anlagekosten; für die Errichtung besonderer Schaltgebäude sind aber ausschlaggebende Gründe anzuführen, falls nicht etwa Raumbeschränkung zum direkten Anbau zwingt. Höhere Anlagekosten entstehen lediglich durch den Bau einer besonderen Frontwand und eventuell einer Verbindungsbrücke, sie sind also unerheblich und können durch Ersparnisse an anderer Stelle sogar teilweise ausgeglichen werden.

Man gewinnt aber zwei neue Lichtfronten, die vor allem für den Maschinenkeller und für die Schaltanlagen selbst bedeutsam sind; gerade die Rückseite der Schaltanlagen und der Maschinenkeller pflegen in dieser Hinsicht besonders vernachlässigt zu sein. (Vgl. auch Abb. 6.)

Man erreicht ferner Unabhängigkeit der inneren Ausgestaltung des Schalthauses vom Maschinenhause bezüglich Höheneinteilung, Pfeileranordnung, Deckenkonstruktion usw. Bei späteren Erweiterungsbauten sind diese Vorteile wertvoll, sie ergeben Ausdehnungsmöglichkeiten nach allen Richtungen. (Vgl. Abb. 38 bis 41, Tafeln.)

Der häufig gemachte Einwand,

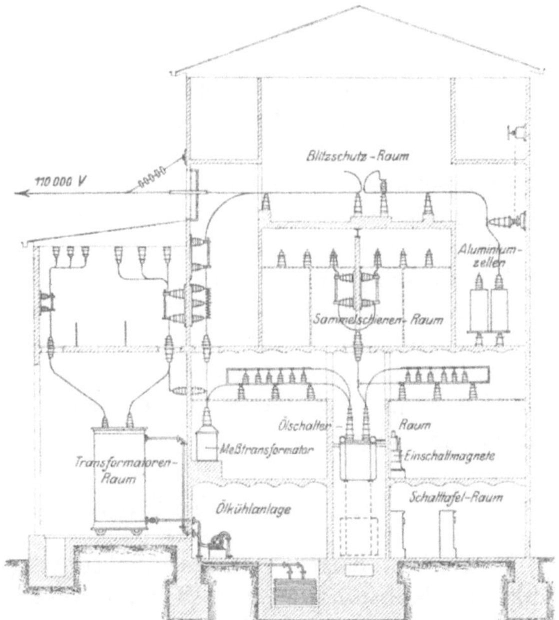

Abb. 34. Querschnitt durch die Transformatorenstation Gröditz der Kraftübertragungsanlage Lauchhammer. Freileitungen 110 000 V. Ölschalter mit 2 Vorstufen; die Widerstände hierfür über den Ölschaltern auf Isolatoren; die Ölkästen können in das untere Stockwerk herabgelassen werden. Doppelsammelschienen in horizontaler Anordnung. Eingerichtet für 3 Transformatoren 110 000 V bis 15 000 V von je 3000 KW und für 1 Transformator 110 000 V/60 000 V von je 7000 KW.

die Schaltanlage müsse mit dem Maschinenhaus in möglichst enger Verbindung stehen, ist nicht stichhaltig; die Schaltanlage gehört vielmehr, bis auf die Einrichtungen für die Spannungsregulierung der Maschinen, eher zum Leitungsnetze als zu den Generatoren. (Vgl. auch Abb. 30, Tafel.)

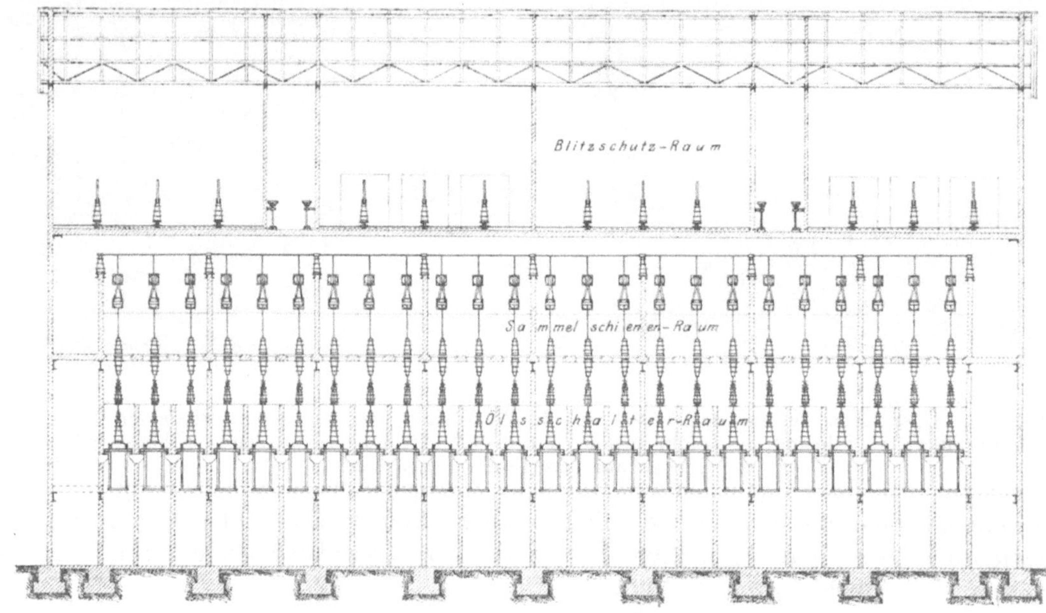

Abb. 35. Längsschnitt durch die Transformatorenstation Gröditz.

Die Ansicht, der Schalttafelwärter müsse die Maschinen sehen können, entbehrt gleichfalls der Begründung; es ist im Gegenteile richtiger, den Wärter von aller Beeinflussung durch Geräusche im Maschinenhause fernzuhalten und ihn zu veranlassen, seine Maßnahmen lediglich nach den Angaben der Instrumente zu treffen. Es sind Fälle bekannt geworden, in denen plötzlich auftretende Fehler an den Maschinen zu falschen Schaltungen führten.

Die zwischen Maschinen- und Schalthaus erforderliche Verständigung betrifft nur das An- und Abstellen der Maschinen und deren Belastung; diese einfache Nachrichtenübertragung erfolgt jedoch am besten und sichersten durch Kommandoapparate; folgerichtig sollte man deshalb auch die Betätigungstafel in dieses Gebäude legen und für kurze und bequeme Verbindung mit den übrigen Teilen der Schaltanlage sorgen.

7. Lage des Werkes.

Wegen der Kosten der Fernübertragung sollte das Werk möglichst im Schwerpunkt des Konsums liegen. Wirtschaftliche Erwägungen anderer Art, die sich vor allem auf Grundstückspreis, Güte des Baugrundes, Wasserbeschaffung und Kohlenzufuhr erstrecken, werden jedoch häufig für die Wahl des Bauplatzes ausschlaggebend sein und erhebliche Verschiebung desselben bedingen. Wie später gezeigt wird, stellt sich elektrische Übertragung der Energie, guter Belastungsfaktor vorausgesetzt, innerhalb ziemlich großer Entfernungen billiger als der Eisenbahntransport der Kohle. Ohne Schädigung der Gesamtwirtschaftlichkeit wird man daher ein Steinkohlenkraftwerk nur dann beträchtlich aus dem Konsumschwerpunkte verlegen dürfen, wenn es in unmittelbarer Nähe einer Kohlengrube oder an einem schiffbaren Wasserwege mit billiger Kohlenzufuhr errichtet werden kann. Auch der große

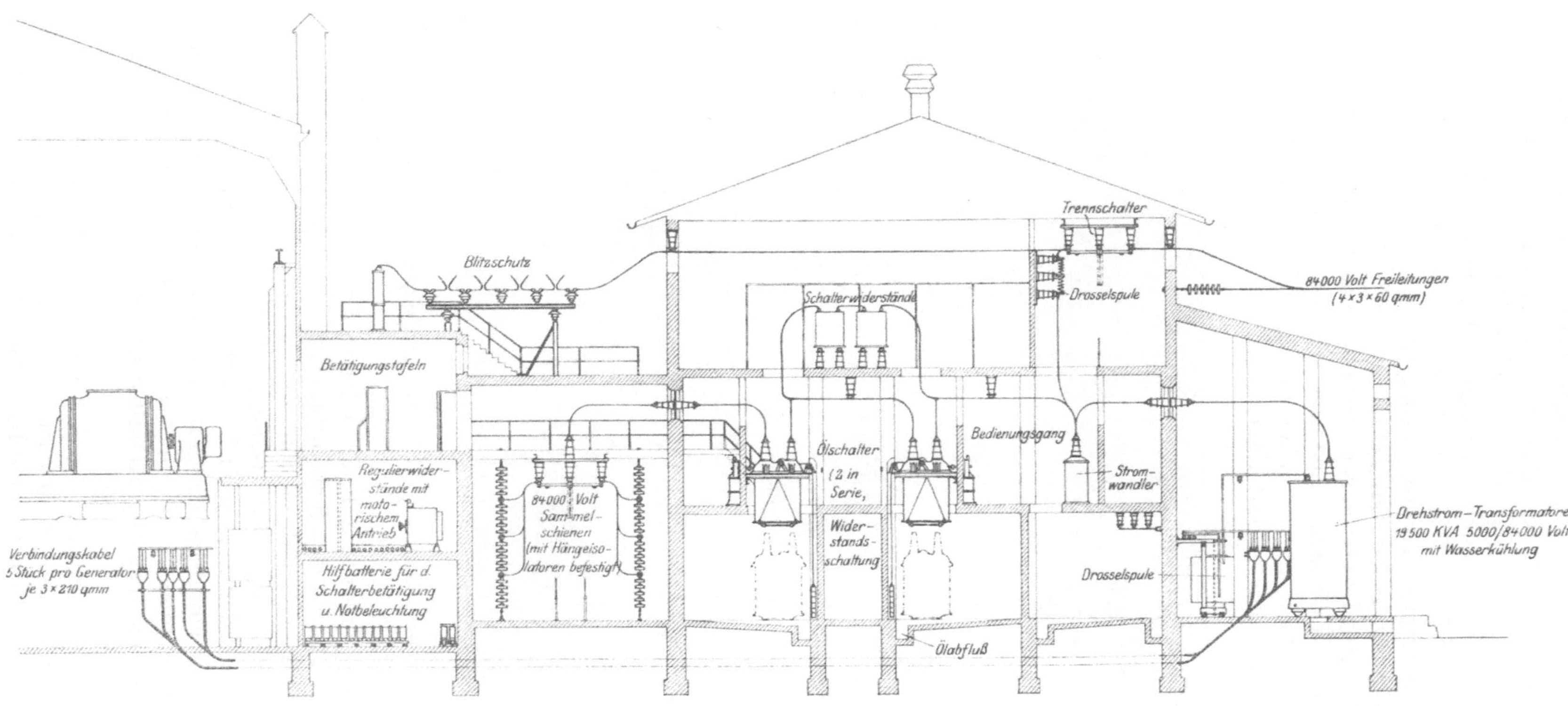

Abb. 36. Querschnitt durch das Schalthaus Vereeniging der Victoria Falls and Transvaal Power Cie, Südafrika.

4 Generatoren von je 18000 KVA. 4 Transformatoren 5000 V/84000 V; für jedes Feld zwei Ölschalter in Hintereinanderschaltung, davon einer mit Schutzwiderstand, um die Kurzschlußströme zu begrenzen; die ganzen Ölschalter können in das untere Stockwerk herabgelassen werden. Aufhängung der Sammelschienen an Hängeisolatoren. Einbau von eisenfreien Drosselspulen zwischen Transformatoren und Generatoren.

Kühlwasserbedarf (ca. 0,3 bis 0,4 cbm pro KWStd) läßt die Lage des Werkes an einem größeren Wasserlaufe oder See wünschenswert erscheinen, weil dann Rückkühlanlagen vermieden werden, die neben erheblichem Kostenaufwand öfter bis zu 18 $^0/_0$ größeren Kohlenverbrauch (hervorgerufen durch schlechteres Vakuum und größere Leistung der Luft- und Zirkulationswasserpumpen, demnach wesentliche Erhöhung der konstanten Verluste) bedingen.

Bei der engeren Auswahl des Bauplatzes sind vor allem Terrainverhältnisse, Beschaffenheit des Baugrundes, Grundwasserstand und etwaige Hochwassergefahr zu berücksichtigen; seine Größe richtet sich nach den in absehbarer Zeit zu erwartenden Erweiterungen, der ungünstigsten Falles zu stapelnden Kohlenmenge und dem Platzbedarf für Lagerung anderer Materialien.

Abb. 37. Operationstafel im E. W. der Hamburger Hochbahn.

Der zweckmäßigste Grundriß, d. h. die relative Lage von Kessel-, Maschinen- und Schalträumen und die Art der Kohlenstapelung ist nach den vorstehend entwickelten Gesichtspunkten von Fall zu Fall zu bestimmen.

Die Höhenlagen sollten so gewählt werden, daß die Saughöhe der Kühlwasserpumpen klein und der Erdaushub tunlichst beschränkt wird; gleichzeitig muß bequeme Verbindung der einzelnen Betriebsräume unter möglichster Vermeidung von Treppen angestrebt werden. Eine gute Lösung ergibt sich, wenn der Fußboden des Kondensatorraumes mit dem der Kesselhäuser auf gleicher Höhe, und zwar auf Terrainhöhe, liegt.

Man gelangt dann vom Mittelgang der Kesselhäuser direkt in den Kondensatorraum und vom Maschinenhausflur unmittelbar auf die Bedienungsgalerie der Kessel, von der bequeme Treppen nach dem Kesselhausflur führen sollten. Liegt letzterer auf Terrainhöhe, so ergibt sich gleichzeitig eine direkte Verbindung des Aschenkellers mit den Transportkanälen unterhalb des Kohlenlagerplatzes, falls dieser zu ebener Erde angeordnet wird.

Die Schalträume sollten, gleichgültig ob sie an das Maschinenhaus angebaut oder in einem eigenen Schalthause untergebracht werden, so angelegt sein, daß der Hauptbedienungsgang mit dem Maschinenhausflur auf ziemlich gleicher Höhe liegt. (Vgl. Abb. 38 bis 41, Tafeln.)

8. Architektur.

Die architektonische Ausgestaltung der Zentralenbauten hat sich vielfach in falschen Bahnen bewegt und die selbstverständliche Forderung, daß die Formengebung dem Zwecke des Gebäudes Rechnung tragen muß, ist bisher selten erfüllt worden. Man sollte nie vergessen, daß eine Zentrale nichts anderes ist als eine Elektrizitätsfabrik und daß ihr Fabrikcharakter ebenso wie bei anderen Fabrikbauten nicht verdeckt werden darf. Tatsächlich werden aber häufig theaterähnliche Bauten errichtet, vor allem, wenn städtische Bauämter sich die architektonische Ausgestaltung selbst vorbehalten haben. Ebenso wie bei der Formgebung von Maschinen liegt die Schönheit von Industriebauten in guten Proportionen und im einfachsten Ausdruck für den gegebenen Zweck. Werden besondere konstruktive Hilfsmittel, wie z. B. Eisenkonstruktionen im Kesselhaus, eiserne Dachbinder in der Maschinenhalle usw., verwandt, so soll man sie, unter Berücksichtigung einfacher Linienführung, auch äußerlich in die Erscheinung treten lassen und sie nicht durch Hilfskonstruktionen verkleiden. Das vielbeliebte Einziehen einer besonderen Kunstdecke in das Maschinenhaus, die lediglich den

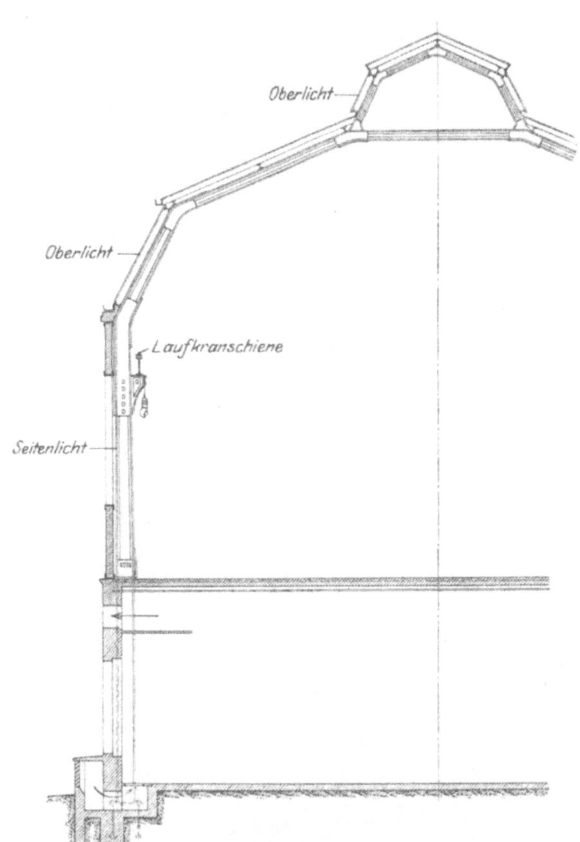

Abb. 42. Architekturbeispiel: Binderfeld (Steifrahmen-Konstruktion) f. d. Maschinenhaus.

Zweck hat, die Dachkonstruktion zu verdecken, ist durchaus zu verwerfen. Man vergißt dabei, daß der unbefangene Beschauer in einer Elektrizitätsfabrik den Anblick eines Fabrikraumes erwartet und nicht einen Vortragssaal vorfinden will, in den zufällig Maschinen geraten sind. Wohl aber lassen sich, unter Berücksichtigung dieses Gesichtspunktes, auch für die Eisenkonstruktionen Formen finden, die den Räumen, bei aller Wahrung technischen Ausdruckes, ein gefälliges, unter Umständen ein elegantes Aussehen geben.

Größtes Gewicht sollte auf reichliche natürliche Beleuchtung aller Räume gelegt werden. In dieser Hinsicht kann des Guten nicht zuviel geschehen, da die Erfahrung lehrt, daß die Anlage desto sauberer gehalten und um so sorgfältiger bedient wird,

je leichter Mängel erkennbar sind. Die beste Beleuchtung für Kessel- und Maschinen-
häuser ist ausgiebige Oberlichtbeleuchtung, weil sie die Schlagschatten zum Ver-
schwinden bringt. Im Kesselhaus kann sie vollkommen durchgeführt werden, wenn
Kohlenbunker fehlen; im Maschinenhaus geben die auch architektonisch sehr wirk-

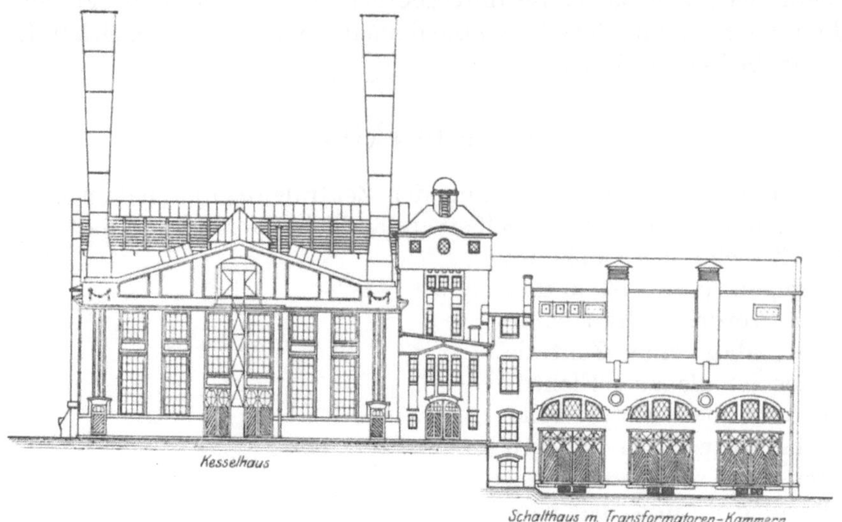

Abb. 43. Architekturbeispiel: Fassade des E. W. Obererzgebirg.
Architekt: Dr. W. Klingenberg, Berlin.

Abb. 44. Architekturbeispiel: E. W. Obererzgebirg. Architekt: Dr. W. Klingenberg, Berlin.

samen Streifrahmen-Konstruktionen eine natürliche Lösung für reichliche Bemessung des Oberlichtes. (Vgl. Abb. 42.)

Für die Lichtverhältnisse und die architektonische Ausgestaltung des Ganzen
ist auch die Unterbringung der Schaltanlage in einem besonderen Gebäude, wie
schon erwähnt, von großem Wert.

Bei der Ausbildung der Fassaden sollte auf überflüssige Gesimse, horizontale

Bänder usw. verzichtet werden, um so mehr, als diese durch Ablagerung von Ruß und Asche noch besonders unschön wirken. Einfache vertikale Gliederungen und Strebepfeiler, die durch konstruktive Rücksichten bedingt sind, weisen mit Nachdruck auf den Zweck des Gebäudes hin und lassen schon äußerlich vermuten, daß im Innern schwere, kräftig zu fundierende Massen untergebracht sind. (Architekturbeispiele Abb. 43 bis 48.)

Die innere Ausstattung der Räume sollte sich nach gleichen Grundsätzen richten. Einfacher, möglichst heller Anstrich der Wände ist schon aus dem Grunde wünschenswert, weil dadurch die Lichtreflexion erhöht wird; Wandmalereien, Absatzstriche und derartiges sind zu verwerfen und gehören nicht in eine Fabrik. Unterschiedliche Farbe des Anstrichs sollte nur dort angewandt werden, wo verschiedene Baumaterialien hervorzuheben sind; so empfiehlt es sich natürlich, Eisenkonstruktionen und Holzverschalungen anders zu streichen als Wände.

Die Wände des Maschinenhauses, die Bedienungsräume des Schalthauses, der Kondensatorräume sollten bis in die Reichhöhe mit einfarbigen glasierten Steinen oder Kacheln ohne Muster verkleidet sein. Der Kondensatorraum und ähnliche Räume, die an natürlichem Licht Mangel leiden, sollten glatte weiße Wandbekleidung und weißen Anstrich erhalten.

Als Fußbodenbelag für die Maschinenräume bewährt sich Fliesenbelag, der jedoch (im Gegensatz zu den Wänden) eine Musterung durch Anwendung verschiedenfarbiger Platten erhalten muß, weil auf einfarbigem Fliesenbelag Ölflecke zu sehr hervortreten. Es sollten aber auch hierfür ziemlich helle Farben gewählt werden,

Abb. 45. Achitekturbeispiel: Fassade des E. W. Fortuna. Architekt: W. Issel, A. E. G., Berlin.

z. B. hellgraue Platten, die sich in der Tönung etwas unterscheiden, vor allen Dingen müßten aber grobe Unterschiede vermieden werden.

Die häufig beliebte Einfassung der Maschinen durch besondere Friese ist zu verwerfen, weil sie nur einen unschönen Fleck im Maschinenhaus ergibt und sich der Form der Maschinen nicht anpassen läßt.

9. Zusammenfassung, Energieschema.

Faßt man die in vorstehenden Vorschlägen für die einzelnen Teile des Werkes als zweckmäßig angegebene Anordnung für das Ganze nochmals zusammen, so erkennt man, daß die für diese empfohlene Ausführung gleichzeitig dasjenige Projekt darstellt, bei dem der Transport der Energie und ihre Umformung nacheinander auf gradlinigem Wege erfolgt; man sieht ferner, daß die Nebenprozesse senkrecht zu diesem Wege wiederum auf möglichst kurzer Strecke verlaufen. (Vgl. Energieschema Abb. 49.)

Von verschiedenen Stellen des Lagerplatzes ausgehend, läuft die Energie als Kohle gradlinig in die Achse des Kesselhauses und verteilt sich auf die verschiedenen Kessel, in denen die erste Umwandlung in Dampfenergie stattfindet.

Von den Kesseln geht sie in gleicher Richtung weiter zu den Turbinen, wo sie in mechanische Energie umgesetzt wird, dann in die Generatoren, wo Umformung in elektrische Energie erfolgt; in derselben Richtung weiter in die Maschinensammelschienen des Schalthauses, darauf in die Verteilungssammelschienen und schließlich in die Speiseleitungen.

Die Nebenprozesse spielen sich auf möglichst kurzem Wege senkrecht zu dieser Richtung ab. Zunächst Zuführung der Verbrennungsluft in die Kessel, die aus dem Kesselhause entnommen wird, und Ableitung der Abgase so rasch als tunlich

Abb. 46. Architekturbeispiel: E. W. Fortuna.
Architekt W. Issel, A. E. G., Berlin.

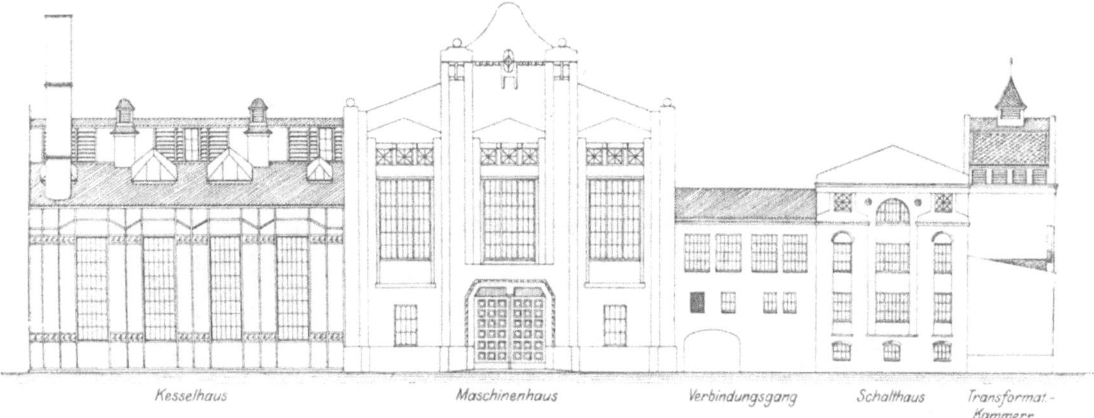

Abb. 47. Architekturbeispiel: Fassade des E. W. Hattingen.   Architekt: Dr. W. Klingenberg, Berlin.

durch Einzelkamine senkrecht nach oben. Bei der Dampfturbine Ableitung des Ab-
dampfes durch die Kondensatoren nach unten senkrecht zur Hauptrichtung. Zu-
und Ableitung des Kühlwassers durch Kanäle senkrecht zur Hauptrichtung. Zu-

Abb. 48. Architekturbeispiel: E. W. Hirschfelde.

und Ableitung der Kühlluft für die Generatoren senkrecht nach unten, möglichst kurze Verbindung mit der Außenwand des Maschinenhauses. Die einzige Aus-

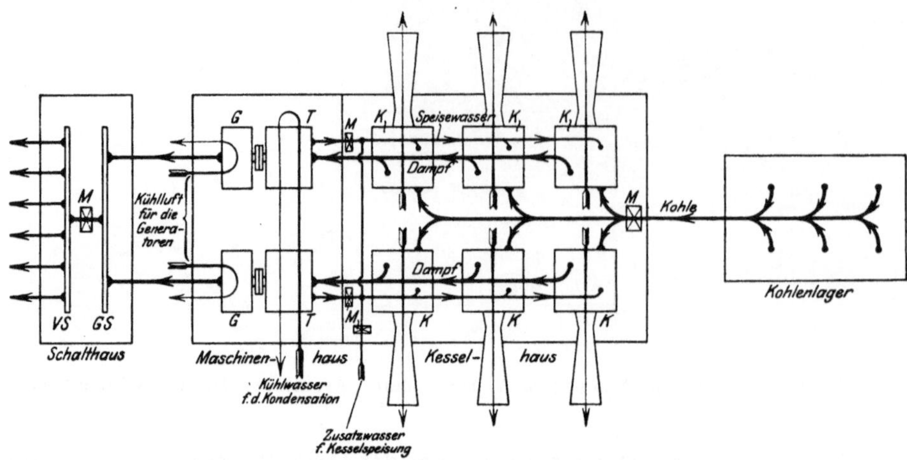

Abb. 49. Energieschema für ein Elektrizitätswerk.
K = Kessel. T = Turbine. G = Generator. GS = Generatoren-Sammelschiene. VS = Verteilungs-Sammelschiene. M = Verbrauchsmesser.

nahme findet sich im Verlaufe des Speisewassers, das rückläufig fließen muß, weil man an die Verwendung des Kondensates gebunden ist.

II. Kosten der elektrischen Übertragung der Energie im Vergleiche mit den Transportkosten der Kohle (Steinkohle und Braunkohle).

Auf die Erörterung derjenigen Grundsätze, die für die Lage der Werke, ausschlaggebend sind, wurde deswegen Gewicht gelegt, weil wohl die meisten an Stellen liegen, an denen sie nicht errichtet worden wären, wenn man die maßgeblichen Faktoren von vornherein richtig gewürdigt und die Entwicklung vorausgesehen hätte.

Mit dem Bau großer Überlandwerke gewinnt heute diese Frage um so höhere Bedeutung, als in vielen Fällen für bestehende große Konsumgebiete Kraftübertragungen auf weite Entfernungen geplant werden. Es ist deshalb von Interesse, festzustellen, wie sich der Vergleich des Energietransportes der Kohle auf mechanischem Wege (Eisenbahn oder Wasserstraße) zum elektrischen stellt und welchen Einfluß wiederum der Belastungsfaktor auf die Kosten hat.

Nachstehende Rechnungen geben zunächst nur einen prinzipiellen Vergleich, sie sind aber auch von praktischem Wert, wenn man die Wirkung einzelner Faktoren erkennen will, und können leicht auf den wirklichen Fall umgerechnet werden.

Gegenüber einem Nahkraftwerk im Mittelpunkte des Absatzgebietes ergibt sich für ein Fernkraftwerk mit elektrischer Übertragung der Energie:

1. eine Erhöhung der indirekten Ausgaben infolge Vermehrung des Anlagekapitals um

    a) die Kosten der Fernleitung,
    b) die Kosten einer Transformatorenstation und eventueller Zwischenstationen bei größeren Entfernungen,
    c) die Kosten der Vergrößerung der Zentralenleistung, entsprechend dem in der Fernleitung maximal auftretenden Verlust;

2. eine Erhöhung der direkten Betriebsausgaben durch

    d) die Kosten der Fernleitungsverluste (Kupfer- und Coronaverluste),
    e) die Kosten der Transformatorenverluste in der zusätzlichen Transformatorenstation,
    f) die Kosten für Reparaturen und Bedienung der Leitungen und der Transformatorenstation usw.

In den folgenden Untersuchungen wurden diese Mehrausgaben, wie folgt, berücksichtigt:

1. Die Erhöhung der indirekten Ausgaben wurde zu $10\,^0/_0$ des Mehrkapitals für Verzinsung, Erneuerungen und Abschreibungen angenommen (unter Berücksichtigung des Altwertes des Leitungsmaterials).

a) Kosten der Fernleitung. Die Kosten der Fernleitung für die hauptsächlich in Frage kommenden Querschnitte und Spannungen sind im einzelnen pro km veranschlagt.

Es wurde durchweg Doppelleitung auf einem gemeinsamen Gestänge vorgesehen und der Querschnitt jeweils so gewählt, daß die erforderliche Leistung im Notfalle auch mit einer Leitung übertragen werden kann.

Die zugrunde gelegten Kilometerpreise sind in nachstehender Tabelle zusammengestellt:

Preis von 1 km Doppelleitung:

60 000 V	$2 \times 3 \times 35$ qmm	11 000 M.
	$2 \times 3 \times 50$ „	12 800 M.
	$2 \times 3 \times 70$ „	14 800 M.
80 000 V	$2 \times 3 \times 35$ „	11 500 M.
	$2 \times 3 \times 50$ „	13 600 M.
	$2 \times 3 \times 70$ „	15 700 M.
100/110 000 V	$2 \times 3 \times 50$ „	14 000 M.
	$2 \times 3 \times 70$ „	16 100 M.
125/150 000 V	$2 \times 3 \times 70$ „	16 500 M.
	$2 \times 3 \times 95$ „	20 300 M.
	$2 \times 3 \times 120$ „	23 400 M.
	$2 \times 3 \times 150$ „	26 500 M.

Da man sehr große Leistungen nicht mehr mit einem Gestänge übertragen wird, wurden die Untersuchungen nur bis Leistungen von 50 000 KW ausgedehnt.

b) Die Kosten der Transformatorenstationen wurden, wie folgt, in Rechnung gesetzt:

Leistung der Station:	KW	10 000	20 000	50 000
bei 60 000 V	M.	135 000	260 000	620 000
„ 80 000 V	M.	155 000	290 000	700 000
„ 100 000 V	M.	170 000	310 000	760 000
„ 125 000 V	M.	180 000	330 000	800 000

Die Zwischenschaltstationen wurden je nach Spannung und durchzuschaltender Leistung mit 40 000 bis 70 000 M. eingesetzt, und es wurden vorgesehen

bei   50 km keine Zwischenstation,
„   100 „   2 Zwischenstationen,
„   200 „   4 Zwischenstationen.

c) Die Vergrößerung der Zentralenleistung wurde in Rechnung gesetzt:

bei 10 000 KW mit 200 M. pro KW,
„ 20 000 „   „   195 M. „   „
„ 50 000 „   „   185 M. „   „

2. Erhöhung der direkten Betriebsausgaben.

d) Die Kosten der Fernleitungsverluste wurden angenommen zu

1,50 Pf. pro KWStd beim Steinkohlenkraftwerk,
0,75 Pf. pro KWStd beim Braunkohlenkraftwerk.

Die Größe der Kupferverluste wurde bei den verschiedenen Benutzungsdauern, wie folgt, angenommen:

8 % der Vollastverluste bei 1000 Std,
22 % „   „   „   2500 „
55 % „   „   „   5000 „
100 % „   „   „   8000 „

Die Größe der Coronaverluste wurde je nach Spannung und Leitungsdurchmesser zu 0,3 KW (bei 60 000 V und 70 qmm) bis 1,0 KW (bei 125 000 V und 70 qmm) geschätzt und für 8760 Std jährliche Betriebsdauer eingesetzt.

e) Die Kosten der Transformatorenverluste wurden ebenfalls zu 1,5 bzw. 0,75 Pf. pro KWStd berechnet. Die Leerlauf- und Kupferverluste wurden auf je 0,6 % bei voller Leistung angesetzt. Die Abhängigkeit letzterer von der Benutzungsdauer ist dieselbe wie die der Leitungen.

f) Die Kosten für Reparaturen und Bedienung wurden durchweg zu 1,5 % des Mehrkapitals angenommen, da bei Freileitungen Abhängigkeit dieser Ausgaben von der Benutzungsdauer nicht besteht.

Auf Grund dieser Voraussetzungen wurden die jährlichen Übertragungskosten für Leistungen von 10000, 20000 und 50000 KW bei $\cos\varphi = 0{,}8$ auf Entfernungen von je 50, 100 und 200 km bei Benutzungsdauern von je 1000, 2500, 5000 und 8000 Std ermittelt; z. B. für 125000 V, 50000 KW, 200 km, 2500 Benutzungsstunden, wie folgt:

Spannung und Querschnitt der Leitung:
    125000 V, $2 \times 3 \times 70$ qmm,

Preis pro km	16 500 M.
Maximaler Leitungsverlust (12,5 %)	6250 KW
Coronaverlust (1 KW pro km)	200 ,,
Maximaler Gesamtverlust	6450 KW.

Anlagekosten:

200 km Fernleitung zu je 16 500 M.	3 300 000 M.
6450 KW Zentralenleistung zu je 185 M., rund	1 200 000 M.
Transformatorenstation für 50 000 KW	800 000 M.
4 Zwischenstationen	270 000 M.
Gesamtes Mehrkapital	5 570 000 M.

Ausgaben:

1. Kosten der Verluste:

Leerlauf der Transformatoren	1,90 Mill.	KWStd
Kupferverluste der Transformatoren	0,50 ,,	,,
Coronaverluste: 200×8760 rund	1,80 ,,	,,
Kupferverluste der Leitung	11,00 ,,	,,
	15,20 Mill.	KWStd.

zu je 1,5 Pf. (bei Steinkohle)	228 000 M.
2. Kapitaldienst: 10 % von 5 575 000 M.	557 000 M.
3. Reparaturen und Bedienung 1,5 % von 5 570 000 M	84 000 M.
Gesamtausgaben für die Fernleitung	869 000 M.

bei $50000 \times 2500 = 125$ Mill. am Ende der Freileitung abgegebenen KWStd, d. h. pro KWStd 0,69 Pf.

Für jede Leistung und Entfernung wurden jeweils die wirtschaftlich günstigsten Übertragungsverhältnisse ermittelt, wie dies beispielsweise in Abb. 50 und 51 für die Übertragung von 50000 KW auf 200 km Entfernung geschehen ist.

Die ermittelten jährlichen Gesamtausgaben sind für die verschiedenen Leistungen und Entfernungen für ein Steinkohlenkraftwerk in Abb. 52, für ein Braunkohlenkraftwerk in Abb. 53 abhängig von der Benutzungsdauer dargestellt.

Die wirtschaftlichsten Übertragungsspannungen und Querschnitte sind in diesen Kurven durch die Buchstabenbezeichnung a bis h gekennzeichnet.

In Abb. 54 und 55 sind die Kosten der Fernübertragung pro am Ende der Fernleitung abgegebene KWStd abhängig von der Benutzungsdauer aufgetragen. Die

Kurven dieser beiden Abbildungen zeigen den großen Einfluß der Benutzungsdauer auf die Wirtschaftlichkeit.

Um den Vergleich mit den Kosten des Kohlentransportes zu ermöglichen, wurden in Abb. 56 für Steinkohle und in Abb. 57 für Braunkohle die Übertragungskosten des Fernkraftwerkes auf die Tonne Stein- bzw. Braunkohlenverbrauch eines Nahkraftwerkes gleicher Leistung und Benutzungsdauer bezogen.

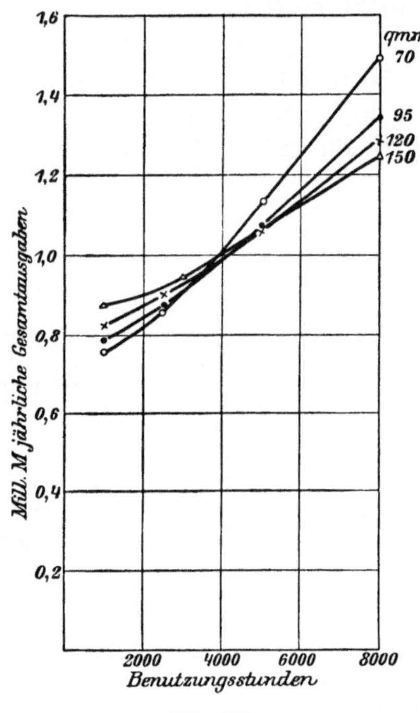

Abb. 50.

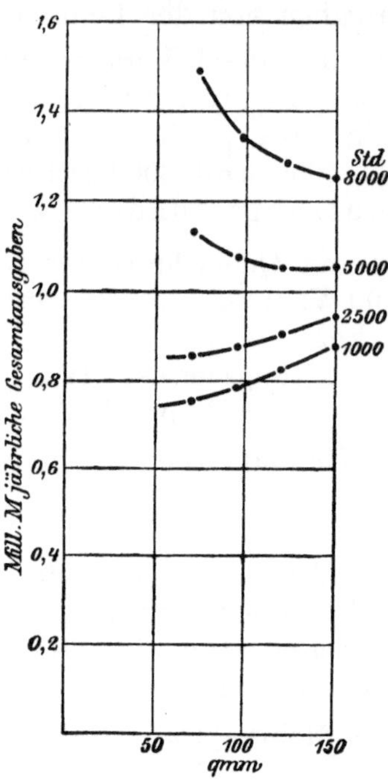

Abb. 51.

Abb. 50 u. 51. Abhängigkeit der Jahresausgaben von Benutzungsdauer und Leiterquerschnitt für Übertragung von 50000 KW auf 200 km (Steinkohlenkraftwerk).

Es wurde hierbei der Kohlenverbrauch dieses Kraftwerkes, wie folgt, angenommen:

	Steinkohlen-kraftwerk	Braunkohlen-kraftwerk
1000 Benutzungsstunden:	1,4 kg/KWStd	4,5 kg/KWStd
2500 ,,	1,15 ,,	3,7 ,,
5000 ,,	1,00 ,,	3,2 ,,
8000 ,,	0,90 ,,	2,9 ,,

Bei einer auf 200 km zu übertragenden Leistung von 50000 KW und 2500 Benutzungsstunden betragen (siehe oben) z. B. die Gesamtausgaben für die Fernleitung 869000 M. pro Jahr (bei Steinkohle).

Ein Nahkraftwerk gleicher Leistung würde bei einer Jahreserzeugung von $50000 \times 2500 = 125$ Mill. KWStd: $125000000 \times 0.00115 = 144000$ t Steinkohle verfeuern.

Die Fernübertragungskosten, bezogen auf die Tonne Steinkohle, sind also:

$$869000 : 144000 = \text{rd. } 6,00 \text{ M. pro t.}$$

Kann die Steinkohle dem Nahkraftwerke einschließlich Lade- und Entladekosten zu einem geringeren Preise als 6 M. pro t zugeführt werden, so wird in diesem Falle der mechanische Transport der Kohle der elektrischen Übertragung der Energie vorzuziehen sein.

An Hand der Abb. 56 und 57 ist es also leicht möglich, die Wirtschaftlichkeit der einen oder anderen Übertragungsart zu vergleichen.

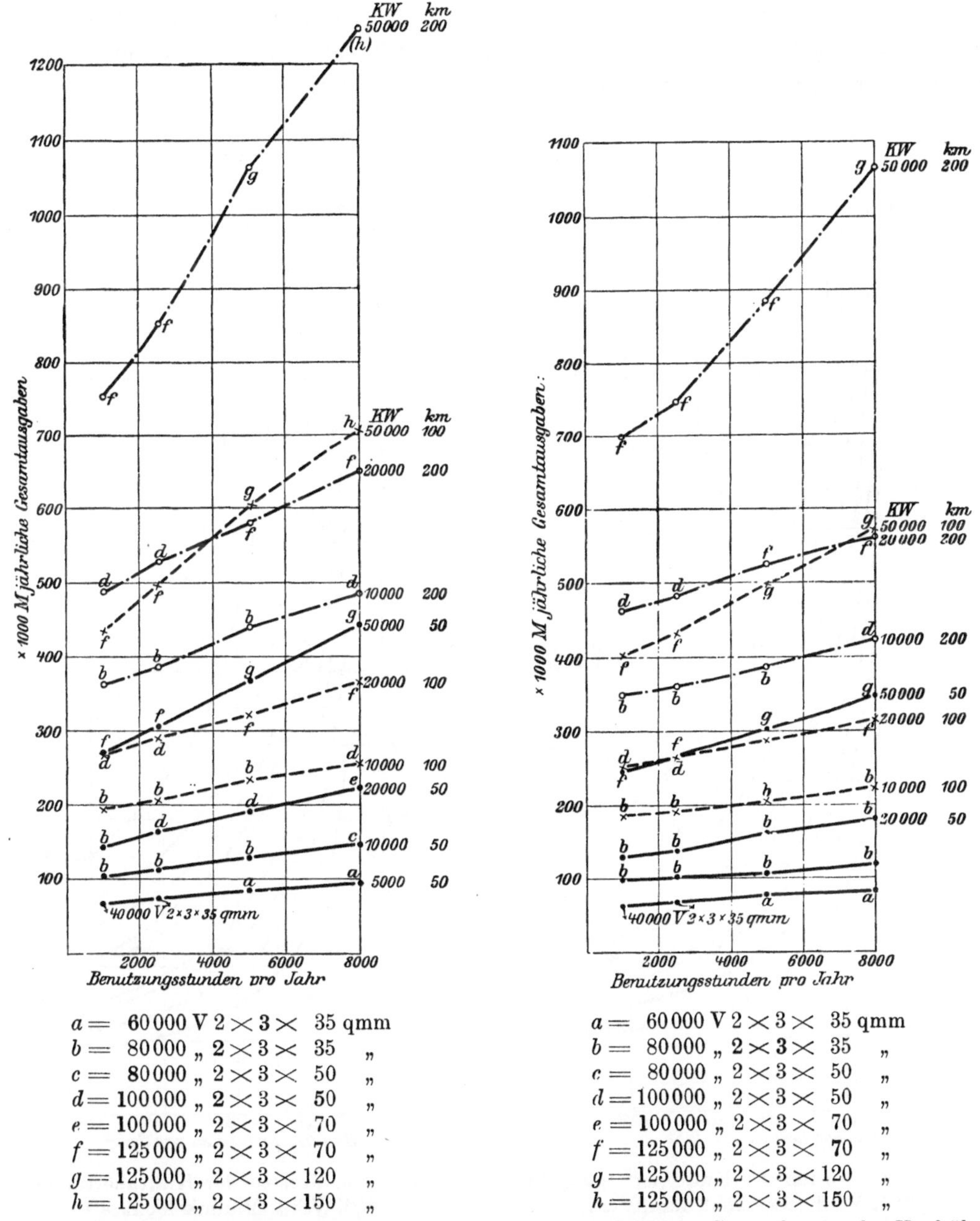

$$a =\ \ 60\,000\ \text{V}\ 2 \times 3 \times\ \ 35\ \text{qmm}$$
$$b =\ \ 80\,000\ \text{„}\ 2 \times 3 \times\ \ 35\ \text{„}$$
$$c =\ \ 80\,000\ \text{„}\ 2 \times 3 \times\ \ 50\ \text{„}$$
$$d = 100\,000\ \text{„}\ 2 \times 3 \times\ \ 50\ \text{„}$$
$$e = 100\,000\ \text{„}\ 2 \times 3 \times\ \ 70\ \text{„}$$
$$f = 125\,000\ \text{„}\ 2 \times 3 \times\ \ 70\ \text{„}$$
$$g = 125\,000\ \text{„}\ 2 \times 3 \times 120\ \text{„}$$
$$h = 125\,000\ \text{„}\ 2 \times 3 \times 150\ \text{„}$$

Abb. 52. Jährliche Gesamtkosten der Kraftübertragung (Steinkohlenkraftwerk).

Abb. 53. Jährliche Gesamtkosten der Kraftübertragung (Braunkohlenkraftwerk).

Eine allgemeine Entscheidung bezüglich des Vorzuges der einen oder anderen Art ist bei Steinkohle, wie aus Abb. 56 hervorgeht, schwer zu treffen: Es sind dort die reinen Frachtkosten bei Bahntransport (mit F bezeichnet) ebenfalls eingetragen, und es ist ersichtlich, daß in vielen Fällen die Lade- und Entladekosten sowie die Kosten der Anfuhr von der Bahnstation nach dem Kraftwerke über die Wirtschaftlichkeit der einen oder der anderen Transportart in dieser Rechnung entscheiden würden.

Für große Leistungen und eine Benutzungsdauer von mehr als 2500 Std wird jedoch die elektrische Fernübertragung meist wirtschaftlicher sein als der Eisenbahntransport der Kohle.

Bei Braunkohle (Abb. 57) ist fast ausnahmslos elektrische Fernübertragung billiger als Eisenbahntransport, auch die billige Wasserfracht wird in vielen Fällen mit der Fernleitung nicht in Wettbewerb treten können.

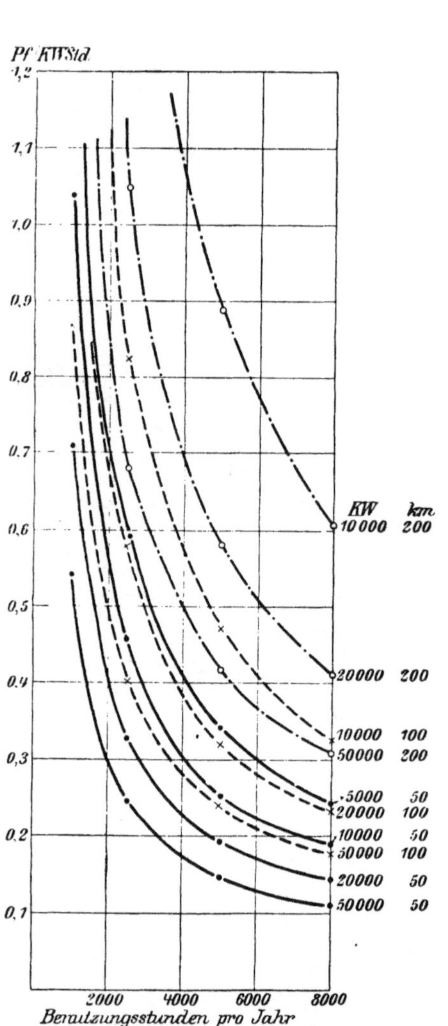

Abb. 54. Kosten der Kraftübertragung in Pf/KWStd (Steinkohlenkraftwerk).

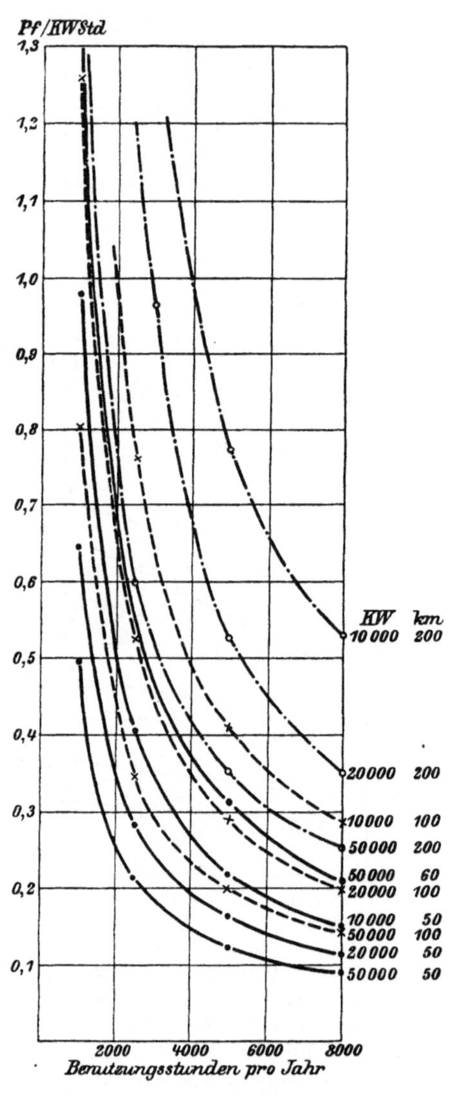

Abb. 55. Kosten der Kraftübertragung in Pf/KWStd (Braunkohlenkraftwerk).

Abb. 57 ermöglicht es, bei bekannten Stein- und Braunkohlenpreisen in einfacher Weise den wirtschaftlichen Aktionsradius eines Braunkohlenkraftwerkes zu ermitteln.

In Abb. 58 wurden die Kosten der Fernübertragung pro KWStd (Steinkohle) abhängig von der Entfernung und in Abb. 59 abhängig von der Größe der zu übertragenden Leistung aufgetragen.

Aus letzteren Kurven ist ersichtlich, daß bei höheren Leistungen als 50000 KW für normale Benutzungsdauer erhebliche Verbilligung des Elektrizitätstransportes nicht zu erwarten ist, ganz abgesehen davon, daß man derartig große Leistungen auf einem einzigen Gestänge kaum übertragen wird.

Aus Abb. 58 geht hervor, daß die Übertragungskosten bei größeren Entfernungen als 200 km nahezu proportional der Entfernung steigen.

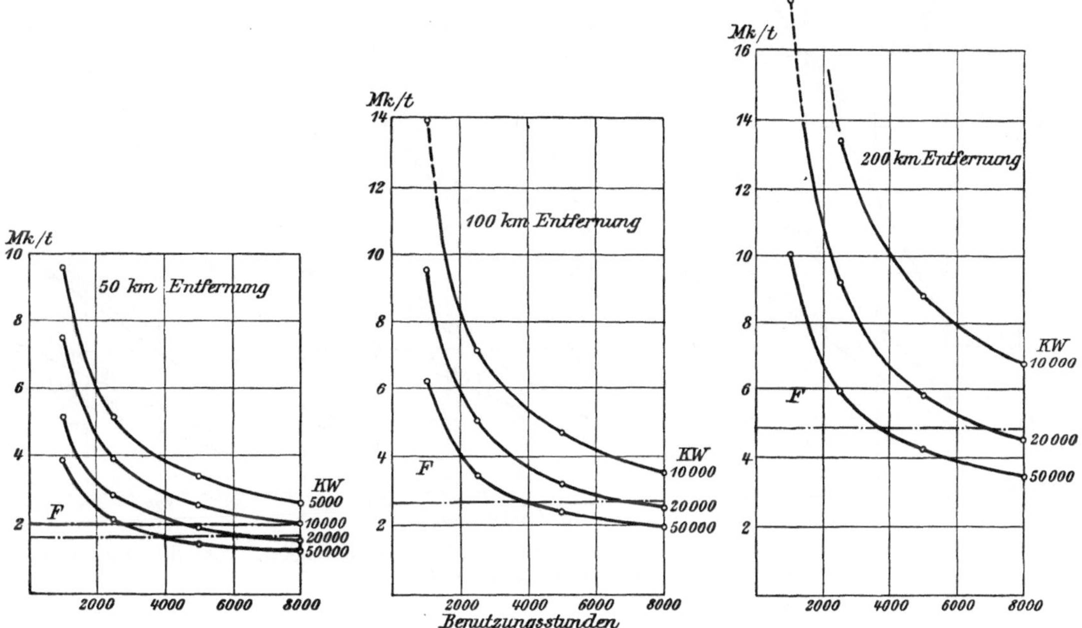

Abb. 56. Kosten der Kraftübertragung in M/t Steinkohle.

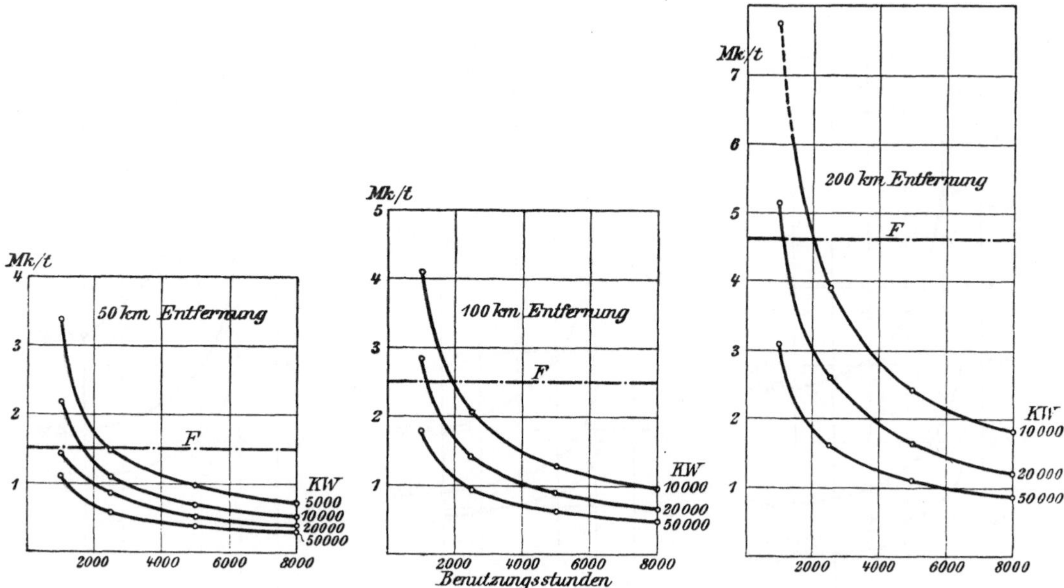

Abb. 57. Kosten der Kraftübertragung in M/t Braunkohle.

Aus dem ziffernmäßigen Vergleich der Transportkosten auf mechanischem und elektrischem Wege läßt sich nach Vorstehendem die Berechtigung zum Bau ganz großer Drehstromzentralen somit zunächst nur für Braunkohlenkraftwerke und solche Werke ableiten, denen besonders billiges Brennmaterial oder Abwärme zur Verfügung steht. Es ist bei diesem Vergleiche außerdem zu beachten, daß die Eisen-

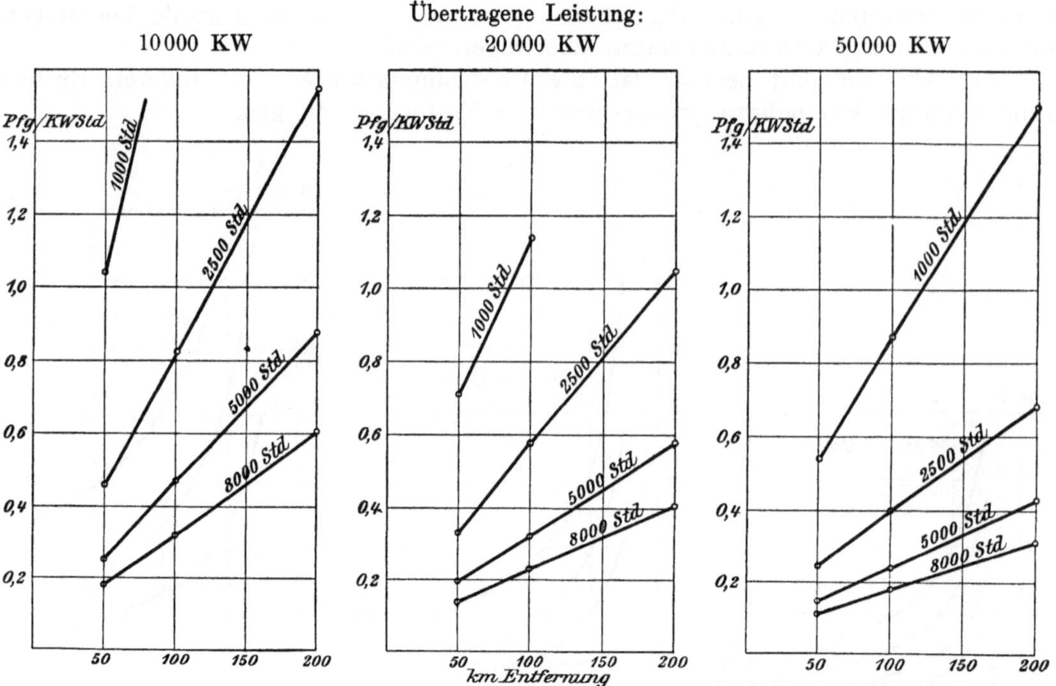

Abb. 58. Kosten der Kraftübertragung in Pf/KWStd in Abhängigkeit von der Entfernung (Steinkohlenkraftwerk).

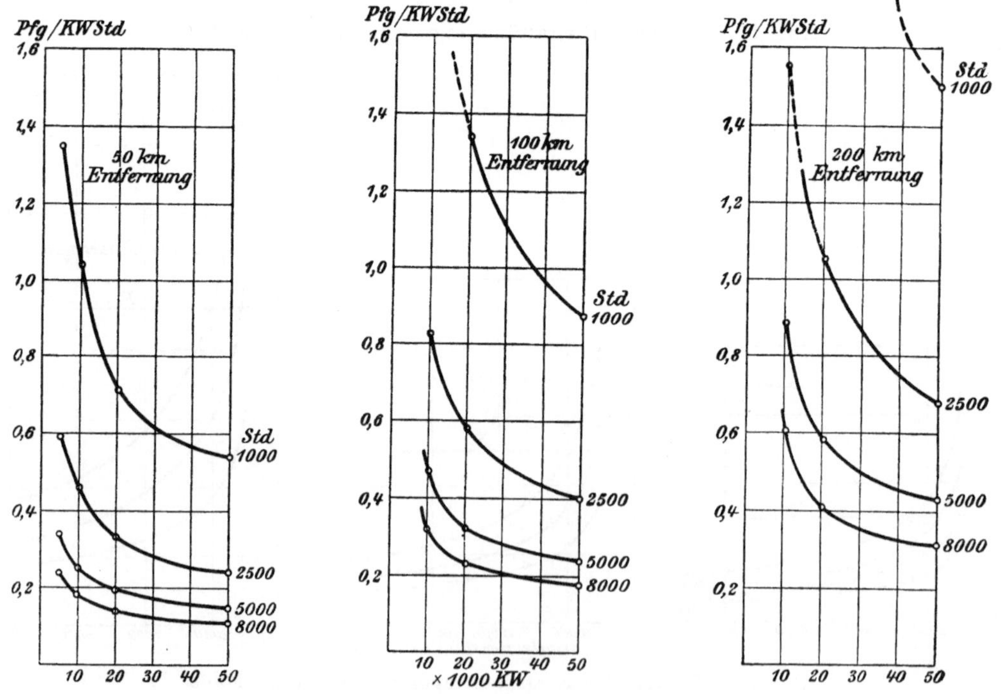

Abb. 59. Kosten der Kraftübertragung in Pf/KWStd in Abhängigkeit von der übertragenen Leistung (Steinkohlenkraftwerk).

bahnwege in der Regel geradliniger verlaufen als elektrische Hochspannungsleitungen, die infolge der Grundeigentumsverhältnisse und entgegenstehender Hindernisse oft nur auf Umwegen ihr Ziel erreichen können.

Maßgeblich für den Vergleich ist ferner, daß der Kohlentransport dem Staate einen wesentlichen Nutzen läßt, während für elektrischen Transport, abgesehen von einer mäßigen Verzinsung des zu investierenden Kapitals, lediglich Selbstkosten angenommen wurden.

Schließlich ist in Betracht zu ziehen, daß für Eisenbahntransport von vornherein mit gegebenen Verhältnissen gerechnet werden kann, daß ferner die elektrischen Leitungen zunächst nicht in dem Maße ausgenutzt sind, das die Voraussetzung der Rechnung bildete und daß sich die Rechnung somit für die Entwicklungszeit zu ungunsten elektrischer Übertragung verschiebt.

Auf Grund dieser Erwägungen wird man nur sagen können, daß die Transportkosten beider Energieformen unter normalen Bedingungen gleich werden; erst bei sehr gutem Belastungsfaktor tritt Überwiegen des elektrischen Transportes ein. Daraus darf aber nicht die Schlußfolgerung gezogen werden, daß damit der Bau großer Drehstromzentralen an sich keine Berechtigung hätte; die Vorteile liegen eben, wie in folgendem gezeigt wird, auf anderem Gebiete.

Zunächst muß aber noch einmal auf vorstehende Rechnung zurückgegriffen werden. Die Rechnung erfährt nämlich in dem Falle, daß wesentliche Teile der Energie an Zwischenpunkten abgenommen werden, eine Modifikation zugunsten der Zentralisation, weil die Belastungsverhältnisse der Leitung dann günstiger werden, wobei jedoch darauf aufmerksam gemacht werden muß, daß sich aus einer Hochspannungsleitung natürlich nicht beliebig kleine Energiemengen abzapfen lassen; die hohen Kosten der Transformatorenstationen fordern auch an den Zwischenstellen Abnahme großer Energiemengen. Die örtliche Lage des Zwischenkonsums bedingt aber anderseits wiederum neue Umwege der Hauptleitung. Sollen ausgedehnte Gebiete erschlossen werden, so wird man ebenfalls von dem Rechnungsbeispiel abgehen müssen und eventuell einfache Leitungen in Ringform zu verlegen haben, bei denen die Reserveforderung gleichfalls erfüllt wird.

III. Wirtschaftlichkeit und Energiegestehungskosten in Abhängigkeit von Größe und Ausnutzungsfaktor.

1. Rechnungsgrundlagen.

Handelt es sich nicht lediglich um den Vergleich der Energietransportkosten, sondern um die Beurteilung ganzer Projekte für die Elektrizitätsversorgung großer Gebiete, so muß gleichzeitig eine Parallele zwischen der Errichtung einer einzigen Zentrale und einer größeren Anzahl mittelgroßer lokaler Zentralen gezogen werden. Bei diesem Vergleich ergeben sich jetzt aber so wesentliche Unterschiede, daß der beträchtliche Vorteil der Zentralisierung in großen Werken klar zum Ausdruck kommt.

Der Unterschied in den Anlagekapitalien der Elektrizitätswerke kann nach heutiger Erfahrung ungefähr durch folgende Ziffern bewertet werden:

Mittlere Werke erfordern pro installiertes Kilowatt ein Kapital von etwa 300 M.,

große Werke mit einer installierten Leistung von 10000 KW und darüber ein Kapital von ungefähr 200 M.,

sehr große Zentralen mit Einheiten von 15000 bis 20000 KW lassen sich mit einem Anlagekapital von etwa 140 bis 150 M. errichten.

Beachtet man jedoch weiter, daß jede der lokalen Zentralen für das örtliche Maximum eingerichtet sein muß, während eine einzige Zentrale nur die Summe aller lokalen Maxima, multipliziert mit dem Gleichzeitigkeitsfaktor, also nur 60 bis 80 $^0/_0$ dieser Summe zu decken braucht, und daß ferner jede der Zentralen wiederum den gleichen Prozentsatz an Reserve aufweisen muß, so verschiebt sich das wirtschaftliche Bild weiter zugunsten der Zentralisation, da die Unterschiede in den Erzeugungskosten des Stromes dann sehr beträchtlich werden. Schon bei Zentralen mittlerer Größe werden bekanntlich die Fortleitungskosten häufig größer als die Erzeugungskosten.

Einen Vergleich erhält man durch folgende Rechnungen:

Kraftwerk.

A. Maschineneinheiten . . 20000 KW,
    Kesseleinheiten . . . . 7 Stück pro Maschine.
B. Maschineneinheiten . . 5000 KW,
    Kesseleinheiten . . . . 4 Stück pro Maschine.
C. Maschineneinheiten . . 1000 KW,
    Kesseleinheiten . . . . 1 Stück pro Maschine.

Die Rechnung erstreckt sich für die einzelnen Werke auf nachstehende Werte:

I. Gesamtwärmeverbrauch (W_t) in Abhängigkeit von dem momentanen Belastungsfaktor der in Betrieb befindlichen Maschinen in Kal/KWStd

$$W_t = \frac{a_w}{m} + b_w \quad\ldots\ldots\ldots\ldots\ldots\ldots (1)$$

Hierin ist:

$m =$ momentaner Belastungsfaktor.

$$= \frac{\text{momentane Belastung der Maschinen}}{\text{günstigste (= volle) Belastung}}.$$

$a_w =$ Wärmeverbrauch der Kessel bei Leerlauf der Maschinen in Kalorien pro Std und pro KW der Gesamtleistung der in Betrieb befindlichen Maschinen.

$b_w =$ zusätzlicher Wärmeverbrauch der Kessel in Kalorien pro Std und pro KW nutzbare Energieabgabe.

II. **Mittlerer jährlicher Wärmeverbrauch W_m in Abhängigkeit von dem mittleren Ausnutzungsfaktor der Anlage (Kal/KWStd).**

Es bedeuten:

$s_1 s_2 \ldots =$ jährliche Betriebsstunden der bzw. Maschinensätze.

$L_1 L_2 \ldots =$ Volleistung der bzw. Maschinen in KW.

$\quad\quad Z =$ Anzahl der Maschinen.

$\quad\quad n =$ Ausnutzungsfaktor des Werkes.

$$= \frac{\text{mittlere jährliche Nutzleistung}}{\text{installierte Gesamtleistung}} .$$

a_w u. $b_w =$ wie unter I.

Gleichungen für den jährlichen Gesamtwärmeverbrauch des Werkes:

$$n \cdot 8760 \cdot \Sigma \cdot L \cdot W_m = \Sigma (s \cdot L) \cdot a_w + n \cdot 8760 \cdot b_w \cdot \Sigma L$$

$$W_m = \frac{1}{n} \cdot \frac{\Sigma (s \cdot L)}{8760 \cdot \Sigma L} \cdot a_w + b_w \ \text{Kal/KWStd} \quad \ldots \ldots \ldots (2)$$

Wenn alle Maschinen von gleicher Größe sind, dann ist:

$$W_m = \frac{1}{n} \cdot \frac{\Sigma (s)}{8760 \cdot Z} \cdot a_w + b_w \ \text{Kal/KWStd} \quad \ldots \ldots \ldots (3)$$

Es wird gesetzt:

$$\frac{\Sigma (s)}{8760 \cdot Z} = f = \text{Betriebszeitfaktor.}$$

$$= \frac{\text{Gesamtbetriebszeit aller Masch.}}{\text{max. mögliche Betriebszeit}} .$$

$$W_m = \frac{1}{n} \cdot f \cdot a_w + b_w \ \text{Kal/KWStd} \quad \ldots \ldots \ldots \ldots (4)$$

Grenzfälle für f.

Erster Grenzfall: $f_{max} = 1$, d. h. es ist nur eine Maschine vorhanden bzw. sämtliche Maschinen sind dauernd in Betrieb.

$$W_m = \frac{1}{n} \cdot a_w + b_w \ \text{Kal/KWStd} \quad \ldots \ldots \ldots \ldots (5)$$

Zweiter Grenzfall: $f_{min} = n$, d. h. entweder sämtliche Maschinen sind dauernd voll belastet, oder bei einer größeren Anzahl von Maschinen wird das An- und Abstellen derselben so reguliert, daß die in Betrieb befindlichen Maschinen voll belastet sind.

$$W_m = a_w + b_w \ \text{Kal/KWStd,} \quad \ldots \ldots \ldots \ldots (6)$$

d. h. der Wärmewirkungsgrad ist unabhängig von dem Belastungsfaktor.

III. **Mittlere jährliche Betriebskosten in Abhängigkeit von dem Ausnutzungsfaktor (n) des Werkes in Pf/KWStd.**

$$K = \frac{1}{n} \cdot c + g \cdot W_m \ \text{Pf./KWStd} \quad \ldots \ldots \ldots \ldots (7)$$

$$= \frac{1}{n} (c + g \cdot f \cdot a_w) + g \cdot b_w \ \text{Pf./KWStd} \quad \ldots \ldots \ldots (8)$$

$$= \frac{1}{n} \cdot A + B \ \text{Pf./KWStd} \quad \ldots \ldots \ldots \ldots (9)$$

$$A = c + g \cdot f \cdot a_w \text{ Pf./KWStd} \quad \dots \dots \dots \dots \dots \quad (10)$$

$$B = g \cdot b_w \text{ Pf./KWStd} \quad \dots \dots \dots \dots \dots \quad (11)$$

In den Gl. (7) bis (11) bedeuten:

$c =$ mittlere jährliche Betriebs- und Kapitalkosten (ausschließlich Heizmaterial) pro Std und installiertes KW in Pf.

$g =$ Kosten des Heizmaterials pro Kal in Pf.

$A =$ Gesamtbetriebskosten pro installiertes KW und Std bei Leerlauf (ohne nutzbare Energieabgabe) in Pf.

$B =$ zusätzliche Betriebskosten pro nutzbar abgegebene KWStd in Pf.

Bei dem Vergleich der eingangs erwähnten Beispiele A, B und C werden folgende Werte zugrunde gelegt:

Ausgangswerte.

Nr.	Position	Größe des Maschinensatzes		
		Kraftwerk		
		A 20 000 KW	B 5000 KW	C 1000 KW
1	Wirkungsrad einer Kesseleinheit bei günstigster Belastung (= Vollast) einschließlich Energieaufwand für künstlichen Zug, Kettenrost- und Reinigerantrieb und Kesselspeisepumpen	78 %	76 %	75 %
2	Leerverbrauch einer Kesseleinheit nach 1 in Prozenten des Vollastverbrauchs			
	Kessel allein	9 %	9,75 %	10 %
	Hilfsantriebe	1,5 %	1,5 %	1,5 %
	Speisepumpen	0,5 %	0,5 %	0,5 %
	Total	11,0 %	11,75 %	12,0 %
3	Wärmegefälle für 1 kg Dampf innerhalb der Turbine und Kondensation (12 at, 300° C)	690 Kal.	690 Kal.	690 Kal.
4	Dampfverbrauch einer Maschineneinheit bei günstigster Belastung (= Vollast) einschließlich Energieaufwand für Erregung und Kondensationsmaschinen pro abgegebene KWStd	5,8 kg	6,5 kg	7,5 kg
5	Wärmeäquivalent einer KWStd	860 Kal.	860 Kal.	860 Kal.
6	Wirkungsgrad einer Maschineneinheit nach 4	21,5 %	19,1 %	16,6 %
7	Leerverbrauch einer Maschineneinheit nach 4 in Prozenten des Vollastverbrauchs	10 %	12,5 %	15 %
8	Rohrleitung. Sämtliche Rohrleitungen werden unter Zugrundelegung der Wärmeverluste auf die Dimensionen der Frischdampfleitung reduziert angenommen.			
	Frischdampfleitung: reduzierte Länge	150 m	150 m	160 m
	Durchmesser	380 mm	275 mm	200 mm.
	reduzierte Oberfläche	180 qm	130 qm	100 qm
9	Wärmeverlust der Frischdampfleitung pro qm Oberfläche und Stunde	1000 Kal.	1000 Kal.	1000 Kal.
10	Wirkungsgrad der Rohrleitung nach 8 und 9 (ausschließlich Drosselverluste, die vernachlässigt werden)	99,8 %	99,7 %	99,6 %
11	Eigenverbrauch der Zentrale in Prozenten der Vollastleistung (Licht, Werkstatt usw.)	0,5 %	0,75 %	1,0 %
12	Anlagekosten pro KW	150 M.	200 M.	300 M.
13	Kleinmaterial, Wasser, Steuern usw. pro KW/Jahr	0,30 M.	0,42 M.	0,60 M.
14	Personalkosten pro KW/Jahr	3,00 M.	4,20 M.	6,00 M.
15	Reparaturen (1 % der Anlagekosten) pro KW/Jahr	1,50 M.	2,00 M.	3,00 M.
16	Zinsen und Erneuerung (12 % der Anlagekosten) pro KW/Jahr	18,00 M.	24,00 M.	36,00 M.
17	Heizwert der Kohle	7500 Kal.	7500 Kal.	7500 Kal.
18	Preis der Kohle im Kesselhaus pro t.	15 M.	15 M.	15 M.
19	Preis der Wärmeeinheit	$0,2 \cdot 10^{-3}$ Pf.	$0,2 \cdot 10^{-3}$ Pf.	$0,2 \cdot 10^{-3}$ Pf.

Wärmebilanz.

Ausgangswert: 100 Kal. Die Werte der Positionen 20 bis 24 geben somit gleichzeitig den prozentualen Wirkungsgrad an.

Die eingeklammerten Ziffern beziehen sich auf Positionsnummern der Ausgangswerte.

Nr.	Position	Wärmeverbrauch im Kraftwerk bei Vollast								
		A. 20000 KW			B. 5000 KW			C. 1000 KW		
		kon-stant	ver-änder-lich	ins-gesamt	kon-stant	ver-änder-lich	ins-gesamt	kon-stant	ver-änder-lich	ins-gesamt
20	Kessel (1, 2):									
	Zugang . . . . Kal	11,00	89,00	**100,00**	11,75	88,25	**100,00**	12,00	88,00	**100,00**
	Abgabe . . . . „	—	—	78,00	—	—	76,00	—	—	75,00
21	Rohrleitung (10):									
	Zugang . . . . „	0,16	77,84	78,00	0,23	75,77	76,00	0,30	74,70	75,00
	Abgabe . . . . „	—	—	77,84	—	—	75,77	—	—	74,70
22	Maschinen (6, 7):									
	Zugang . . . . „	7,78	70,06	77,84	9,45	66,32	75,77	11,20	63,50	74,70
	Abgabe . . . . „	—	—	16,70	—	—	14,50	—	—	12,40
23	Sammelschienen (11):									
	Zugang . . . . „	0,08	16,62	16,70	0,11	14,39	14,50	0,12	12,28	12,40
	Abgabe . . . . „	—	—	16,62	—	—	14,39	—	—	12,28
24	Gesamtbilanz:									
	Zugang . . . . Kal	19,02	80,98	100,00	21,54	78,46	100,00	23,62	76,38	100,00
	Abgabe . . . . „	—	—	16,62	—	—	14,39	—	—	12,28
25	Gesamtbilanz pro nutz-bare KWStd bei Vollast:									
	Zugang . . . . Kal	984	4190	5174	1295	4705	6000	1655	5345	7000
	Abgabe . . . . „	—	—	860	—	—	860	—	—	860
26	Günstigster Kohlenver-brauch pro nutzbare KWStd . . . . . . kg	0,13	0,56	0,69	0,17	0,63	0,80	0,22	0,713	0,93

Bilanz der Betriebskosten.

Nr.	Position	Betriebskosten in Pf. pro nutzbare KWStd bei Vollast								
		A. 20000 KW			B. 5000 KW			C. 1000 KW		
		kon-stant	ver-änder-lich	ins-gesamt	kon-stant	ver-änder-lich	ins-gesamt	kon-stant	ver-änder-lich	ins-gesamt
27	Kohle (19, 25)	0,1968	0,8380	1,0348	0,2590	0,9410	1,2000	0,3310	1,0690	1,400
28	Kleinmaterial, Wasser usw. (13)	0,0034	—	0,0034	0,0048	—	0,0048	0,0069	—	0,0069
29	Personal (14)	0,0342	—	0,0342	0,0480	—	0,0480	0,0687	—	0,0687
30	Reparaturen (15)	0,0171	—	0,0171	0,0229	—	0,0229	0,0343	—	0,0343
31	Zinsen und Erneuerung (16)	0,2060	—	0,2060	0,2750	—	0,2750	0,4120	—	0,4120
32	Gesamt	0,4575	0,8380	1,2955	0,6097	0,9410	1,5507	0,8529	1,0690	1,9219

Gleichungskonstanten.

(Die eingeklammerten Ziffern bezeichnen die Positionsnummern, aus denen sich die Werte ergeben.)

Bezeichnung	Dimension	Symbol	Kraftwerk		
			A. 20000 KW	B. 5000 KW	C. 1000 KW
Wärmeverbrauch bei Leerlauf (25)	Kal/KW Betriebsleistung	a_w	984	1295	1655
Zusätzlicher Wärmeverbrauch (25)	Kal/KWStd	b_w	4190	4705	5345
Betriebskosten außer Kohle (32, 27)	Pf./installierte KWStd	c	0,2607	0,3507	0,5219
Kohlekosten (19)	Pf/Kal	g	$0,2 \cdot 10^{-3}$	$0,2 \cdot 10^{-3}$	$0,2 \cdot 10^{-3}$

Endgleichungen.

Nr.	Bezeichnung	Dimension	Kraftwerk Type		
			A. 20000 KW	B. 5000 KW	C. 1000 KW
1	Momentaner Wärmeverbrauch	Kal/KWStd Betriebsleistung	$W_t = 984 \cdot \dfrac{1}{m} + 4190$	$W_t = 1295 \cdot \dfrac{1}{m} + 4705$	$W_t = 1655 \cdot \dfrac{1}{m} + 5345$
4	Mittlerer jährlicher Wärmeverbrauch .	Kal/KWStd	$W_m = 984 \cdot \dfrac{1}{n} \cdot f + 4190$	$W_m = 1295 \cdot \dfrac{1}{n} \cdot f + 4705$	$W_m = 1655 \cdot \dfrac{1}{n} \cdot f + 5345$
5	Grenzfall $f = 1$ . . .	Kal/KWStd	$W_{m_1} = 984 \cdot \dfrac{1}{n} + 4190$	$W_{m_1} = 1295 \cdot \dfrac{1}{n} + 4705$	$W_{m_1} = 1655 \cdot \dfrac{1}{n} + 5345$
6	Grenzfall $f = n$ . . .	Kal/KWStd	$W_{m_2} = 5174$	$W_{m_2} = 6000$	$W_{m_2} = 7000$
7	Mittlere jährliche Betriebskosten	Pf/KWStd	$K = 0,2607 \cdot \dfrac{1}{n} + 0,2 \cdot W_m \cdot 10^{-3}$	$K = 0,3507 \cdot \dfrac{1}{n} + 0,2 \cdot W_m \cdot 10^{-3}$	$K = 0,5219 \cdot \dfrac{1}{n} + 0,2 \cdot W_m \cdot 10^{-3}$

Beispiel 1.

Mittlerer jährlicher Wärmeverbrauch pro nutzbare KWStd (W_m).

Ausnutzungsfaktor	Grenzfall: $f = 1$, $n = m$, Gleichung 5						Grenzfall: $f = n$, Gleichung 6		
	Kraftwerk			Kraftwerk			Kraftwerk		
	A. 20000 KW Kal/KWStd	B. 5000 KW Kal/KWStd	C. 1000 KW Kal/KWStd	A.	B. In Prozenten von Beispiel A bei $n = 1,0$	C.	A. Kal/KWStd	B. Kal/KWStd	C. Kal/KWStd
1,0	5174	6000	7000	100	86,1	74,0	5174	6000	7000
0,9	5283	6144	7184	98,0	84,2	72,1	5174	6000	7000
0,8	5420	6324	7414	95,5	81,9	69,6	5174	6000	7000
0,7	5647	6555	7709	91,8	79,0	67,0	5174	6000	7000
0,6	5830	6863	8103	88,9	75,6	63,8	5174	6000	7000
0,5	6158	7295	8655	84,1	71,0	59,8	5174	6000	7000
0,4	6650	7943	9483	77,9	65,2	54,7	5174	6000	7000
0,3	7470	9022	10862	69,4	57,2	47,5	5174	6000	7000
0,2	9110	11180	13620	56,7	46,4	37,9	5174	6000	7000
0,1	14030	17655	21895	36,8	29,3	23,6	5174	6000	7000
0,0									

Anm.: Die prozentualen Werte der mittleren Kolonnen ergeben mit: 0,1662 multipliziert den Gesamt-Wärmewirkungsgrad des Werkes in Prozenten 0,1662 = Pos. Nr. 24 A, S. 69.

Beispiel 2.

Mittlere jährliche Gesamtbetriebskosten in Pf. pro nutzbare KWStd (K).

| Ausnutzungs-faktor | Grenzfall: $f = 1$, Gleichung 5 u. 7 | | | Grenzfall: $f = n$, Gleichung 6 u. 7 | | |
| | Kraftwerk | | | Kraftwerk | | |
	A. 20 000 KW Pf/KWStd	B. 5000 KW Pf/KWStd	C. 1000 KW Pf/KWStd	A. 20 000 KW Pf/KWStd	B. 5000 KW Pf/KWStd	C. 1000 KW Pf/KWStd
1,0	1,2955	1,5507	1,9219	1,2955	1,5507	1,9219
0,9	1,3463	1,6188	2,0168	1,3245	1,5900	1,9800
0,8	1,4099	1,7038	2,1331	1,3607	1,6390	2,0503
0,7	1,5018	1,8120	2,2898	1,4072	1,7010	2,1480
0,6	1,6005	1,9376	2,4916	1,4693	1,7850	2,2710
0,5	1,7530	2,1604	2,7748	1,5562	1,9014	2,4438
0,4	1,9818	2,4666	3,2016	1,6866	2,0780	2,7050
0,3	2,3630	2,9714	3,9124	1,9038	2,3670	3,1400
0,2	3,1255	3,9900	5,3340	2,3383	2,9540	4,0100
0,1	5,4130	7,0380	9,5980	3,6418	4,7070	6,6190

Aus den Rechnungen ergibt sich, daß der Wärme- bzw. Kohlenverbrauch außer von dem Ausnutzungsfaktor noch von dem Betriebszeitfaktor abhängt, und zwar in desto höherem Maße, je kleiner der jährliche Ausnutzungsfaktor des Werkes ist. Dies sollte aus dem Grunde besonders beachtet werden, weil der Betriebsleiter eines Werkes es bis zu einem gewissen Grade in der Hand hat, den Betriebszeitfaktor durch eine verständige Einteilung der Betriebszeit der verschiedenen Maschinen niedrig zu halten und sich damit dem durch Gl. (6) ausgedrückten günstigsten Kohlenverbrauch zu nähern. Die Aufzeichnung des Betriebszeitfaktors (der sich naturgemäß ebenso wie der Ausnutzungsfaktor auch für kürzere Zeitverhältnisse ermitteln läßt) würde somit eine wertvolle Handhabe bieten, die Zweckmäßigkeit der Betriebsleitung zu überwachen.

Die Unterschiede im Wärmeverbrauch für die beiden Grenzfälle des Betriebszeitfaktors in Abhängigkeit von dem Ausnutzungsfaktor sind aus der Tabelle, Beispiel 1, S. 70 ersichtlich (vgl. auch Abb. 60 und 61).

Es geht daraus hervor, daß der Kohlenverbrauch z. B. bei einem Ausnutzungsfaktor von 0,1 auf das Dreifache des erreichbaren Wertes ansteigen kann, entsprechend der Größe des Betriebszeitfaktors.

2. Wirtschaftliche Folgerungen.

Die errechneten Werte zeigen die Überlegenheit großer Werke gegenüber mittleren und kleinen. Der Umstand, daß der Gleichzeitigkeitsfaktor mit zunehmender Größe des Versorgungsbereichs und des Konsums sinkt und Belastungsfaktor und somit Ausnutzungsfaktor steigen, läßt den Vorteil der Errichtung großer Werke noch klarer zum Ausdruck kommen. Man dürfte beispielsweise nach obiger Tabelle für die Werke A, B, C mit einem Ausnutzungsfaktor von 0,4, 0,3, 0,2 rechnen; der Mittelwert der Erzeugungskosten zwischen $f = 1$ und $f = n$ würde sich dann für A zu 1,83 Pf., für B zu 2,67 Pf., für C zu 4,67 Pf. ergeben. Diese großen Differenzen, die für Neuanlagen berechnet wurden, wachsen noch erheblich, wenn man vorstehende Ziffern mit den Selbstkosten der gegenwärtig betriebenen Elektrizitätswerke vergleicht.

Würde man vor die Aufgabe gestellt, ein sehr großes Gebiet, beispielsweise ganz Deutschland, ohne Beschränkung durch politische Grenzen und Sonderinteressen einzelner Werke und kommunaler Verbände, in möglichst wirtschaftlicher Weise mit Elektrizität zu versorgen, so müßte man hiernach zu folgender Lösung des Problems gelangen:

Es wären verhältnismäßig wenige sehr große Zentralen mit Einheiten von mindestens 20 000 KW an geeigneten Punkten zu errichten. Als geeignete Lage kämen für Dampfkraftwerke natürlich in erster Linie die Kohlenfelder in Betracht, jedoch unter Berücksichtigung des mit Mittelspannung noch erreichbaren Konsums, wobei auf Verfeuerung von Abfallkohlen und Ausnutzung etwa vorhandener Abwärme besonderer Wert zu legen wäre. In Braunkohlengegenden müßte eine solche Zentrale direkt auf den Kohlenfeldern errichtet werden, da die Fortleitungskosten aus den angeführten Gründen nur eine unwesentliche Rolle spielen. Als geeignete Orte können außerdem, wegen des Wassertransportes der Kohle, Seehäfen und Wasserstraßen angesehen werden.

Eine Reihe derartiger Zentralen wäre über ganz Deutschland zu verteilen, ihr gegenseitiger Abstand und ihre Größe richten sich nach der Konsumdichte. Für gegebene Verhältnisse läßt sich der wirtschaftlich günstigste Abstand berechnen; solche Rechnungen haben aber nur geringe Bedeutung für die Praxis, weil Erwägungen anderer Art für die tatsächliche Lage ausschlaggebend sind. Immerhin würde es sich kaum empfehlen, die einzelnen Werke größer als für etwa 80 000 bis 100 000 KW zu bemessen, da bei diesen Leistungen 2 Zentralen halber Größe in Anlage und Betrieb nicht viel teurer werden als eine.

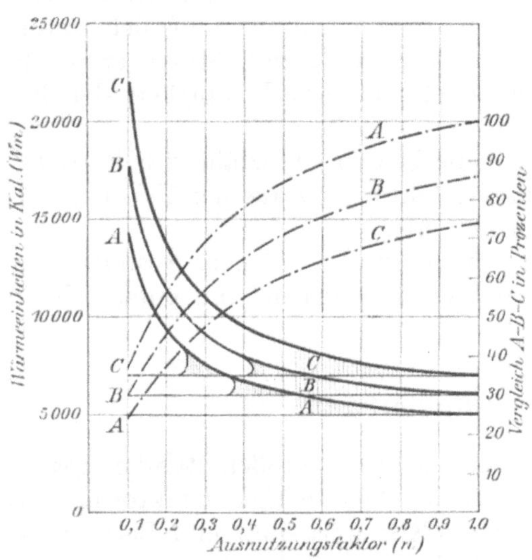

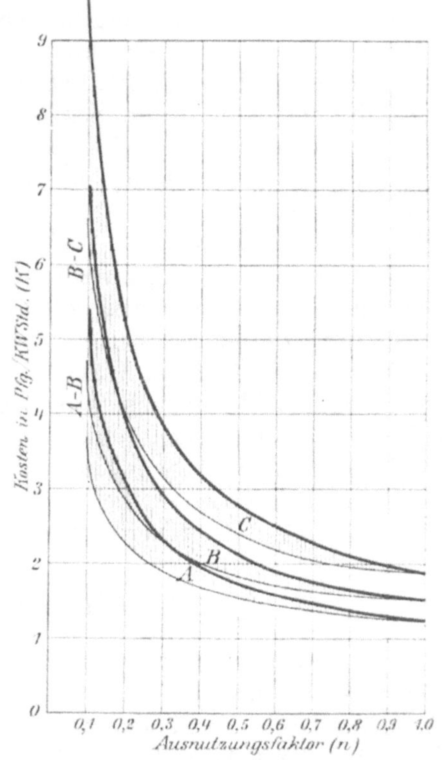

Abb. 60. Abhängigkeit von W_m von dem Ausnutzungsfaktor n

für $f = 1$ (stark ausgezogene Kurve) und
für $f = n$ (dünner Strich)
A Kraftwerk mit 20 000 KW-Einheiten,
B   „   „   5 000   „
C   „   „   1 000   „

Abb. 61. Abhängigkeit der Erzeugungskosten K vom Ausnutzungsfaktor n

für $f = 1$ (stark ausgezogene Kurve) und
für $f = n$ (dünn ausgezogene Kurve)
A Kraftwerk mit 20 000 KW-Einheiten.
B   „   „   5 000   „
C   „   „   1 000   „

Die Zentralen wären durch Hochspannungsleitungen von 60 000 bis 100 000 V miteinander zu verbinden, die Leitungen so zu bemessen, daß je nach der Konsumdichte eine gegenseitige Unterstützung von 20 000 bis 30 000 KW gewährt werden könnte. Die Leitungen müßten zwischenliegende größere Konsumzentren berühren; die Zahl der Anzapfungen sollte jedoch auf wenige beschränkt bleiben. Die Anzapfstationen, zu denen die Sammelschienen der Zentrale selbst natürlich auch gehören, stellen gewissermaßen Unterzentralen für den örtlichen Konsum dar und würden auf eine Zwischenspannung transformieren, die sich zum Teil nach der Spannung vorhandener großer Netze richten müßte, im übrigen aber etwa zwischen 10000 und 20000 V liegen würde. Von diesen Netzen aus hätte dann die Verteilung für den lokalen Bedarf in bekannter Weise zu erfolgen. Man würde somit ein Maschensystem von Hochspannungsleitungen erhalten, dessen Maschengröße sich nach der spezifischen Konsumdichte richtet; der gegenseitige Abstand der Werke würde etwa zwischen 80 und 300 km schwanken.

An das sich so ergebende Netz wären die vorhandenen größeren Wasserkräfte gleichfalls anzuschließen, deren weiterer Ausbau sich nunmehr nach der vorhandenen mittleren Wassermenge richten könnte und nicht mehr auf die kleinste Wassermenge beschränkt zu sein brauchte.

Der Betrieb würde sich dann so gestalten, daß man den Ausnutzungsfaktor der am billigsten arbeitenden Werke möglichst hoch hielte, während die kleineren und unwirtschaftlicheren in erster Linie zur Deckung des Spitzenkonsums herangezogen würden.

Vorstehende Betrachtungen lassen sich dahin zusammenfassen, daß auf dem Gebiete des Zentralenbaues noch lohnende Aufgaben, sowohl in technischer als in wirtschaftlicher Hinsicht vorliegen, mit deren Lösung neue Absatzfelder für die Anwendung der Elektrizität gewonnen werden können.

Die weitere Entwicklung dieses großen technischen Gebietes muß notgedrungen schließlich zu einheitlicher Behandlung des zuletzt geschilderten Problems führen, weil die Ersparnisse an Nationalvermögen gegenüber der jetzigen Stromerzeugung in Anlage und Betrieb so beträchtliche Werte darstellen, daß sie auf die Dauer nicht übersehen werden dürfen.

IV. Erstes Ausführungsbeispiel: Das Märkische Elektrizitätswerk.

1. Allgemeines.

Abb. 62. Gesamtansicht des Werkes.

Durch die märkische Stadt Eberswalde fließt der Finowkanal, der Elbe und Oder verbindet und in seinem Bett die Finow beherbergt, ein Flüßchen, dessen Kraft noch heute in mehreren Gefällstufen ausgenutzt wird. An ihren Ufern hat sich, begünstigt durch die Nähe von Berlin, eine lebhafte Industrie entwickelt, deren Anfänge bis auf die Zeit des Großen Kurfürsten zurückreichen. Die wenigen Pferdekräfte der Finow genügen längst nicht mehr den gewachsenen Bedürfnissen, Dampfkraft ist im Laufe der Zeit zur Unterstützung herangezogen worden, und heute ist die Finow der Industrie weit nützlicher als Trägerin der Kohlenschiffe und andrer Güter, denn als Kraftquelle.

Dieser zu bemerkenswerter Entwicklung gelangte Industriebezirk wird durch die A.-G. Märkisches Elektrizitätswerk mit elektrischer Kraft versorgt, die zu diesem Zweck im Laufe des Jahres 1909 am Finowkanal ein Elektrizitätswerk errichtet hat, das im folgenden beschrieben werden soll.

Die gelegentlich der Aufstellung des Vorprojektes eingeleiteten Konsumerhebungen hatten ergeben, daß als Konsumenten hauptsächlich in Betracht kamen: Ziegeleien mit etwa 2000 Betriebstunden pro Jahr und einem Gleichzeitigkeitsfaktor von etwa 100 %, Fabriken mit 3000 bis 7000 Betriebstunden und einem Gleichzeitigkeitsfaktor von 40 bis 70 %, Gemeinden und Güter mit etwa 150 bis 1000 Betriebstunden pro Jahr und einem

Gleichzeitigkeitsfaktor von etwa 35 $^0/_0$. Für den ersten Ausbau wurde mit einer Belastungsspitze von etwa 3200 KW, für den zweiten Ausbau mit etwa 5500, für den dritten Ausbau mit etwa 8800 KW gerechnet; der Belastungsfaktor der Zentrale wurde wegen der beträchtlichen Kraftanschlüsse auf 0,35 bis 0,4 geschätzt. Als zweckmäßige Maschinengrößen ergaben sich hiernach Einheiten von je 3600 KW (für $\cos \varphi = 0,8$). Das Maschinenhaus wurde dementsprechend zur Aufnahme von 3 Dampfturbinen, das Kesselhaus zur Aufnahme von 6 Kesseln für 12000 bis 15000 kg Dampf für 1 Std eingerichtet; hiervon wurden zunächst 2 Dampfturbinen und 3 Kessel aufgestellt; das Werk ist dann 1912 durch einen Turbogenerator von 8000 KW und 3 weitere Kessel vergrößert worden.

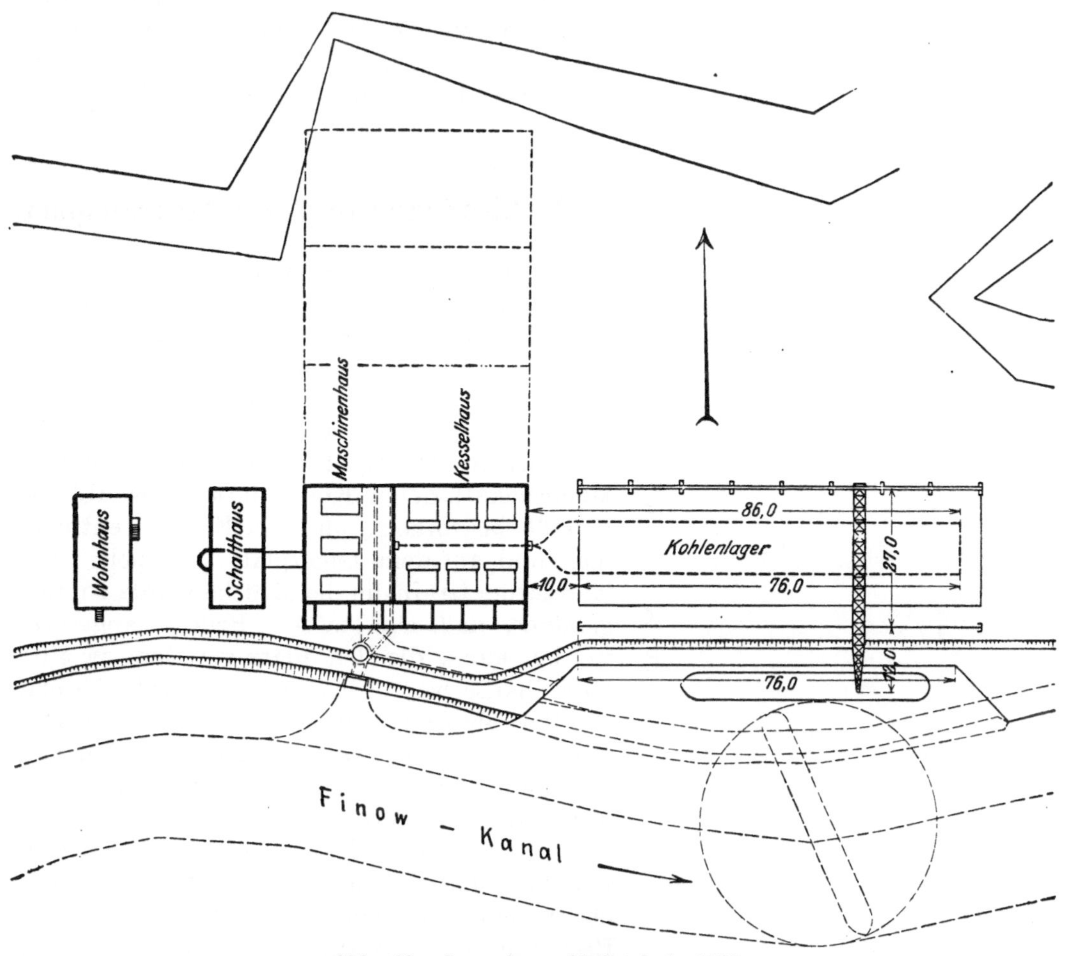

Abb. 63. Lageplan. Maßstab 1 : 1500.

Als Bauterrain (s. Lageplan Abb. 63) wurde bei Heegermühle (etwa 3 km von Eberswalde) ein Grundstück unmittelbar am Finowkanal erworben, der die Kohlenzufuhr auf dem Wasserwege ermöglicht und das zur Speisung und Kühlung nötige Wasser liefert.

Maßgebend für die Wahl gerade dieses Platzes war u. a. auch der Umstand, daß an dieser Stelle der Finowkanal sich dem Großschiffahrtswege am meisten nähert. Die spätere Verbindung mit dem 800 m entfernten Großschiffahrtswege wurde durch Ankauf eines Geländestreifens gesichert. Das Terrain ist auch für kommende Erweiterung reichlich groß, ziemlich eben und besitzt gewachsenen Sandboden als Untergrund.

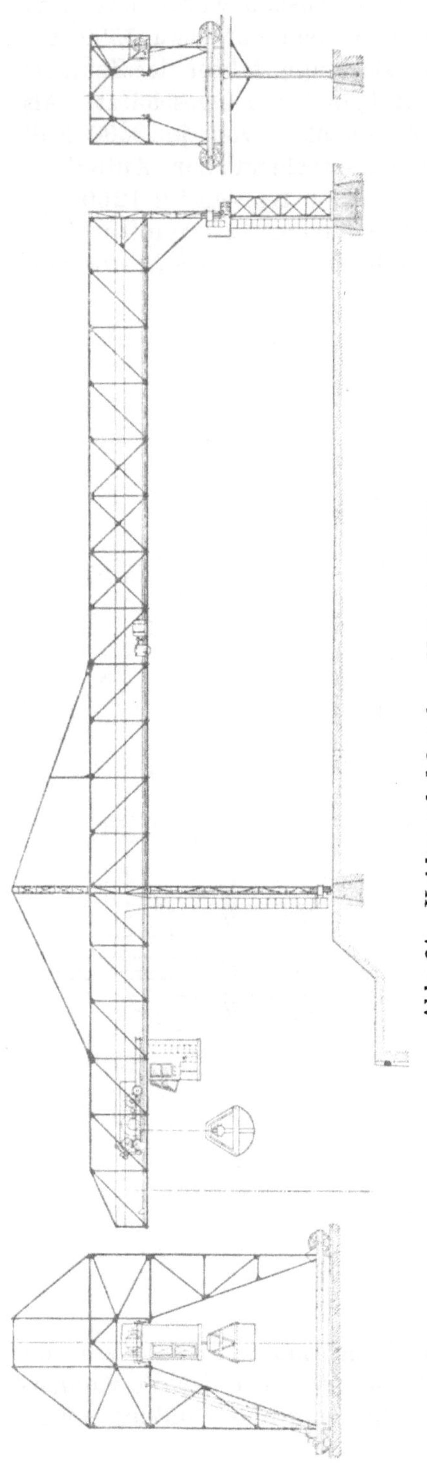

Abb. 64. Kohlenverladebrücke.   Maßstab 1 : 300.

Wie Abb. 63 zeigt, ist am Finowkanal ein Privathafen angelegt worden, der Raum für 2 Elbkähne von je 200 t Tragkraft bietet. Neben dem Hafen befindet sich der Kohlenlagerplatz, an diesen schließen sich Kesselhaus und Maschinenhaus in der Weise an, daß letzteres seine Stirnseite dem Kanal zuwendet. Diese Lage des Maschinenhauses erlaubt, die Länge der Zulauf- und Ablaufkanäle auf das Mindestmaß zu beschränken. Kesselhausachse und Maschinenhausachse stehen senkrecht zueinander. Für die Schaltanlagen dient ein eigenes Gebäude, das mit dem Maschinenhause durch einen gedeckten Gang verbunden ist.

2. Kohlenlager und Kohlentransport.

Der Kohlenlagerplatz ist für Stapelung des viermonatigen Bedarfes bemessen, weil in kalten Wintern auf regelmäßige Zufuhr nicht gerechnet werden kann. Da die Kohle mit der für Kettenroste passenden Korngröße geliefert wird, waren Brechwerke entbehrlich. Die Kohle wird mittels einer Verladebrücke[1]), deren Konstruktion aus Abb. 64 und 65 hervorgeht, aus den Kähnen entnommen und auf dem Lagerplatz gestapelt. Die landseitige Laufbahn der Brücke wurde so ausgebildet, daß eine zweite Brücke angesetzt werden kann, die den Platz vor dem zweiten Kesselhause bestreichen soll; sie wird während des Betriebes mit der ersten Brücke fest verbunden. Die Steuerung der Hub- und Fahrbewegung erfolgt von einem Führerhäuschen aus, das an die Laufkatze angebaut ist.

Unter dem Kohlenlagerplatz befinden sich zwei begehbare Kanäle aus Eisenbeton, s. Abb. 66, in denen die Laufbahnen für die endlose Becherkette der Kohlentransportanlage[2]) untergebracht sind; Querschnitt: 2,0·1,8 m. Beide Kanäle haben an der Decke eine Reihe von Auslaufstutzen, durch deren Öffnung die

---

[1]) Kohlenverladebrücke: Lieferant M. A. N. Leistungsfähigkeit 40 t/Std, Spannweite zwischen den Stützen 27 m, vorragender Arm 13 m, Tragkraft der Laufkatze 3 t, Inhalt des Doppelselbstgreifers 2 cbm, Zeitdauer eines Greiferspieles 110 Sek, Hubhöhe 10 m, Fahrweg 40 m, Senktiefe 5 m. Antrieb: Drehstrommotoren, Hubmotor 30 PS, Katzenfahrmotor 15 PS, Brückenfahrmotor 9,5 PS.

[2]) Kohlenförderung: Lieferant C. Schenk G. m. b. H., Darmstadt, Leistungsfähigkeit 14 t/Std, Länge der Becherkette etwa 300 m, Zahl der Auslaufstutzen 42, Zahl der Füllmaschinen 2, Zahl der Wagen 1, Antrieb: Drehstrommotor von 8 PS.

aufgestapelte Kohle der Becherkette zufällt. Die Überführung der Ketten aus dem einen in den anderen Kanal erfolgt am freien Ende des Kohlenplatzes mittels einer über Erde liegenden doppelten Spirale. Vor Eintritt in das Kesselhaus läuft die Becherkette über eine selbsttätige Kohlenwage, die in dem vorderen Kanal aufgestellt ist (Abb. 66 und 67). Sie ermöglicht tägliche Kohlenkontrolle, wenn die Kohlentaschen immer zu derselben Zeit ganz aufgefüllt werden.

Abb. 65. Kohlenverladebrücke.

3. Kesselhaus.

a) Gebäude.

Der im Kesselhaus liegende Teil der Transportanlage konnte so klein und leicht ausgebildet werden, daß er zwischen den Dachbindern Platz fand. Da die verwendete Kohle ziemlich staubfrei ist, brauchte die Transportanlage im Kesselhaus nicht verschalt zu werden; sie ist offen durchgeführt und durch Laufstege von beiden Seiten zugänglich (Abb. 68).

Die Entladung der Becher erfolgt durch automatische Ablader, die paarweise in jedem Bunker eingebaut sind und vom Heizerstande aus durch einen Griff betätigt werden. Die Bunker wurden nur für zweistündigen Kohlenbedarf der Kessel bemessen, da mit Rücksicht auf die große Betriebssicherheit der Kohlentransportanlage Stapelung der Kohle im Kesselhause selbst unnötig erschien. Der Hauptvorteil dieser Anordnung liegt in dem außergewöhnlich geringen Gewicht der Eisenkonstruktionen und in dem Fortfall besonderer Stützpfeiler. Ist ein Bunker voll, so wird er automatisch abgestellt, sind alle Bunker voll, so laufen die Becher gefüllt zurück und werden über einer Kohlentasche an der Stirnseite des Kesselhauses, s. Abb. 69, durch einen fest eingebauten Ablader, der alle Becher nochmals kippt, zum Entladen gebracht. Durch die herabfallende Kohle wird eine Klappe herabgedrückt, die den Anlasser des Fördermotors ausschaltet.

Eine Mischung verschiedener Kohlensorten kann durch wechselweises Füllen der Becher an beliebigen Stellen des Lagerplatzes bewirkt werden.

b) Kessel und Ekonomiser.

Das Kesselhaus, Abb. 69 und 70, ist zur Aufnahme von sechs Einheiten, je bestehend aus Kessel, Ekonomiser, Zuganlage und Blechschornstein, bestimmt und besitzt eine bebaute Grundfläche von 26,5·22 m = 583 qm, bei einer maximalen Leistungsfähigkeit von rund 95000 kg Dampf für 1 Std. Für den ersten Ausbau gelangten zunächst 3 solcher Einheiten zur Aufstellung.

Für 10000 kg Dampf werden somit rund 60 qm Grundfläche benötigt.

Das Eisengewicht der gesamten Kesselhauskonstruktion (Eisenfachwerk) beträgt 97000 kg oder für 1 kg maximaler Dampfleistung rund 1 kg.

Diese außergewöhnlich niedrigen Ziffern wurden einesteils durch die beschriebene Bekohlungsanlage, andernteils durch Verwendung einer vom Verfasser vorgeschlagenen und von Babcock & Wilcox durchgebildeten Kesselkonstruktion erzielt, die sich auch in wärmetechnischer Hinsicht bestens bewährte. Die günstigen Ziffern der Wärmecharakteristik sind größtenteils hierauf zurückzuführen.

Abgesehen von guter Ausnützung der Grundfläche, ergeben sich als weitere Vorteile dieser Konstruktion geringe Wärmeverluste durch Strahlung und Leitung, da die Gesamtoberfläche von Kessel und Ekonomiser natürlich wesentlich kleiner wird als bei der üblichen getrennten Anordnung. Gute Wärmeisolation ließ sich ebenfalls leicht durchführen (selbst im Dauerbetriebe werden die Außenseiten der Kes-

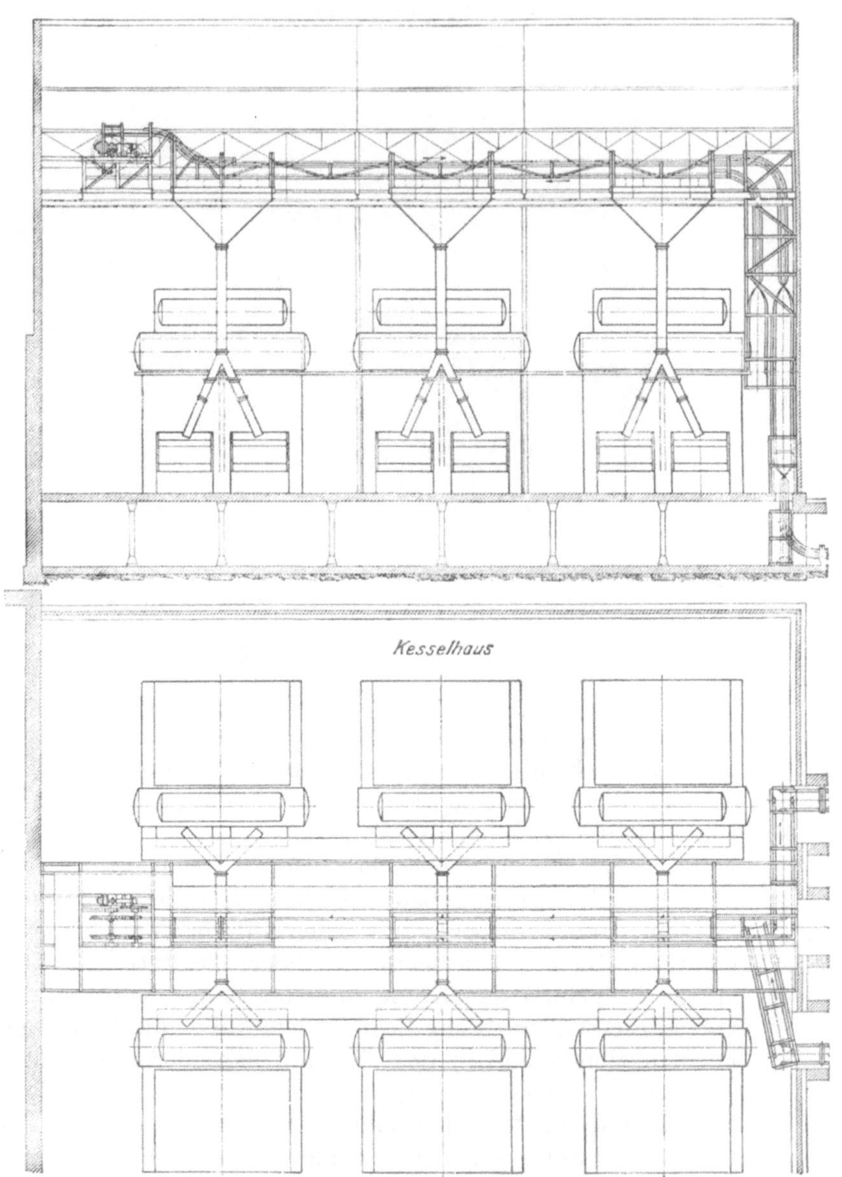

Abb. 66. Kohlentransportanlage.

sel nicht wärmer als etwa 60° C); vor allen Dingen konnten die Widerstände des Gesamtaggregates außerordentlich herabgezogen werden. Aus diesem Grunde gelingt es dann, trotz verhältnismäßig niedriger Schornsteinhöhe, auch mit natürlichem Zug noch bis zu etwa $^2/_3$ der Maximalleistung der Kessel zu erzielen, so daß der Ventilator nur zu Zeiten maximaler Belastung eingeschaltet zu werden braucht;

etwas größerer Kraftbedarf gegenüber direktem Saugzug[1]) spielt dann keine wirtschaftliche Rolle. Einfachheit der Bedienung, der Fortfall von Umschaltklappen, der Umstand, daß der Ventilator nur kalte Luft zu fördern hat und bequem zugänglich aufgestellt werden kann, sind vielmehr Vorteile, die in solchen Fällen die Überlegenheit des indirekten Saugzuges zur Geltung kommen lassen.

Abb. 72 zeigt einen Querschnitt durch den Kessel mit seinem darüber liegenden

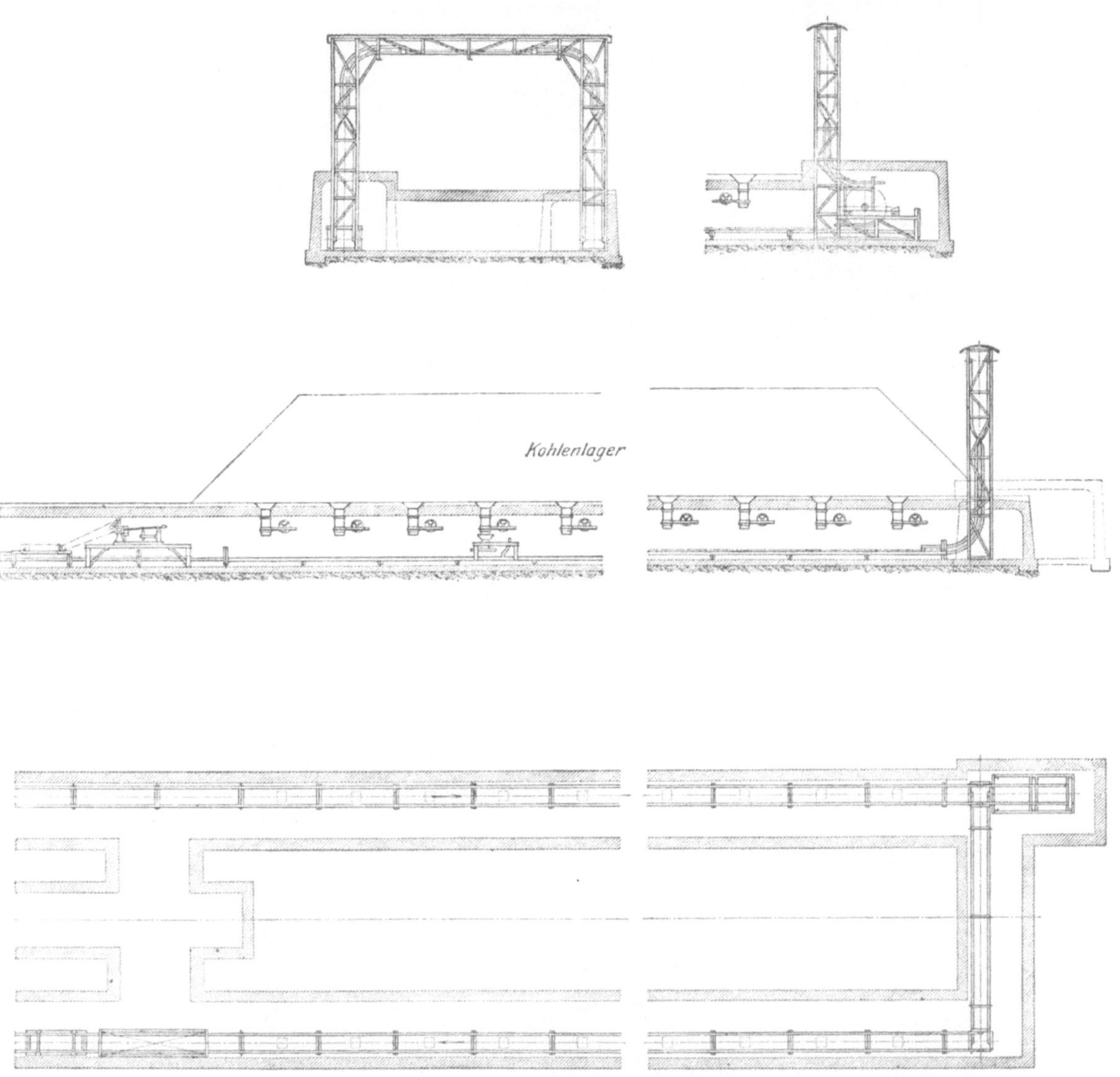

Maßstab rd. 1 : 260.

Ekonomiser. Wie ersichtlich, ist das ganze Aggregat in sich standfest und besitzt

---

[1]) Saugzuganlage: Lieferant Gesellschaft für künstlichen Zug, ausreichend für 1,5 fachen Luftüberschuß, Zug hinter dem Ekonomiser: normal 25 mm, maximal 38 mm, Höhe der Blechschornsteine über Kesselhausfußboden 30 m, oberer lichter Durchmesser der Schornsteine 2,0 m, Ventilatorentype: Sirocco, angetrieben durch Drehstrommotoren, Lieferant der Ventilatoren: White, Child & Beney, Kraftbedarf: normal 20 PS, maximal 30 PS.

eisernen Einbau, wodurch das Eindringen falscher Luft verhindert wird[1]). Um das Eintreten von mitgerissenem Spritzwasser in den Überhitzer zu vermeiden, wurde über dem Oberkessel noch ein Dampfsammler angeordnet.

Abb. 67. Selbsttätige Kohlenwage im Transportkanal.

Abb. 68. Ansicht der Kohlenförderung im Dachstuhl des Kesselhauses.

---

[1]) Kessel: Lieferant Deutsche Babcock & Wilcox Dampfkesselwerke, Kesselleistung: normal 12 600 kg Dampf/Std, maximal 15 750 kg Dampf/Std, Dampfspannung 15 at, Dampftemperatur 350°, Heizfläche des Kessels 410 qm, Heizfläche des Überhitzers 135 qm, Heizfläche des Ekonomisers 210 qm, Rostfläche der mech. Kettenrostfeuerung 14,8 qm, Kettenrostantrieb durch Drehstrommotor von 1,5 PS, Heizwert der Kohle etwa 7000 WE, Kohlenbedarf für 1 Std normal 1950 kg, maximal 2450 kg.

Schnitt *a-b*.

Schnitt *c-d*.

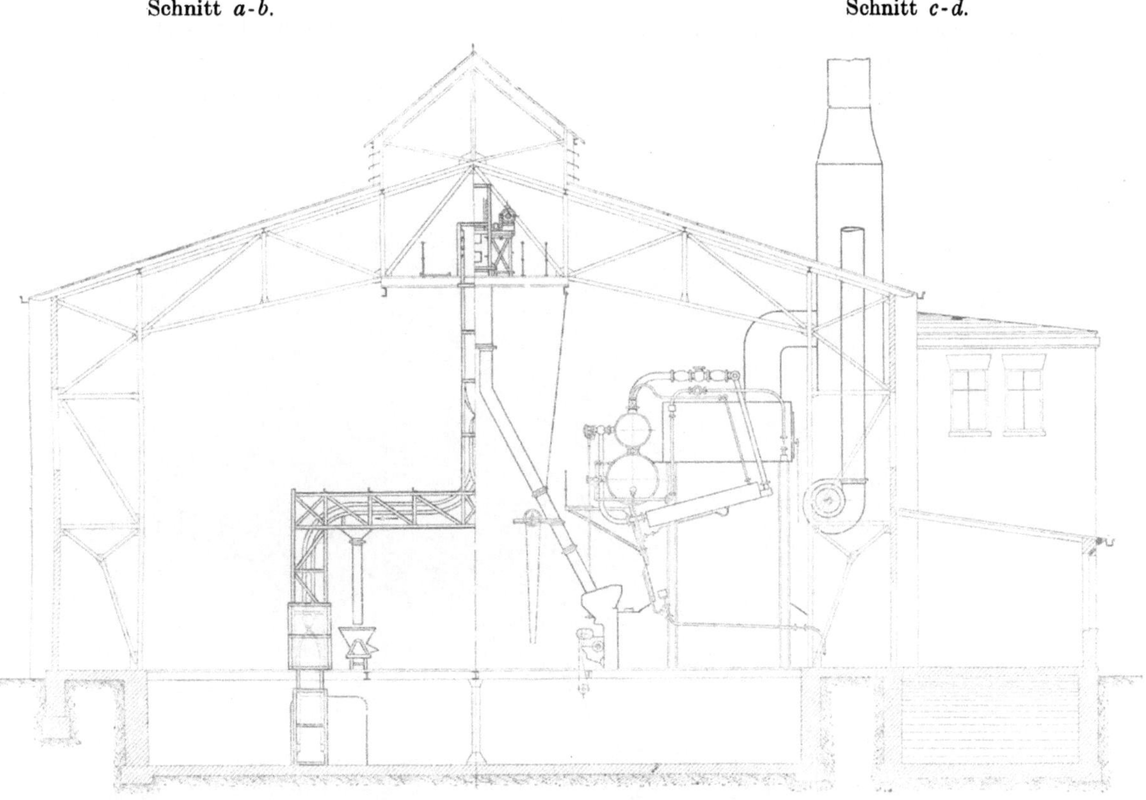

Abb. 69. Kesselhausquerschnitt, nach dem Kohlenplatz zu gesehen. Maßstab 1 : 200.

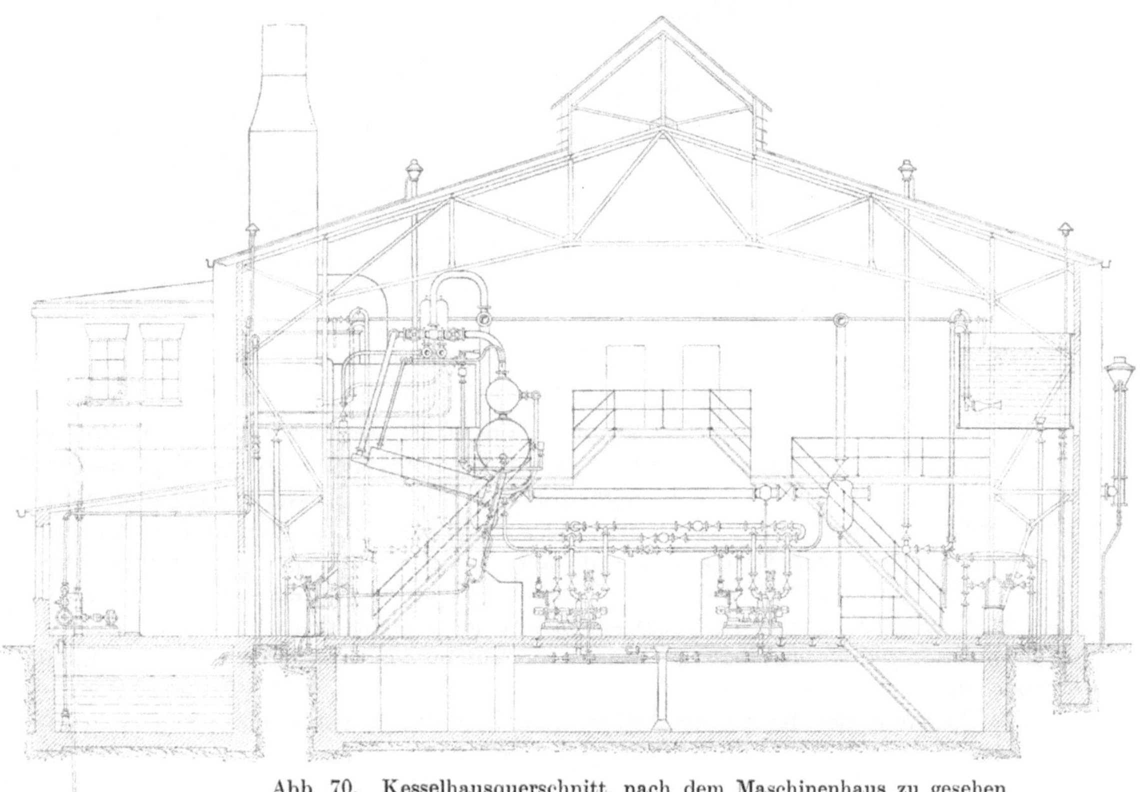

Abb. 70. Kesselhausquerschnitt, nach dem Maschinenhaus zu gesehen.
Maßstab 1 : 200.

Die Asche fällt durch Fallrohre in den sehr geräumigen Keller und wird von dort mit Wagen abgefahren.

Kessel und Ekonomiser sind in ihren Dimensionen so abgestimmt, daß die Heizgase mit etwa 400° in den Ekonomiser eintreten; das Speisewasser wird auf etwa 120 bis 140° vorgewärmt.

Abb. 71. Seitenansicht einer Kesseleinheit.

Besonderes Gewicht wird auf Verhütung des Eintrittes von Luft in das Speisewasser gelegt, weil hierdurch die Luftpumpenarbeit der Kondensationsanlage wesentlich verringert wird, und weil Beimengungen von Luft auf Kessel- und Ekonomiserrohre zerstörend einwirken. Wird, wie hier, zur Speisung Kondensat benutzt, das an sich ziemlich frei von Luft ist, so kann der Wiedereintritt von Luft dadurch verhütet werden, daß das Speisewasser auf seinem Wege bis zu den Kesseln nie einem Unterdruck ausgesetzt und in Vorratsbehältern gespeichert wird, die geringe Oberfläche besitzen; die Anbringung besonderer Entlüftungsapparate ist dann nicht erforderlich.

Die Speisung der Kessel erfolgt automatisch durch Hannemannsche Wasserstandsregler.

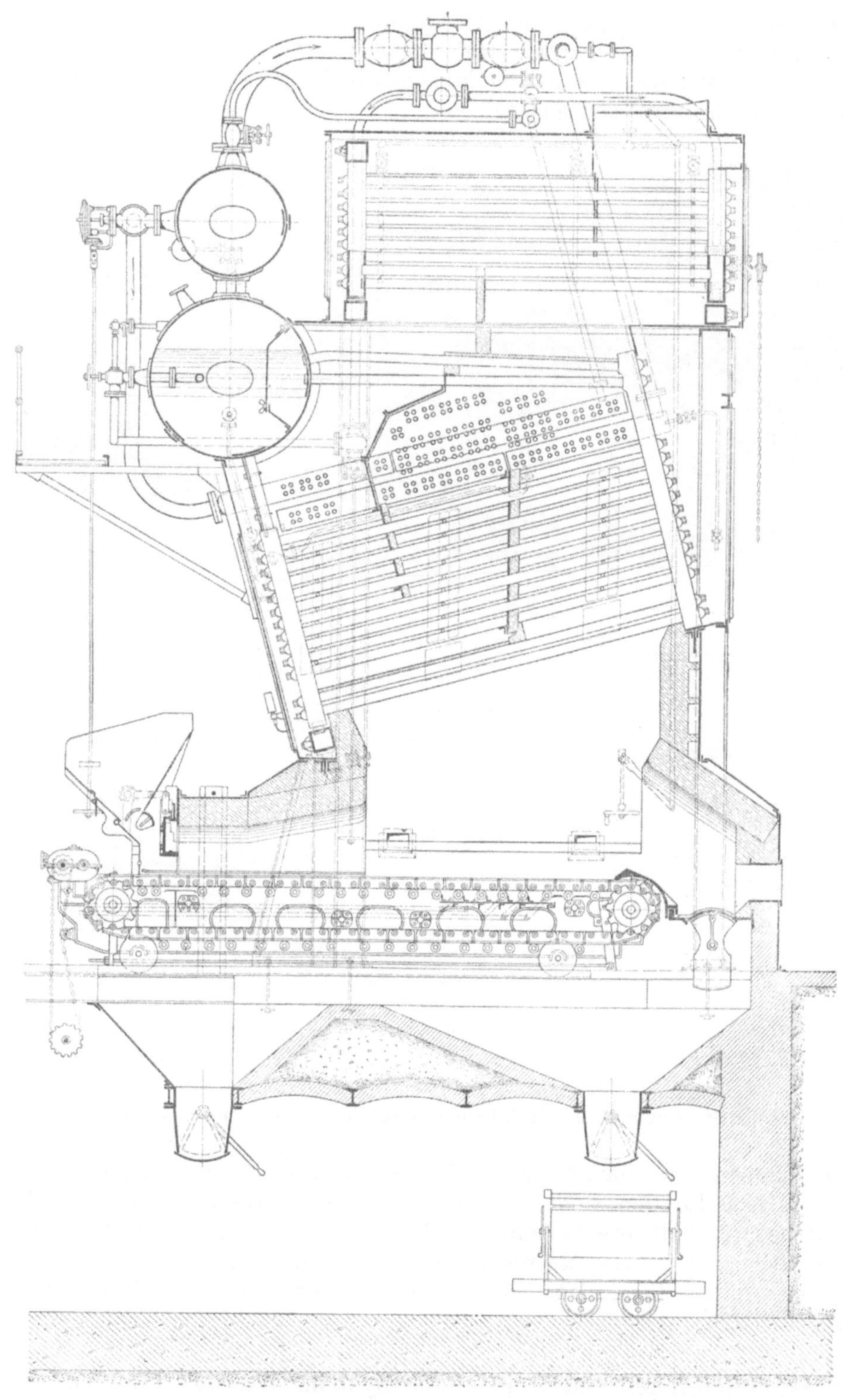

Abb. 72. Schnitt durch einen Kessel mit darüberliegendem Ekonomiser.
Maßstab 1 : 60.

6*

c) Speisepumpen.

Als Kesselspeisepumpen sind Turbopumpen gewählt worden; ihre Tourenregulierung erfolgt durch einen Druckregler, der den Dampfzutritt zur Maschine so beeinflußt, daß der Wasserdruck nahezu konstant bleibt; Schwankungen der Wasserentnahme werden automatisch ausgeglichen.

Abb. 73. Ansicht der Speisepumpen und Rohrleitungen auf der Maschinenhauswand des Kesselhauses.

Beide Pumpen sind mehrstufige, in einem Gehäuse zusammengebaute Zentrifugalpumpen, jede für den vollen Bedarf des Kesselhauses ausreichend. Ihr geringer Platzbedarf und ihre Unempfindlichkeit gegen Staub erlaubt, sie an der gemeinschaftlichen Wand des Kesselhauses und des Maschinenhauses aufzustellen; Kolbenpumpen hätten für Anlagen dieser Größe einen besonderen Raum erfordert (Abb. 73).

d) Dampfleitungen und Rohrleitungssystem, Wasserversorgung.

Der Dampfanschluß der Antriebturbinen ist direkt von den beiden Hauptdampfleitungen bei den Hauptwasserabscheidern in schlankem Bogen abgezweigt. Der Abdampf der Turbinen wird nach den Hochbehältern, s. Abb. 70, geleitet, wo

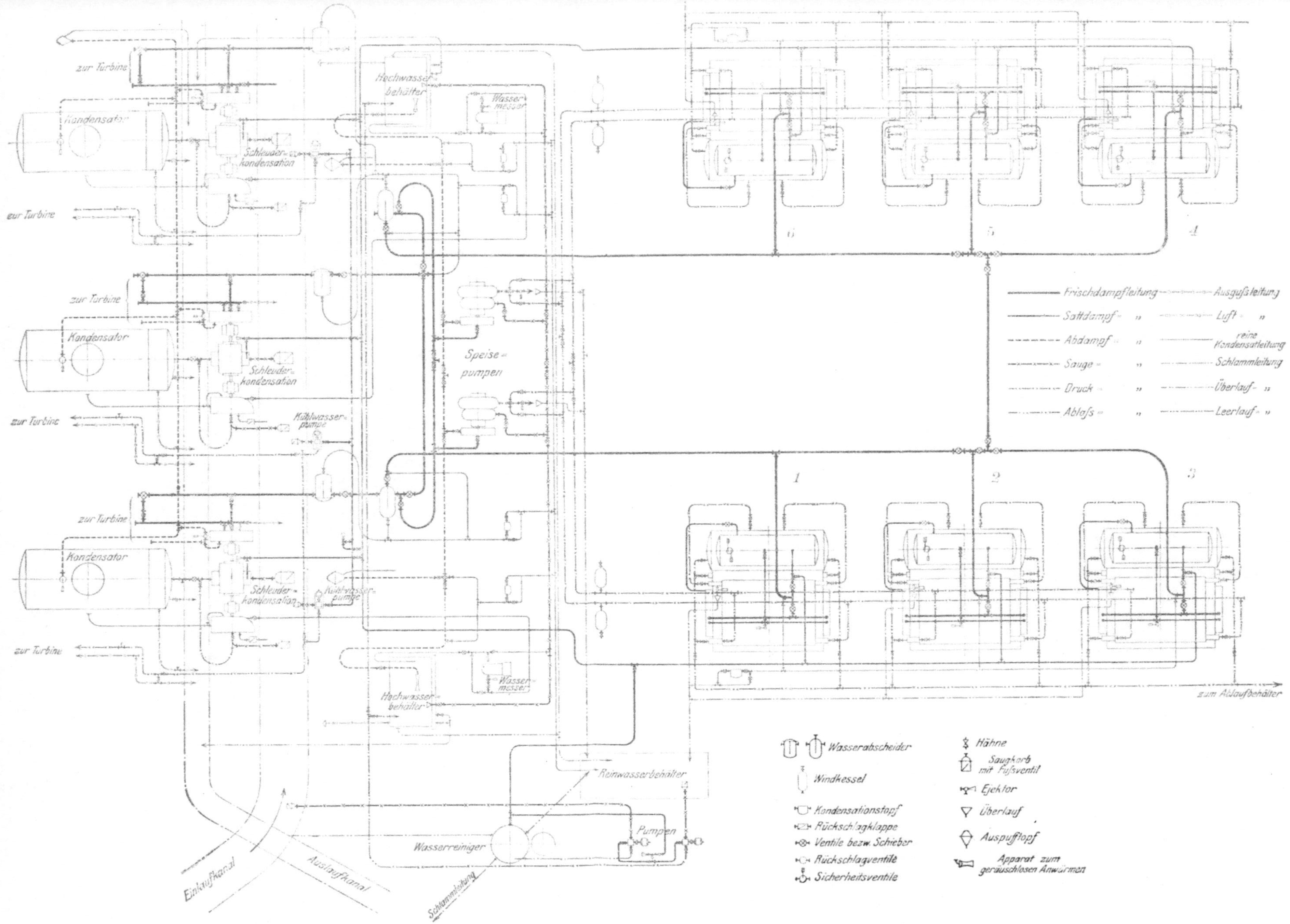

Abb. 74. Rohrleitungsschema.

Klingenberg, Elektrizitätswerke.

er in Rohrschlangen zum Vorwärmen des Speisewassers ausgenutzt wird. Von hier aus fließt das Speisewasser unter Druck den Zentrifugalpumpen zu, die es in 2 Speiseleitungen von je 125 mm lichtem Durchmesser wiederum den Kesseln zuführen. Scharfe Krümmungen sind möglichst vermieden, durch Rollenlager ist für freie Ausdehnung gesorgt.

Die Hauptleitungen sind in Abb. 74 schematisch dargestellt. Die Frischdampfleitungen bestehen aus je einem Hauptstrang längs der beiden Kesselreihen, sie sind auf der Maschinenhausseite des Kesselhauses, s. Abb. 70, an die dort untergebrachten Hauptwasserabscheider angeschlossen. Diese sind wiederum durch einen Rohrstrang verbunden, von dem dann die Leitungen zu den einzelnen Turbinen abzweigen. Auch vor jeder Turbine ist ein Wasserabscheider eingebaut, um den Eintritt von Wasser in die Turbine zu verhüten.

Zwischen Kessel 3 und 4 sind beide Rohrleitungsstränge nochmals geschlossen. Eine eigentliche Ringleitung ist durch diese Verbindung jedoch nicht geschaffen, weil ihr Querschnitt nicht für den Transport der ganzen Dampfmenge ausreicht; sie dient nur zur Erhöhung der Sicherheit und konnte ohne wesentliche Mehrkosten ausgeführt werden.

Als Fixpunkte wurden einerseits die Dampfsammler oberhalb der Kessel und anderseits die Wasserabscheider im Kesselhaus gewählt, die mittels Konsolen und Seitenstreben besonders fest verankert sind. Der hochliegende Teil der Dampfleitung ist mit beweglichen Aufhängungen an der Dachkonstruktion befestigt. Die Verbindungsleitung zwischen den beiden Hauptwasserabscheidern wird durch Konsolen mit Rollenlagerung für zwangläufige Längsdehnung unterstützt; in diese Leitung ist ein Kompensator eingebaut. Die beiden Hauptdampfleitungen im Kesselhaus sind ebenfalls mit Gelenkkompensatoren ausgerüstet[1]).

Für die Leitungen wurden nahtlose Stahlrohre mit Stahlgußwalzflanschen sowie Kugelfassonstücke und Schieber aus Stahlguß mit Dichtungsringen aus Nickellegierung verwendet. Alle Ventile können vom Kesselhausfußboden aus bedient werden, die Hauptventile besitzen ein Zeigerwerk, das erkennen läßt, ob das Ventil offen oder geschlossen ist.

Die Isolierung der Dampfleitungen besteht aus Kieselgurmasse von 60 mm Stärke, die Flansche sind außerdem mit gußeisernen Isolierkappen und Tropfröhrchen ausgestattet.

Besondere Überlegung erfordert bei allen mit schlechtem Belastungsfaktor arbeitenden Zentralen die Wahl der zweckmäßigsten Dampfgeschwindigkeit. Trennt man die in einer Dampfleitung auftretenden Verluste in Wärme- und Druckverluste, so erkennt man, daß erstere für die Wirtschaftlichkeit der Anlage als konstante Verluste eine ausschlaggebende Rolle spielen, während die maximalen Druckverluste nur vorübergehend zur Zeit der höchsten Belastung auftreten. Die Herabziehung der Wärmeverluste, selbst zu ungunsten der Druckverluste, ist demnach von erheblicher Bedeutung. Erstere lassen sich aber, unter sonst gleichen Verhältnissen, lediglich durch Verkleinerung der Oberfläche vermindern, und diese wiederum hängt von der Entfernung zwischen Kesseln und Maschinen und von der Dampfgeschwindigkeit ab.

Die Anordnung des Kesselhauses vertikal zum Maschinenhause, die unmittelbare Nachbarschaft beider (ohne Zwischenbauten) und die gewählte Kesselkonstruktion bringen die Rohrlänge auf das erreichbare Mindestmaß. Der spezifische Druckverlust darf deshalb hoch sein, er kann noch gesteigert werden, wenn von der Anordnung von Ventilen in der Hauptdampfleitung abgesehen wird. Als Absperrorgane sind Schieber eingebaut, die nur unmerkliche Druckverluste herbeiführen.

---

[1]) Rohrleitungsanlage: Lieferant Seyffert & Co., Eberswalde.

Sind diese Voraussetzungen erfüllbar, so hindert nichts, mit der maximalen Dampfgeschwindigkeit bis auf Werte zu gehen, die das bisher übliche Maß um ein Vielfaches übersteigen. Im vorliegenden Falle beträgt die maximale Dampfgeschwindigkeit etwa 80 m für 1 sek.

Auf sorgfältigste Isolation, insbesondere auch der Flanschen und der Schieber, ist dabei desto mehr Rücksicht zu nehmen, je niedriger der Belastungsfaktor der Zentrale ist.

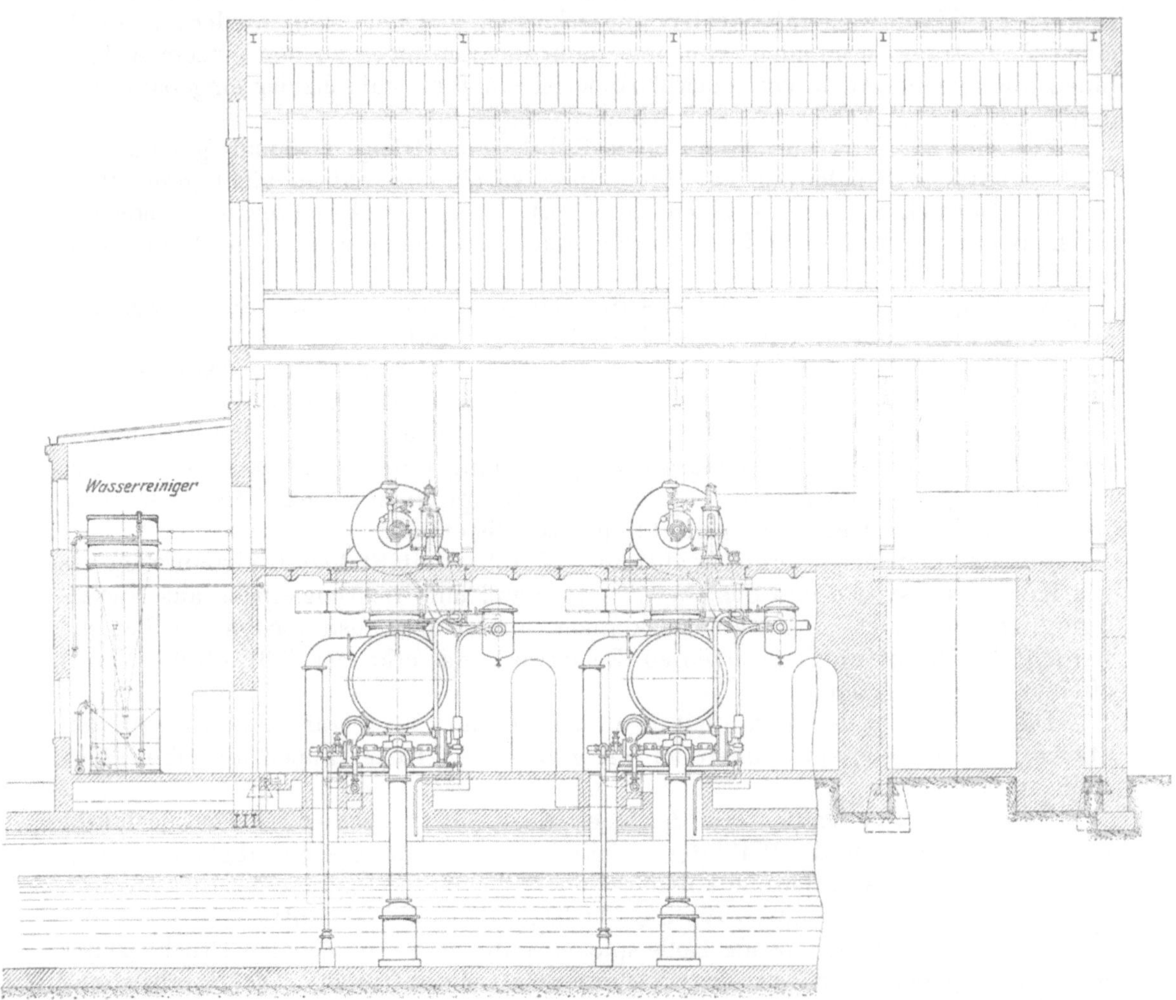

Abb. 75. Maschinenhauslängsschnitt. Maßstab 1 : 200.

Die Wasserzufuhr für Kondensationszwecke erfolgt durch einen mit Sieb und Rechen versehenen Zulaufkanal parallel zur Maschinenhausachse, aus dem die Kühlwasserpumpen mittels gußeiserner Rohrleitungen von 450 mm lichtem Durchmesser direkt saugen. Nachdem es den Kondensator durchflossen hat, gelangt das Kühlwasser in den ebenso angeordneten Ablaufkanal, der stromabwärts beim Kohlenladehafen wieder in den Finowkanal mündet. Der Wasserkreislauf für die Lagerkühlung der Turboaggregate wird durch kleine, mit Drehstrommotor angetriebene Zentrifugalpumpen betätigt, die im Kondensatorkeller untergebracht sind und gleichfalls mit den beiden Hauptkanälen in Verbindung stehen. (Siehe Rohrleitungsplan Abb. 74.)

Für die Kesselspeisung werden nur kleine Mengen Zusatzwasser benötigt; die Wasserverluste sind gering, da das Kondensat der Speisepumpen ölfrei ist und vollständig zurückgewonnen wird. Das dem Finowkanal entnommene Zusatzwasser besitzt 5 bis 6 deutsche Härtegrade und muß enthärtet werden. Hierzu dient ein Wasserreiniger[1]), dem eine im Pumpenraum aufgestellte Zentrifugalpumpe das aus dem Einlaufkanal entnommene Wasser zuführt.

Der Wasserreiniger ist, s. Abb. 75, in einem besonderen Raum neben dem Pumpenraum untergebracht, seine obere Bedienungsgalerie liegt auf Maschinenflurhöhe und ist vom Maschinenhaus durch eine Tür zugänglich.

Das gereinigte Zusatzwasser fließt, nachdem es einen Wassermesser passiert hat, in einen unter dem Pumpenraum und den Nebenräumen angeordneten Reinwasserbehälter, in den auch die von den verschiedenen Wasserabscheidern abgegebenen Kondenswässer geleitet werden. Eine im Pumpenraum aufgestellte Zentrifugalpumpe fördert das gereinigte Wasser in die beiden schon erwähnten Hochbehälter.

Alle vorgenannten Zentrifugalpumpen für die Wasserbeschaffung sind mit Dampfejektoren ausgerüstet, die mittels einer direkt an den Kesseln abzweigenden Sattdampfleitung von 24 mm Durchmesser betrieben werden; an diese Leitung ist auch der Wasserreiniger angeschlossen.

4. Maschinenhaus.

Die Hauptabmessungen des Maschinenhauses, s. Abb. 87 (Tafel), sind:

Länge. . . . . 22,5 m
Breite. . . . . 16,5 m
Kellerhöhe . . . . 5,5 m

Höhe des Maschinenhauses bis zum First 14,5 m.

a) Dampfturbinen.

Die aufgestellten Dampfturbinen sind für Dampf von 13 bis 15 at mit einer Temperatur von 300 bis 350⁰ C am Eintrittsventil bemessen und mit Düsenregulierung ausgestattet, die den Dampfverbrauch bei geringen Belastungen wesentlich einzuschränken erlaubt. Ihre Bauart (AEG) darf als bekannt vorausgesetzt werden.

b) Kondensatoren.

Die Kondensatoren befinden sich unterhalb der Dampfturbinen zwischen den Fundamentklötzen, vor diesen die Kondensationshilfsmaschinen, bei denen der Vorteil kompendiöser Bauart in geringem Platzbedarf und kurzer und einfacher Führung der Rohrleitungen zum Ausdruck kommt. Durch Öffnungen im Fußboden des Maschinensaales, die gleichzeitig als Montageöffnungen dienen, sind sie der Beobachtung von oben zugänglich.

Die Kondensatoren (normale Gegenstrom-Oberflächen-Kondensatoren) sind mit einer rotierenden Kondensat- und Kühlwasserpumpe, die von einer kleinen Dampfturbine angetrieben wird, ausgestattet. (Siehe Z. d. V. d. I. 1909 S. 699.) Der Abdampf wird einer Zwischenstufe der Hauptturbine zugeführt und in dieser bis zur Expansionsgrenze ausgenutzt.

Das Kondensat wird durch den für jede Turbine vorgesehenen Wassermesser hindurch nach den Hochbehältern gedrückt, s. Rohrleitungsschema Abb. 74, so daß es jederzeit möglich ist, den Dampfverbrauch der Turbinen festzustellen.

Haupt- und Hilfsturbinen sind mit Schnellschlußventilen ausgerüstet.

---

[1]) Geliefert von H. Reisert. Leistungsfähigkeit 12 cbm für 1 Std (ausreichend für vollen Ausbau der Zentrale).

c) Generatoren.

Die Generatoren arbeiten mit einer Spannung von 10000 V, die mittels Tirrillregulatoren konstant gehalten wird. Besonderer Wert wurde auf gute Isolation und auf Kurzschlußfestigkeit gelegt. Die Maschinen wurden im warmen Zustande mit 25000 V geprüft, ihre Kurzschlußfestigkeit wurde durch mehrere Proben bei voller Erregung sichergestellt.

Abb. 76.   Maschinenhaus.

Auf der vorderen Seite des Kellers sind die Kabelendverschlüsse und die Luftfilter untergebracht, für die zwischen den beiden Fundamentklötzen ausreichender Platz war; sie laufen auf Rollen und können zur Reinigung herausgefahren werden.

Die zur Kühlung der Generatoren nötige Luft tritt durch Öffnungen der Maschinenhauswand, s. Abb. 87 (Tafel), in den Keller ein, sie wird dann durch die Luftfilter hindurch von den Generatoren angesaugt und gelangt, nachdem sie die Generatoren durchlaufen hat, in einen Kanal, der durch Einziehung eines Zwischenbodens auf der Generatorseite des Kellers gebildet wurde; Öffnungen in der Maschinenhauswand verbinden den Kanal mit der Außenluft.

Jeder Turbogenerator hat eine Schaltsäule mit Amperemeter, Wattmeter und Voltmeter, ferner einen Kommandoapparat, der die Verständigung mit dem Wärter im Schalthause ermöglicht.

d) Architektur.

Die Gebäude sind in einfachen Formen gehalten und mit roten Ziegeln verblendet, die Dächer sind mit einer doppelten Lage Dachpappe auf Holzverschalung gedeckt (s. Abb. 62). Säulen und Dachbinder des Maschinenhauses sind als Steifrahmenkonstruktion ausgebildet (s. Abb. 76), die Wände des Maschinenhauses sind

Abb. 77. Kondensationshilfsmaschinen.

massiv, die des Kesselhauses in Eisenfachwerk ausgeführt. Reichliche natürliche Beleuchtung wurde überall angestrebt, Kessel- und Maschinenhaus haben deshalb außer großen Seitenfenstern ausgiebige Oberlichtbeleuchtung erhalten (s. Abb. 71 und 76), die vor allem im Kesselhaus wegen des Fortfalls großer Kohlenbunker sehr wirksam ist und insbesondere den Raum vor den Kesseln und an der Maschinenhauswand gut belichtet (s. Abb. 73). Die Wände der Bedienungsräume sind bis zu Reichhöhe mit hellen Fliesen belegt und mit hellem Wandanstrich versehen. Der Kondensatorenraum, dem natürliches Licht nur durch Öffnungen in der Decke zugeführt werden kann, ist auf diese Weise ebenfalls noch ausreichend hell geworden (s. Abb. 77).

Das Schalthaus wurde als besonderes Gebäude errichtet, infolgedessen konnte der Maschinenraum und der Maschinenkeller noch direktes Licht erhalten.

Abb. 78. Luftfiltergang im Maschinenhauskeller.

Abb. 78 zeigt den Luftfiltergang auf dieser Seite des Maschinenkellers, der gleichzeitig als Ansaugeraum für die Kühlluft der Generatoren dient. Die Luft tritt direkt von außen durch Kanäle ein, die im Fußboden des Ganges mit Rosten abgedeckt sind; im Fußboden befindet sich auch der durch abnehmbare Eisenplatten abgedeckte Kabelkanal.

Großes Gewicht wurde auf bequeme Verbindung zwischen Maschinenraum, Kondensationskeller und Kesselhaus gelegt. Man gelangt vom Maschinenraum direkt auf die Bedienungsgalerien der Kessel, von denen zwei bequeme Treppen zum Kesselhausflur herabführen; Kesselhausflur und Kondensationsraum liegen auf gleicher Höhe und sind durch Türen verbunden. Die obere Bedienungsgalerie des Wasserreinigers liegt, wie erwähnt, wieder auf gleicher Höhe mit dem Maschinenraum.

5. Schaltanlage.

a) Schaltschema.

Die Schaltanlage unterscheidet sich in mancher Hinsicht von früheren Ausführungen. Zunächst weicht das Schaltschema, Abb. 79, insofern von üblichen Einrichtungen ab, als die beiden Enden der als Ringleitung verlegten Verteilungsleitungen an verschiedene Sammelschienen angeschlossen sind, und zwar gehören Kabel 1 und Kabel 4, Kabel 2 und Kabel 5, Kabel 3 und Kabel 6 je zu einem Ringe; jeder Strang ist durch Differentialschutzsystem gesichert; an jede der Verteilungsschienen ist noch einer der beiden Stationstransformatoren angeschlossen. Die Verteilungssammelschienen sind durch Gruppen-Ölschalter mit dem Doppelsammelschienensystem der Generatoren verbunden. Der Vorteil der Anordnung liegt darin, daß für die Verteilungsleitungen kleinere Ölschalter als die Maschinen- und Gruppenschalter genommen werden können, weil im Falle eines Kurzschlusses in dem Kabelsystem nur Teilleistungen betroffen werden; man erhält außerdem erhöhte Sicherheit, weil für jeden Kurzschluß mindestens 2 Schalter hintereinander geschaltet sind.

Die Schaltanlage des Märkischen Elektrizitätswerkes ist ferner die erste, bei der einheitlicher Sicherheitsgrad und einheitliche Isolatorenform für alle Appa-

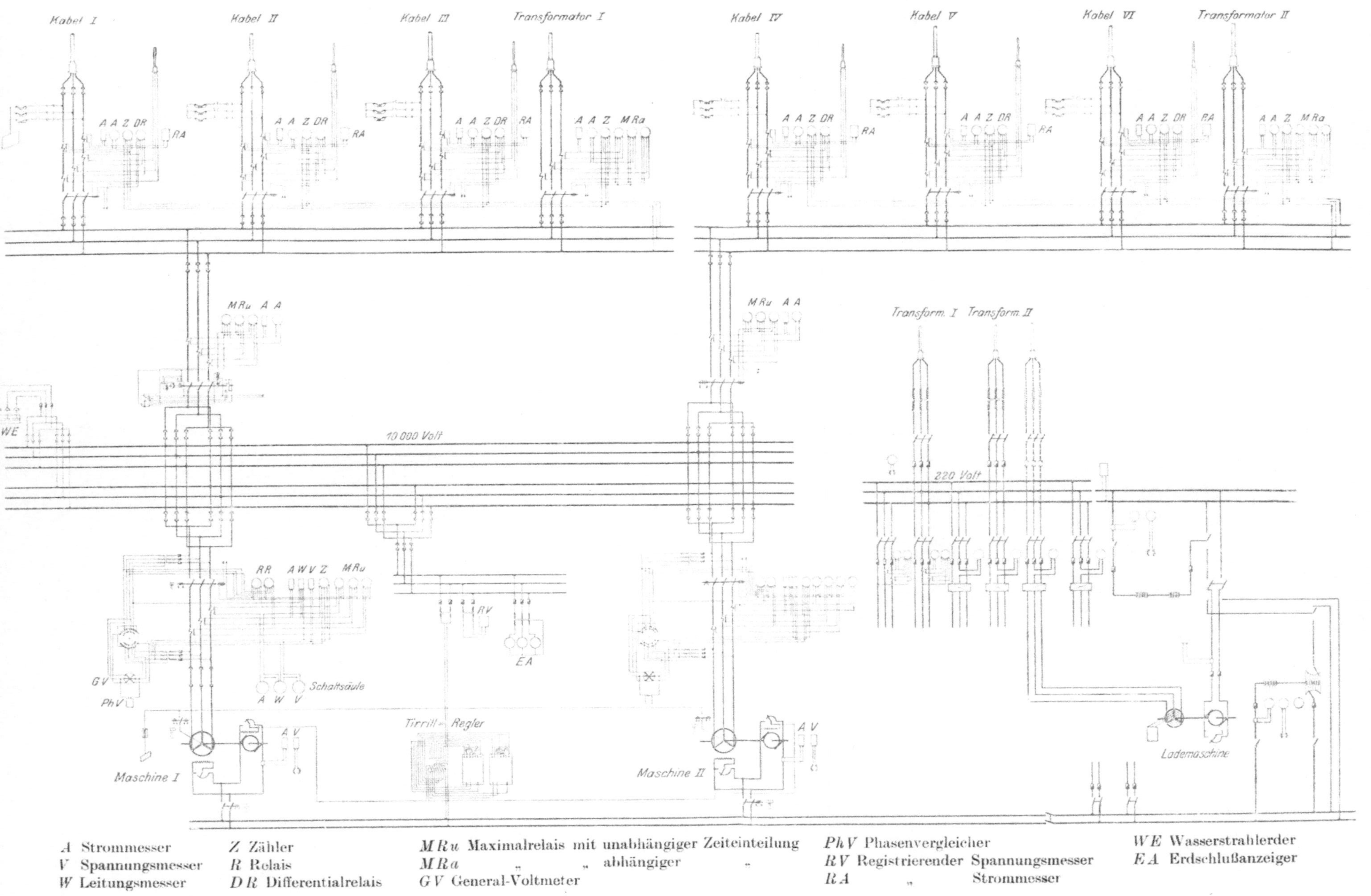

A Strommesser
V Spannungsmesser
W Leitungsmesser
Z Zähler
R Relais
DR Differentialrelais
MRu Maximalrelais mit unabhängiger Zeiteinteilung
MRa „   „   „ abhängiger   „
GV General-Voltmeter
PhV Phasenvergleicher
RV Registrierender Spannungsmesser
RA „   Strommesser
WE Wasserstrahlerder
EA Erdschlußanzeiger

Abb. 79. Schaltschema.

rate, Endverschlüsse, Durchführungen, Trennschalter usw. streng durchgeführt wurde (s. Abb. 80 und 81). Auch die Ausführung der Trennwände in Duroplatten und das konzentrische Installationssystem des Verfassers wurden bei dieser Anlage zum erstenmal angewandt.

Maschinen- und Sektionsölschalter sind für die größte Kurzschlußleistung bemessen und bestehen je aus 3 einpoligen Schaltern, die abzweigenden Netzleitungen sind dagegen mit dreipoligen Schaltern für geringere Kurzschlußleistung angeschlossen.

Abb. 80. Sammelschienenraum.

Abb. 81. Ölschalter für die abgehenden Kabel.

Je zwei nebeneinander liegende Gruppensammelschienen können durch Trennschalter verbunden werden; man ist also imstande, die Gruppenschalter nachzusehen, selbst wenn die zugehörige Gruppensammelschiene noch unter Spannung steht.

Maschinen- und Gruppenschalter werden elektrisch (s. Abb. 82), Verteilungsschalter dagegen von Hand betätigt (s. Abb. 83); die Auslösung aller Schalter geschieht elektrisch.

Jedes Schaltfeld kann durch Trennschalter stromlos gemacht werden. Der Strom für die Betätigung der Schalter und für die Notbeleuchtung der ganzen Anlage wird aus einer im dritten Stockwerk des Schalthauses befindlichen Hilfsbatterie entnommen, die mittels eines Umformers aufgeladen werden kann.

Die Generatoren sind durch Rückstrom- und Maximalrelais, die Gruppen durch Maximalzeitrelais, die Kabel durch das Differentialschutzsystem gesichert.

Die Neutrale jedes Generators kann über einen Widerstand geerdet werden, der bei Erdschluß einer Phase das rund 2,5fache des normalen Stromes durchläßt, so daß der betreffende Kabelschalter bei Erdschluß einer Phase des Netzes durch das Differentialrelais zur Abschaltung gebracht wird. Im Betriebe soll die Erdung jeweils nur an **einem** laufenden Generator vorgenommen werden. Der Überspannungsschutz besteht aus Wasserstrahlerdern und Hörnern in bekannter Anordnung.

Abb. 82. Antrieb der **Maschinen**- und Gruppen-Ölschalter.

Abb. 83. Antrieb der Kabel-Ölschalter.

Besonderer Wert wurde auf die Messung der abgegebenen Leistung gelegt; jeder Generator sowie jedes abgehende Kabel ist mit einem Zähler für unsymmetrische Belastung ausgerüstet, so daß eine doppelte Kontrolle vorhanden ist.

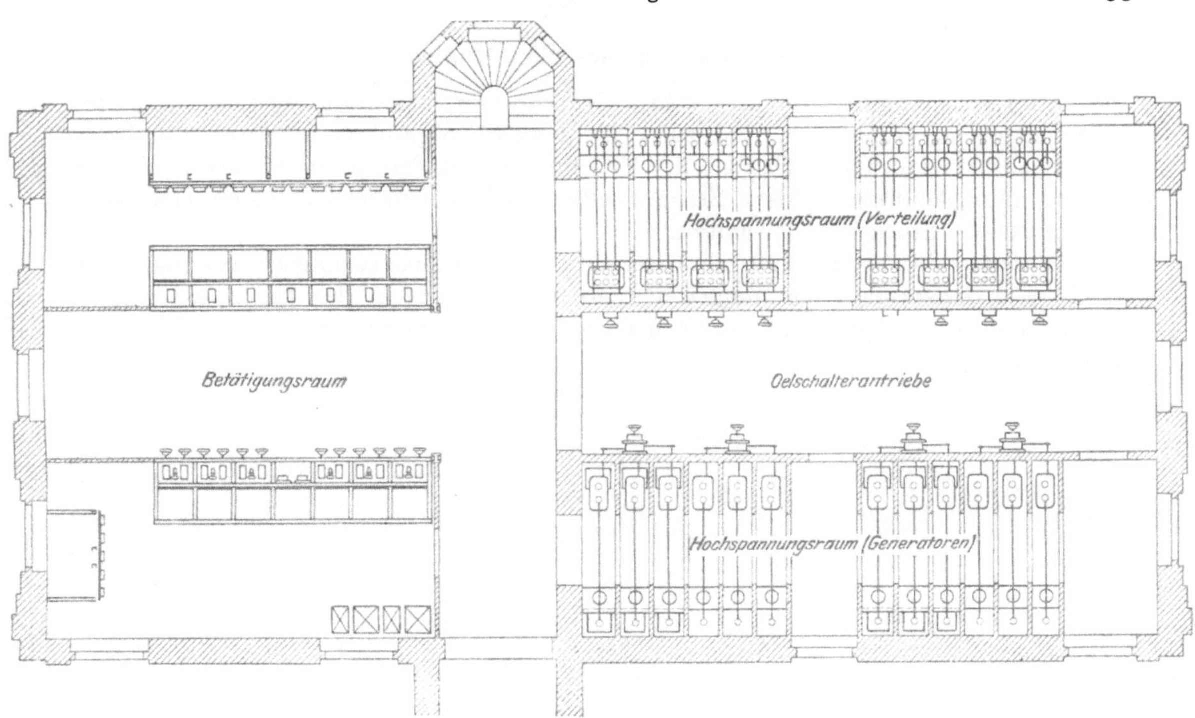

Abb. 84a. Grundriß des Schalthauses.

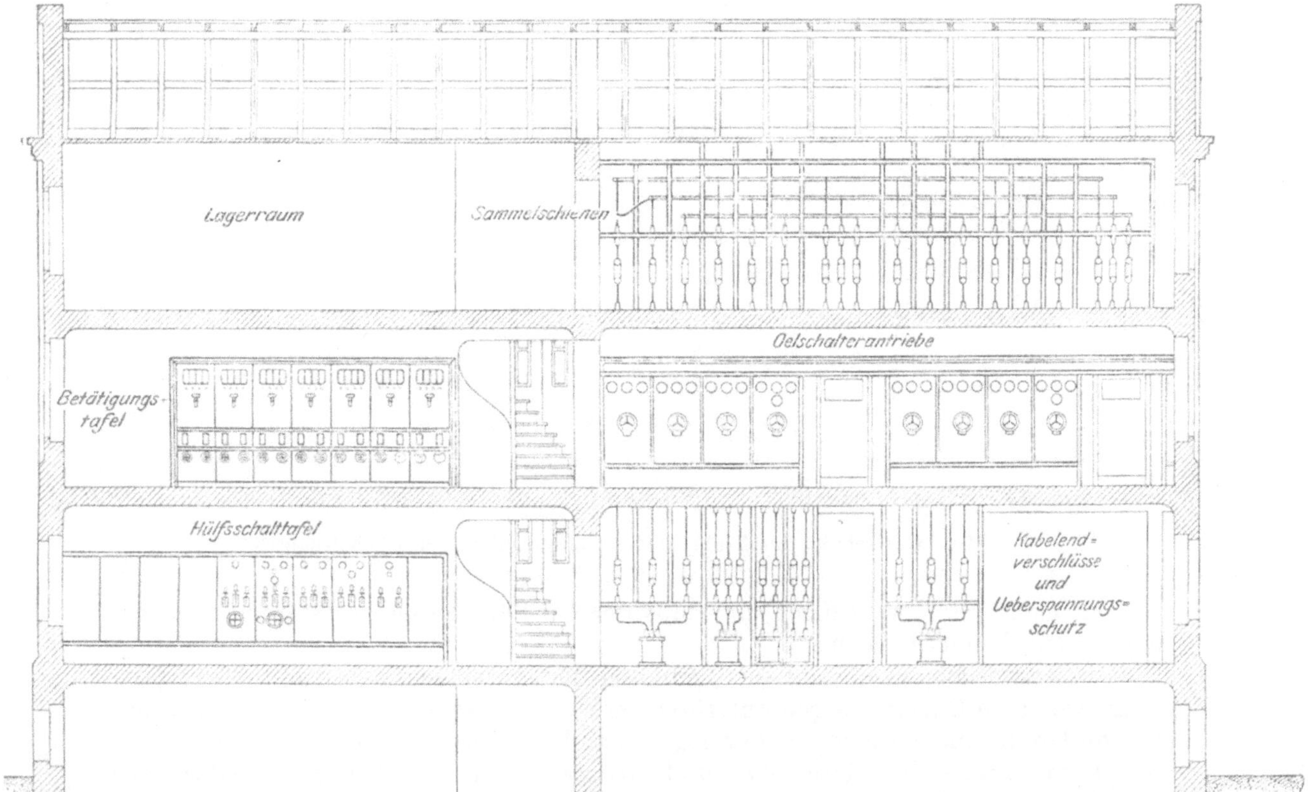

Abb. 84b. Längsschnitt durch das Schalthaus.

b) Einrichtung des Schalthauses.

Die Hochspannungsanlage wurde, wie schon erwähnt, im rechten Teile des Schalthauses untergebracht, und zwar dient das Erdgeschoß zur Aufnahme der Endverschlüsse und Trennschalter, der Maschinen- und Fernleitungskabel, sowie des Überspannungsschutzes. Auch Stromwandler und Meßtransformatoren sind zum Teil in diesem Stockwerk enthalten.

Im ersten Stockwerk sind die Ölschalter in 2 Reihen so angeordnet, daß ihre Antriebe in einem hochspannungsfreien Mittelgange liegen, der gegen die eigentlichen Hochspannungsräume durch massive Wände abgetrennt ist (s. Abb. 82, 83 und 84a).

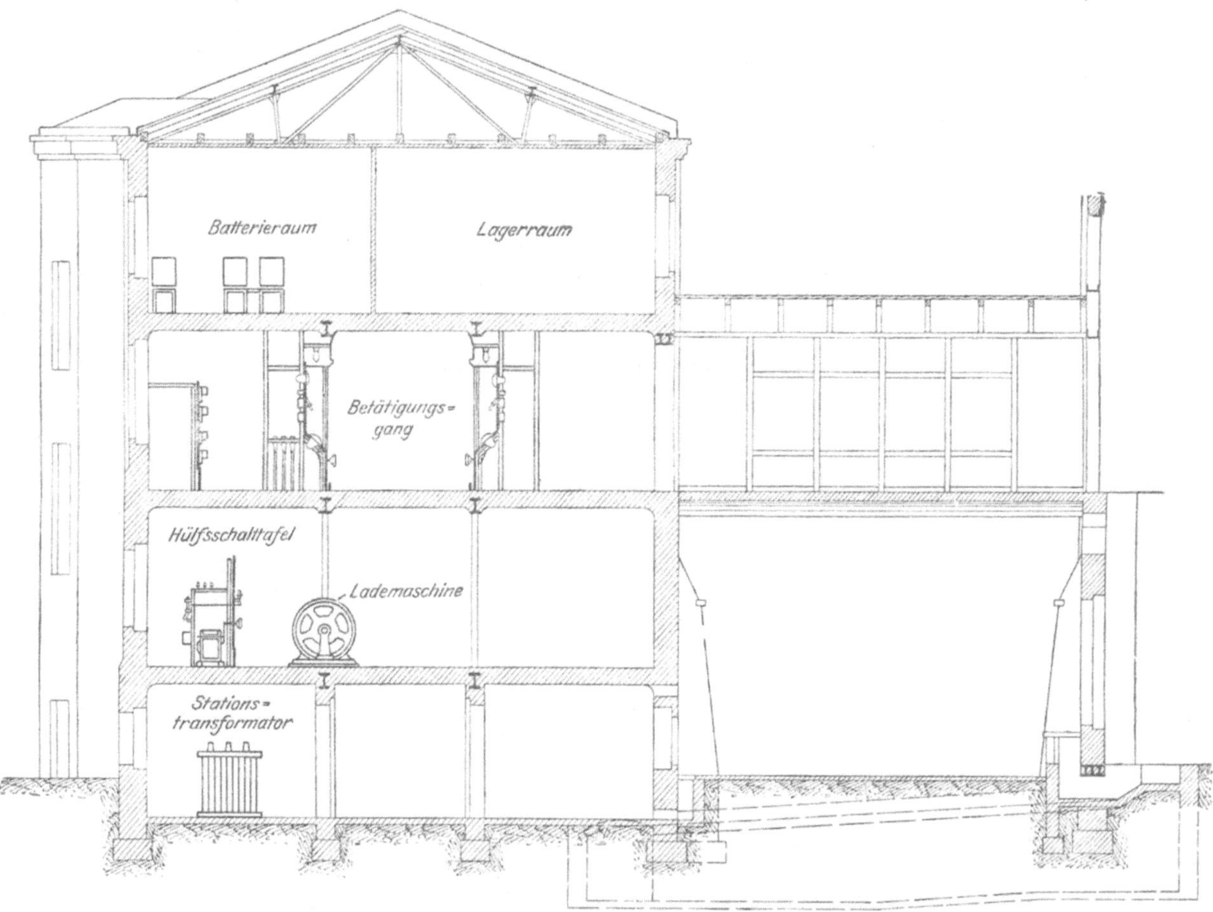

Abb. 84c. Querschnitt durch die Niederspannungsräume des Schalthauses.

Das zweite Stockwerk dient zur Aufnahme der Sammelschienensysteme mit den zugehörigen Trennschaltern.

Wie ersichtlich, wurde auf die Trennung der einzelnen Phasen nur dort Wert gelegt, wo große Energiemengen unterbrochen werden; bei den abzweigenden Leitungen wurden nur die einzelnen Felder gegeneinander durch Zwischenwände geschützt. Die gleiche Breite der Maschinen- und Gruppenfelder mit den Kabelfeldern ermöglicht die in Abb. 84a bis d dargestellte übersichtliche Anordnung.

Trenn- und Sicherheitswände sind aus feuersicheren Duroplatten aufgebaut, die mit Holzsäge und Holzbohrer bearbeitet werden können, wodurch die Montage sehr erleichtert wird.

Die Gleichartigkeit der Isolatoren und das gewählte Installationssystem tragen sehr zum guten Aussehen der Anlage bei und erlauben neben leichter Auswechselbarkeit gute Übersicht über die Apparate.

Die Betätigungsschalttafel befindet sich im Mittelgange des ersten Stockwerkes, rechts davon die Antriebe für die Ölschalter, die somit von dem Schalttafelwärter direkt beobachtet werden können (Abb. 85).

Die Betätigungstafel ist in 2 Reihen angeordnet: die eine enthält die Tirrillregulatoren und die Instrumente für die Maschinen, die andere diejenigen für die Verteilung; in dem dazwischen befindlichen Gange stehen die Kommandoapparate für das Maschinenhaus.

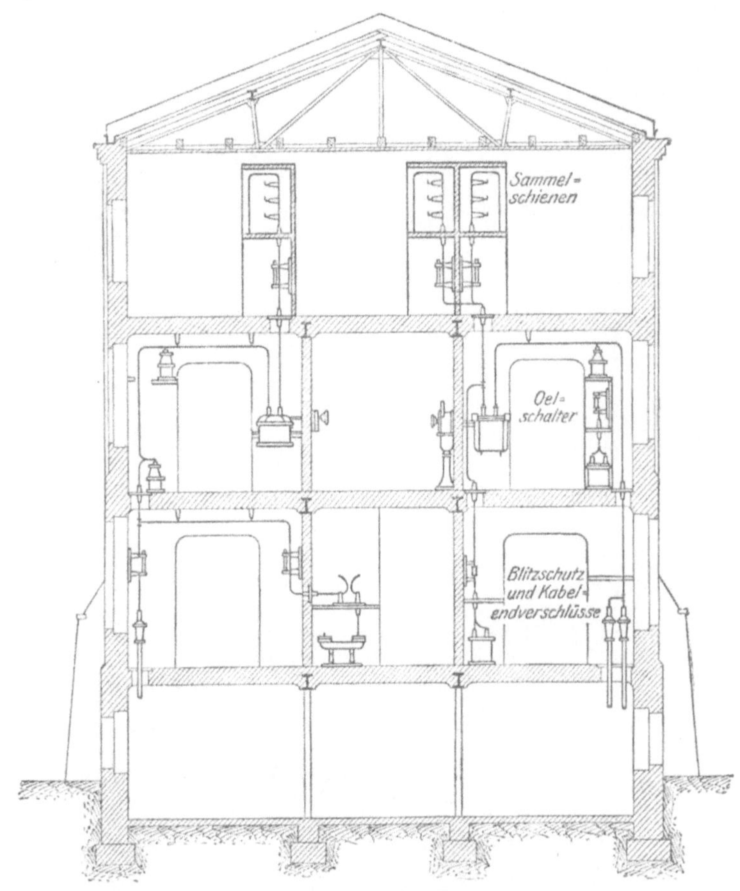

Abb. 84d.   Querschnitt durch die Hochspannungsräume des Schalthauses.

Über jedem Kabelschaltantrieb sind (direkt auf die Wand gesetzt) die 3 einpoligen Relais sowie das Amperemeter (vgl. Abb. 83), über den Maschinenschalterantrieben die zugehörigen 3 Maximal- und 3 Rückstromrelais und das Gruppenamperemeter angebracht (Abb. 86).

Unterhalb der Antriebe sind (versenkt unter einer abnehmbaren Platte) sämtliche Meß- und Betätigungsleitungen an einem Klemmbrett zusammengeführt, so daß eine leichte Kontrolle dieser für den Betrieb wichtigen Leitungen möglich ist.

Den Kraftbedarf der Hilfsbetriebe liefern 2 Drehstromtransformatoren von je 150 KW Leistung mit einer sekundären Spannung von 220 V, die im Kellergeschoß des Schalthauses stehen.

Die dazu gehörige Verteilungstafel befindet sich im Erdgeschoß im linken Flügel des Schalthauses.

Abb. 85.   Betätigungsgang im Schalthause.

Abb. 86.   Maschinenschalttafel.

Jeder einzelne Hilfsbetrieb ist durch Maximal- und Nullspannungsrelais gesichert, sein Energieverbrauch wird zur Kontrolle des Eigenverbrauches der Zentrale durch Zähler festgestellt.

6. Wirtschaftliche Ergebnisse des Märkischen Elektrizitätswerkes.

a) Wärmecharakteristik.

Nach früheren Ausführungen ergibt sich der jeweilige Kohlenverbrauch und somit auch der Wärmeverbrauch als lineare Funktion der jeweiligen Belastung des Werkes. Bezeichnet V_t den stündlichen Kohlenverbrauch zu irgendeiner Zeit t und ist L_t die zugehörige Belastung des Werkes in KW, oder, was dasselbe ist, die Leistung des Werkes in KWStd während der betrachteten Stunde, so läßt sich V_t durch den Ausdruck darstellen:

$$V_t = a + b \cdot L_t,$$

wenn a und b Konstanten sind.

Der gesamte Kohlenverbrauch (V) während irgendeiner Zeit T hängt somit gleichfalls in linearer Weise von den Belastungsschwankungen ab, die sich in dieser Zeit zwischen den Grenzen L_1 und L_2 beliebig bewegen mögen, und da die durchschnittliche Leistung L_m innerhalb dieser Zeit

$$L_m = \frac{1}{T} \int_0^T L_t \cdot dt$$

ist, so ergibt sich der gesamte Kohlenverbrauch als

$$V = a \cdot T + b \int_0^T L_t \cdot dt,$$

und der durchschnittliche Kohlenverbrauch als

$$V_m = \frac{V}{T} = a + b \cdot L_m.$$

Die Ausdrücke für V_t und V_m sind identisch.

Die Kohlenverbrauchscharakteristik läßt sich somit auch aus den Betriebsergebnissen ermitteln, wenn der Kohlenverbrauch und die zugehörige Arbeitsabgabe an das Netz während bestimmter Betriebsabschnitte festgestellt worden sind. Werden regelmäßige Kohlenverbrauchsmessungen für jeden Betriebstag gemacht, so kann man aus diesen Werten ohne weiteres die Kohlenverbrauchscharakteristik und ebenso die Wärmecharakteristik des Werkes ableiten. Auch bei Werken, die nur eine monatliche Kontrolle des Kohlenverbrauches ausüben, kann man die Charakteristik danach finden.

Von der Verwaltung des Märkischen Elektrizitätswerkes wird nun außer der täglichen Statistik eine monatliche Statistik geführt und für Abb. 88 sind sowohl tägliche als monatliche Werte benutzt worden. Die durch mannigfache Zufälligkeiten beeinflußten Tageswerte haben also in der Monatsstatistik schon einen gewissen Ausgleich erfahren.

In Abb. 88 ist nun zunächst der tägliche Kohlenverbrauch in Abhängigkeit von der täglich in das Netz abgegebenen Arbeit dargestellt. Da sich die Statistik über annähernd 3 Jahre erstreckt, würde die Eintragung jedes einzelnen Tageswertes sehr große Arbeit verursacht haben, es wurde deshalb aus jedem Monat der relativ günstigste und relativ ungünstigste Tageswert ausgewählt, so daß die eingetragenen Punkte gleichzeitig die maximalen Abweichungen gegenüber der Kurve des täglichen Kohlenverbrauches darstellen; diese ist als mittlere Gerade durch die

eingetragenen Punkte hindurchgelegt worden.   (Die wirklichen Verbrauchswerte
der einzelnen Tage liegen also näher an der Geraden als die eingezeichneten.)
Außerdem sind noch die monatlichen Durchschnittswerte, auf den Tag umgerechnet,
eingetragen und durch kleine Kreise gekennzeichnet.   Die etwa in der Mitte der
Kurve liegenden sehr abweichenden Werte erklären sich durch Verwendung eines
anderen Brennmaterials (englische Kohle) von geringerem Heizwerte.

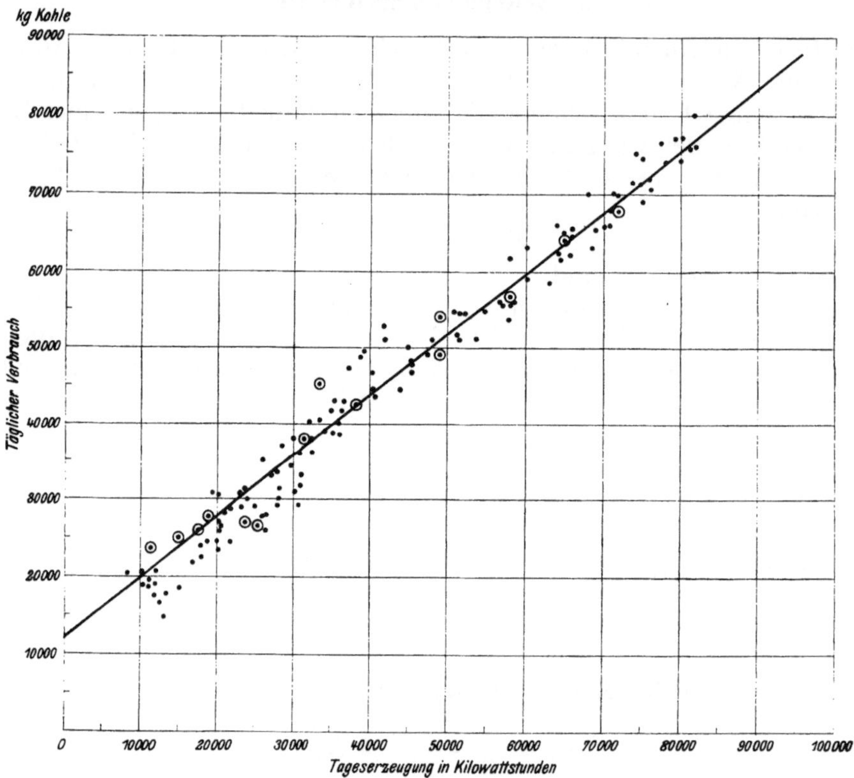

Abb. 88.   Täglicher Kohlenverbrauch des Märkischen Elektrizitätswerkes.

Der lineare Charakter der Kurve kommt klar zum Ausdruck; der tägliche
Kohlenverbrauch ergibt sich für das Märkische Elektrizitätswerk hieraus nach
der Formel:

$$V = 12\,000 + 0{,}796 \cdot L$$

und der stündliche Kohlenverbrauch und damit die Kohlencharakteristik nach
der Formel:

$$V_t = 500 + 0{,}796 \cdot L_t.$$

Der Heizwert der verfeuerten Kohle (oberschlesische Staubkohle) schwankt
zwischen 7000 und 7100 Kal.   Legt man den mittleren Heizwert von 7050 Kal. zugrunde, so ergibt sich die Wärmecharakteristik in Kal.:

$$W_t = 3\,525\,000 + 5610 \cdot L_t.$$

Aus diesen Formeln läßt sich der Kohlen- und Wärmeverbrauch pro KWStd
in Abhängigkeit von dem Ausnutzungsfaktor der Anlage darstellen.   In dem Werke
waren (vor der Erweiterung) installiert: 2 Turbogeneratoren mit einer Leistung
von je 3600 bis 3800 KW; die installierte Leistung beträgt somit rund 7400 KW.
Danach ist der Ausnutzungsfaktor:

$$n = \frac{L_t}{7400}$$

und man erhält den Kohlenverbrauch resp. Wärmeverbrauch pro KWStd zu

$$v_t = \frac{V_t}{L_t} = \frac{500}{n \cdot 7400} + 0{,}796 = \frac{0{,}0676}{n} + 0{,}796$$

und

$$w_t = \frac{W_t}{L_t} = \frac{3\,525\,000}{n \cdot 7400} + 5610 = \frac{477}{n} + 5610.$$

Es ergibt sich somit für Kohlenverbrauch und Wärmeverbrauch nachstehende Tabelle:

Ausnutzungsfaktor n	Kohlenverbrauch in $\dfrac{\text{kg}}{\text{KWStd}}$	Wärmeverbrauch in $\dfrac{\text{Kal.}}{\text{KWStd}}$
0,5	0,931	6565
0,4	0,965	6800
0,3	1,021	7200
0,2	1,134	7995
0,1	1,472	10380

b) Dampfverbrauchscharakteristik.

Der Dampfverbrauch resp. Wasserverbrauch läßt sich ebenfalls als Funktion der durchschnittlichen Belastung des Werkes darstellen; hierfür wurden monatliche Ziffern benutzt, umgerechnet auf einen Tag. Es ergibt sich die in Abb. 89 gezeichnete Gerade mit der Gleichung:

$$D \;(\text{Dampfverbrauch in kg}) = 50\,000 + 7{,}06 \cdot L;$$

der stündliche Dampfverbrauch D_t ist also $= 2080 + 7{,}06 \cdot L_t.$

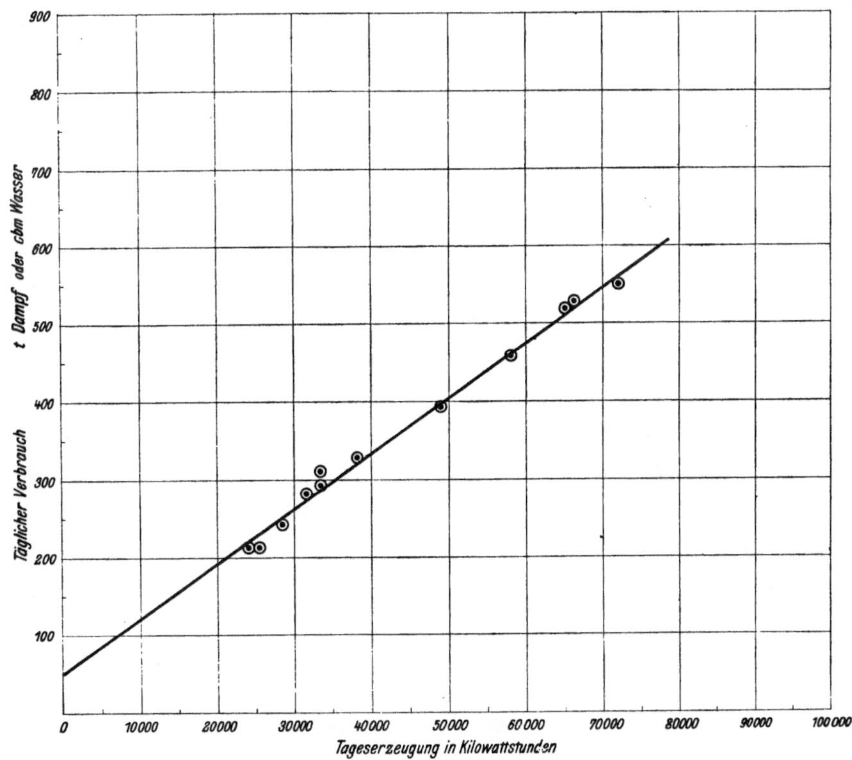

Abb. 89. Täglicher Dampfverbrauch des Märkischen Elektrizitätswerkes.

Der Dampfverbrauch in Abhängigkeit von dem Ausnutzungsfaktor der Anlage ist daher

$$d_t = \frac{D_t}{L_t} = \frac{2080}{n \cdot 7400} + 7{,}06 = \frac{0{,}281}{n} + 7{,}06.$$

Das Verhältnis des Dampfverbrauchs zum Kohlenverbrauch ist die Verdampfungsziffer; beide Werte sind in nachstehender Tabelle zusammengestellt:

Ausnutzungsfaktor n	Dampfverbrauch p. KWStd in kg	Mit 1 kg Kohle erzeugter Dampf in kg
0,5	7,62	8,2
0,4	7,76	8,05
0,3	8,00	7,83
0,2	8,46	7,47
0,1	9,87	6,72

Aus der Betriebsstatistik ergibt sich ferner der Eigenverbrauch des Werkes an Elektrizität zu 1,5 bis 2 % der abgegebenen Arbeit; hierbei ist zu beachten, daß Kondensationspumpen, Zirkulationswasserpumpen und Speisepumpen mit Dampf betrieben werden.

c) Wirtschaftliche Charakteristik.

Aus den monatlichen Betriebsabrechnungen läßt sich die wirtschaftliche Charakteristik des Werkes gleichfalls leicht ermitteln; naturgemäß zeigen einzelne Werte Abweichungen, je nachdem in einer Monatsabrechnung zufälligerweise größere Beträge für Steuern, Reparaturen und derartiges erscheinen (vgl. Abb. 90). Bessere Übereinstimmung wäre zu erzielen, wenn außergewöhnliche Beträge auf die 12 Monate

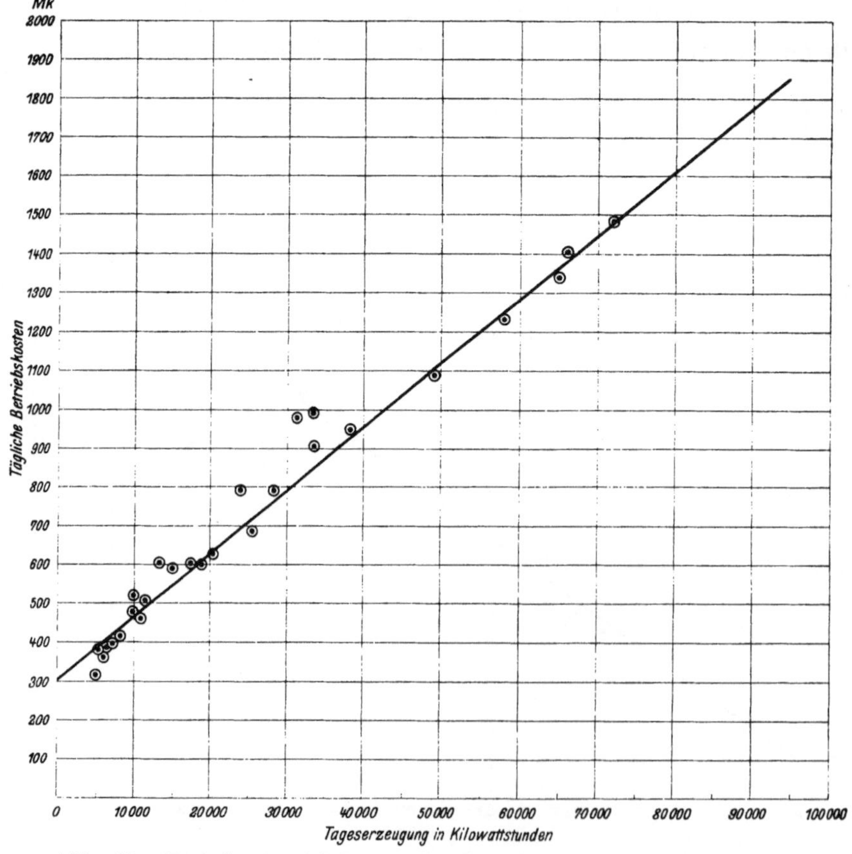

Abb. 90. Tägliche Betriebskosten des Märkischen Elektrizitätswerkes.

des Jahres gleichmäßig verteilt würden; immerhin läßt sich aus den gefundenen Werten mit genügender Genauigkeit ableiten, daß die stündlichen Betriebsausgaben sich durch die Formel K'_t (in Pfg.) $= 1250 + 1,63 \cdot L_t$ darstellen lassen. In diesen sind die Kosten für Verzinsung und Rücklagen noch nicht enthalten; rechnet man hierfür $12\,\%$ des Anlagekapitals, das für das Kraftwerk allein $1\,650\,000$ M.[1]) betrug, so erhält man die wirtschaftliche Charakteristik nach der Formel

$$K_t = 3510 + 1,63 \cdot L_t \text{ in Pfg.}$$

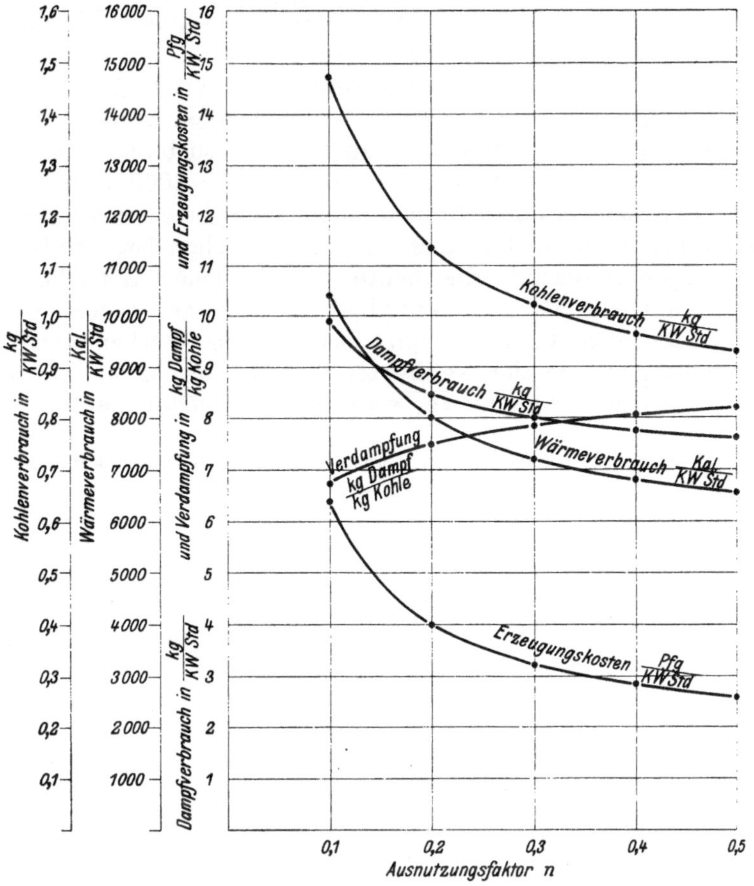

Abb. 91. Kohlenverbrauch, Wärmeverbrauch, Dampfverbrauch, Verdampfung, Erzeugungskosten des Stromes.

Die Erzeugungskosten pro KWStd sind somit

$$k_t = \frac{K_t}{L_t} = \frac{3510}{n \cdot 7400} + 1,63 = \frac{0,475}{n} + 1,63.$$

Es ergibt sich nachstehende Tabelle:

Ausnutzungsfaktor n	Erzeugungskosten der KWStd in Pfg.
0,5	2,58
0,4	2,82
0,3	3,21
0,2	4,01
0,1	6,38

[1]) In diesem Betrage sind die Kosten für Grunderwerb (rd. 30 000 M.), Regulierung des Finowkanals, Anlage des Privathafens, Herrichtung des Grundstückes, Wasserversorgung, Anlage der Zu-

Kohlenverbrauch, Wärmeverbrauch, Wasserverbrauch, Verdampfungsziffer und Erzeugungskosten pro KWStd sind als Funktionen des Ausnutzungsfaktors in Abb. 91 verzeichnet.

Der Vergleich mit den Rechnungsbeispielen der allgemein durchgeführten Berechnung für Kraftwerke in vorstehendem Abschnitt zeigt, daß die im Märkischen E.-W. für Wärmeverbrauch und Betriebskosten wirklich erzielten Werte einer Zwischenstufe zwischen Kraftwerk B und Kraftwerk C entsprechen. Dieses Resultat war von vornherein zu erwarten, weil die Leistung der Maschinen gleichfalls zwischen der des Kraftwerkes B und C liegt; doch hätte insbesondere für den Wärmeverbrauch noch ein besseres Resultat erreicht werden können. Die ungünstigeren Werte erklären sich daraus, daß die Dampfverbrauchsziffern der bereits vor mehreren Jahren für das Märkische E.-W. bestellten Dampfturbinen von heutigen Konstruktionen übertroffen werden. Man würde auch Dampfturbinen für diese Leistung heute nicht mehr für 1500 Umdrehungen, sondern für 3000 U. p. M. bauen und dadurch außer besserem Dampfverbrauch auch geringeres Anlagekapital erzielen. Daß die Abweichung nicht in der Kesselanlage zu suchen ist, ergibt sich aus der mitgeteilten Verdampfungsziffer, die heute im wirklichen Betriebe bereits höher als 8,2 ist, eine Zahl, die als sehr befriedigend bezeichnet werden darf. Die Betriebsresultate halten den Vergleich mit bestehenden Werken gleicher Leistung gut aus; nach Fertigstellung der Neubauten dürfen sowohl in wärmetechnischer als in finanzieller Hinsicht weitere Verbesserungen erwartet werden.

---

fahrtstraße usw. enthalten. Die Anlagekosten pro installiertes KW betragen somit im ersten Ausbau $\dfrac{1\,650\,000}{7400} = 224$ M.

V. Grundlagen für die Tarifbildung.

1. Ermittelung der Selbstkosten.

Aus der wirtschaftlichen Charakteristik lassen sich die Selbstkosten der Stromerzeugung nach dem sogenannten Maximaltarif unter der Voraussetzung berechnen, daß die Anlage nach Abzug der erforderlichen Reserve gerade vollbelastet ist. Wählt man als Beispiel die wirtschaftliche Charakteristik des Märkischen Elektrizitätswerkes (vgl. Abschnitt IV, 6, c, S. 100), so ergeben sich die jährlichen konstanten Ausgaben zu $35{,}10 \cdot 8760 = $ rd. 307 000 M. Bleibt eine Maschine in Reserve, so kann die Anlage zunächst nur 3700 KW leisten. Die Kosten pro KW und Jahr betragen somit $\dfrac{307\,000}{3700} = 83$ M. Als Selbstkosten sind unter vorstehender Voraussetzung danach anzusetzen: 83 M. pro KW und Jahr zuzüglich 1,63 Pfg. für die wirklich verbrauchte KW/Std; beides ist ab Zentrale zu berechnen. Will man z. B. feststellen, wie groß die Selbstkosten für eine bestimmte Kategorie von Konsumenten werden, von denen einer das Netz mit einer Spitze von 300 KW und einem Jahresverbrauch von 750 000 KWStd (Benutzungsdauer der Spitze somit 2500 Stunden) belasten möge, so sind folgende Erwägungen anzustellen:

Zunächst ist zu ermitteln, wie die Spitze derartiger Konsumenten auf die Zentrale zurückwirkt. Hierfür ist der maximale Leitungsverlust und der Gleichzeitigkeitsfaktor maßgebend; wird ersterer mit $7\,^0/_0$, letzterer mit $75\,^0/_0$ angenommen, so ist für das Zentralenmaximum zu rechnen $\dfrac{300 \cdot 0{,}75}{0{,}93} = 242$ KW. Der Verbrauch erhöht sich um die Fortleitungsverluste. Setzen sich die maximalen Leitungsverluste von $7\,^0/_0$ beispielsweise folgendermaßen zusammen:

$1{,}0\,^0/_0$ Eisenverluste zum Herauftransformieren,
$1{,}2\,^0/_0$ Eisenverluste zum Herabtransformieren,
$4{,}8\,^0/_0$ maximale Kupferverluste in Transformatoren und Leitung,
Sa. 7 $^0/_0$,

so ergeben sich die konstanten Verluste zu

$$\frac{2{,}2}{100} \cdot 300 \cdot 8760 = \text{rd. } 58\,000 \text{ KWStd.}$$

Um die variablen Kupferverluste genau zu finden, müßte man die Belastungskurve kennen, deren quadratischer Mittelwert hierfür maßgebend ist. Mangels dieser Kenntnis ist man auf Schätzung angewiesen, wobei zu beachten ist, daß sich die maximalen Kupferverluste im quadratischen Verhältnis mit der jeweiligen Belastung verringern; ist der Belastungsfaktor der Spitze (bezogen auf die Betriebszeit der Anlage des Konsumenten) bekannt, so macht man keinen großen Fehser, wenn man die maximalen Kupferverluste mit dem Quadrat des Belastungsfaktors multipliziert; wird z. B. im vorliegenden Falle mit einer Betriebszeit von 3200 Stunden gerechnet, so ist der Belastungsfaktor $\frac{2500}{3200} = 0,78$; die mittleren Kupferverluste werden somit $4,8 \cdot 0,78^2 = $ rd. $3\,^0/_0$.

Zu vorstehenden konstanten Verlusten treten infolgedessen noch $3\,^0/_0$ von 750000 KWStd = rd. 21500 KWStd hinzu, so daß die gesamten Verluste rd. 89000 KWStd betragen. Die Arbeitsabgabe der Zentrale ist also

$$750000 + 89000 = 830000 \text{ KWStd.}$$

Die Selbstkosten ab Zentrale belaufen sich nunmehr auf $83 \cdot 242$ M. $+ 830000 \cdot 1,63$ Pfg. $=$ rd. 33600 M. oder pro Zentralen-KWStd $= 4,05$ Pfg. und pro verkaufte KWStd $= 4,48$ Pfg.

Zu den vorstehend berechneten Selbstkosten des Stromes sind noch die Fortleitungskosten (vgl. Abschnitt II, S. 57) hinzuzurechnen.

Man sieht aus diesen Zahlen, daß die Erzeugungskosten trotz niedrigen Anlagekapitals und günstiger wirtschaftlicher Charakteristik zunächst noch hoch sind, weil das Verhältnis zwischen Nutzleistung und Reserve für nur zwei Maschinen in der Anlage ungünstig ist. Eine wesentliche Verbesserung zeigt sich mit Aufstellung der dritten Maschine, die die Belastungsmöglichkeit der Anlage auf 7400 KW erhöht. Die jährlichen festen Ausgaben wachsen um 50 bis 60000 M., die im wesentlichen auf Zinsen und Abschreibungen entfallen, so daß die Kosten pro KW und Jahr von 83 auf 49 M. sinken; die zusätzlichen Kosten ermäßigen sich gleichzeitig auf etwa 1,5 Pfg.

Derselbe Vorgang wiederholt sich bei Aufstellung der vierten, fünften usw. Maschine, doch ist der Einfluß späterer Vergrößerungen nicht so bedeutend wie der der ersten Erweiterung des Kraftwerkes.

Für die tatsächliche Preisstellung ist zu beachten, daß die Rechnung für die günstigste (d. h. volle) Belastung des ersten Ausbaues durchgeführt wurde; für alle geringeren Belastungen fallen die Selbstkosten natürlich höher aus. Andererseits wird nicht notwendigerweise von Anfang an mit $12\,^0/_0$ für Verzinsung und Abschreibung zu rechnen sein; es ist nach vorstehendem so wichtig, durch rasche Steigerung der Anschlüsse die ungünstige Zeit des ersten Ausbaues bald zu überschreiten, daß man geneigt sein wird, nötigenfalls auch Preise festzusetzen, die zunächst nur etwa $8\,^0/_0$ für Zinsen und Rücklagen ergeben. Falls diese Preisstellung im ständigen Bewußtsein der für den Fall zu ermittelnden Selbstkosten geschieht, ist nichts einzuwenden; leider werden aber in vielen Werken richtige Erhebungen nicht angestellt, sondern lediglich die durchschnittlichen Erzeugungskosten berechnet. Nach diesen die Preispolitik zu betreiben, muß zu verhängnisvollen Irrtümern führen.

2. Vergleich der Selbsterzeugung mit dem Anschluß an ein Elektrizitätswerk.

Für die Tarifbildung sind jedoch nicht allein die Erzeugungskosten maßgeblich. Zur Feststellung der anzuwendenden Tarifform und des erzielbaren Gewinnes müssen außerdem die besonderen Betriebsverhältnisse des Stromverbrauchers betrachtet werden. Handelt es sich um den Anschluß industrieller Anlagen, so ist in vielen Fällen ein Vergleich des elektrischen Antriebs mit dem Antrieb durch Wärmekraftmaschinen unerläßlich, da der Verbraucher selten geneigt ist, mehr zu zahlen, als ihn die [Selbsterzeugung kosten würde. Diese in der Regel schon vom Verbraucher im eigenen Interesse aufgestellte Gegenrechnung wird gewöhnlich unter Annahme einer durchschnittlichen Belastung mit mittleren Verbrauchswerten durchgeführt. Sie ergibt sowohl für Arbeits- wie Betriebsstoffverbrauch Werte, bei denen der Anschluß an das Elektrizitätswerk gewöhnlich zu ungünstig erscheint.

Es muß im Interesse der Elektrizitätswerke auf den Unterschied derartiger Rechnungen und der unter Berücksichtigung des Belastungsfaktors und der Betriebsverhältnisse angestellten hingewiesen werden. Hierzu ergibt sich die beste Gelegenheit durch Bezugnahme auf die von Barth in Heft 40—42 Zeitschr. d. Ver. deutsch. Ing. 1912 durchgeführten sehr eingehenden Vergleichsrechnungen, die ebenfalls den Belastungsfaktor unberücksichtigt lassen. Herr B. nimmt die durchschnittliche Belastung willkürlich in kleineren Anlagen zu $^2/_3$, in größeren zu $^3/_4$ der Vollast an und rechnet dann wiederum irrtümlich mit dem dieser Belastung entsprechenden Betriebsverbrauch. Gerade der Belastungsfaktor ist aber die für den Vergleich grundlegende Größe, es ist deshalb erforderlich, von den Belastungsschwankungen auszugehen und hiernach die Rechnungen zu gestalten.

Ein weiterer Fehler liegt darin, daß von der wertvollsten Eigenschaft der elektrischen Energie, d. i. ihrer fast unbegrenzten Teilbarkeit, kein Gebrauch gemacht wird; bei den Rechnungen ist vielmehr angenommen worden, daß an Stelle der Wärmekraftmaschine einfach ein gleichstarker Elektromotor gesetzt wird. In der Praxis ist dies aber der sehr selten eintretende Ausnahmefall, da gerade die wohlfeilen Anschaffungskosten des Elektromotors die Vorteile weitgehender Unterteilung wahrzunehmen erlauben. Die richtig durchgeführte Vergleichsrechnung muß deshalb auch hierauf Rücksicht nehmen. Es soll nun zunächst gezeigt werden, welchen Einfluß die auftretenden Belastungsschwankungen ausüben.

Die für Elektrizitätswerke angewandte Rechnungsmethode (Abschnitt III, 1, S. 66) kann nämlich ohne weiteres auf Einzelanlagen übertragen werden, wenn man die Arbeitsmaschinen als Konsumenten auffaßt und die Betriebsstoffzufuhr zur Kraftmaschine, resp. den Elektrizitätszähler (im Falle des Anschlusses an ein Elektrizitätswerk) als zentrale Kraftquelle ansieht. Für den Vergleich mit einer Wärmekraftmaschine ist dabei wiederum zu beachten, daß sich deren Betriebsstoffverbrauch mit genügender Genauigkeit nach der Formel $V_t = a + b \cdot L_t$ darstellen läßt. Der Gesamtverbrauch ist dann

$$V = a \cdot t + b \cdot \int_{T_1}^{T_2} L_t \cdot dt.$$

Die durchschnittliche Belastung $L = \dfrac{1}{t} \int_{T_1}^{T_2} L_t \cdot dt$ läßt sich bei vorhandenen Anlagen aus Arbeitsdiagrammen ableiten. Ist L_{max} die Spitzenleistung, so ist der Belastungsfaktor m während der Zeit t: $m = \dfrac{L}{L_{max}}$ und die Arbeit $A = L \cdot t$.

Bei der Projektierung neuer Anlagen empfiehlt es sich, die Arbeitsmaschinen zur Ermittelung dieses Wertes nach ihrer voraussichtlichen Benutzungsdauer in Gruppen einzuteilen und dabei den maximalen Leistungsbedarf jeder Gruppe zugrunde zu legen. Ist z. B. der maximale Leistungsbedarf der Gruppe 1 L_1 und die auf diesen bezogene jährliche Benutzungsdauer in Stunden t_1, so ist ihr jährlicher Arbeitsverbrauch $A_1 = L_1 \cdot t_1$. (Man kann auch umgekehrt von dem anzunehmenden Arbeitsverbrauch A_1 ausgehen und aus der bekannten Leistungsaufnahme L_1 der Arbeitsmaschine die vorstehend definierte Betriebszeit t_1 bestimmen.) In ähnlicher Weise verfährt man für eine zweite, dritte usw. Gruppe und erhält dann den gesamten nützlichen Arbeitsverbrauch der Anlage:

$$A^1 = L^1 \cdot t = L_1 \cdot t_1 + L_2 \cdot t_2 + L_3 \cdot t_3 \ldots$$

Ist t die Betriebszeit der Anlage, so stellt hierin L^1 die durchschnittliche Belastung dar, die als durchschnittliche „nützliche" Belastung bezeichnet werden möge. Sie ergibt sich nach vorstehendem zu

$$L^1 = \frac{L_1 \cdot t_1 + L_2 \cdot t_2 + L_3 \cdot t_3 \ldots}{t}.$$

Wird nun die Anlage z. B. durch eine Wärmekraftmaschine von einer Stelle aus angetrieben, so sind, um die Arbeit dieser zu finden, noch die Transmissionsverluste hinzuzurechnen. Ist der durchschnittliche Leistungsverbrauch der Transmission L_{Tr}, so ergibt sich ihr jährlicher Arbeitsverbrauch zu $A_{Tr} = L_{Tr} \cdot t$ und somit die gesamte Arbeitsleistung der Kraftmaschine

$$A = L_{Tr} \cdot t + L^1 \cdot t$$
$$= L_{Tr} \cdot t + L_1 \cdot t_1 + L_2 \cdot t_2 \ldots$$

Der jährliche Betriebsstoffverbrauch ist dann

$$V = a \cdot t + b \left(L_{Tr} \cdot t + L_1 \cdot t_1 + L_2 \cdot t_2 \ldots \right).$$

Ein einfaches Beispiel möge dies erläutern. Für eine Anlage mit einem maximalen Leistungsbedarf von 150 PS und einer Betriebszeit von 3000 Stunden hat Herr B. als besonders günstig Antrieb durch Dieselmaschinen ermittelt.

Die von ihm berechneten Werte sind:

Zahlentafel 32. (Zeitschr. d. Ver. deutsch. Ing. 1912, S. 1610, 1650, 1689).

Teeröl-Dieselmotor von 150 PS (stehend, 190 Uml./Min).

Verbrauch an Treiböl (Teeröl) bei $^3/_4$ Belastung 0,220 kg/PSStd. Verbrauch an Zündöl (Gasöl) bei $^3/_4$ Belastung 0,013 kg/PSStd. Anlagekosten: Preis des Motors mit allem Zubehör 43000 M. Maschinenraum (80 M/qm Grundfläche) 3000 M.

Betriebskosten bei einer jährlichen Betriebsdauer von 3000 Std.

$4^1/_2^0/_0$ Verzinsung von 43000 M.	1935,— M.
Abschreibung und Instandhaltung des Motors $8^0/_0$	3440,— ,,
$4^1/_2^0/_0$ Verzinsung, $2^1/_2^0/_0$ Abschreibung, $^1/_2^0/_0$ Instandhaltung $= 7^1/_2^0/_0$	
der Gebäudekosten	225,— ,,
Schmier- und Putzstoffe rd.	800,— ,,
Wasserkosten und Durchflußkühlung	540,— ,,
Bedienung	1000,— ,,
Zündölkosten bei einem Gasölpreis einschl. Fracht von 13 M./100 kg	570,— ,,

Brennstoffkosten bei einem Teerölpreis einschließlich

$$\text{Fracht von} \begin{cases} 4,\text{—} & \text{M}/100 \text{ kg} \quad 2970,\text{— ,,} \\ 5,\text{—} & \text{M}/100 \text{ kg} \quad 3712,\text{— ,,} \end{cases}$$

Gesamtjahreskosten bei einem Teerölpreis einschließ-

$$\text{lich Fracht von} \begin{cases} 4,\text{—} & \text{M}/100 \text{ kg} \quad 11480,\text{— M.} \\ 5,\text{—} & \text{M}/100 \text{ kg} \quad 12222,\text{— ,,} \end{cases}$$

Kosten der PSStd bei einem Teerölpreis einschließ-

$$\text{lich Fracht von} \begin{cases} 4,\text{—} & \text{M}/100 \text{ kg} \quad 3,4 \text{ Pfg.} \\ 5,\text{—} & \text{M}/100 \text{ kg} \quad 3,6 \quad ,, \end{cases}$$

Zahlentafel 42.

Elektromotor von 150 PS (210 V., 50 Per./Sek, 975 Uml./Min).

Stromverbrauch bei $^3/_4$ Belastung 0,805 KW/PS. Anlagekosten: Preis eines Drehstrommotors mit allem Zubehör 4800 M. Maschinenraum (80 M./qm Grundfläche) 350 M.

Betriebskosten bei einer jährlichen Betriebsdauer von . . 3000 Std.

$4^1/_2\,^0/_0$ Verzinsung, $6\,^0/_0$ Abschreibung und Instandhaltung $= 10^1/_2\,^0/_0$
   von 4800,— M. . . . . 504,— M.
$4^1/_2\,^0/_0$ Verzinsung, $2^1/_2\,^0/_0$ Abschreibung, $^1/_2\,^0/_0$ Instandhaltung $= 7^1/_2\,^0/_0$
   der Gebäudekosten . . . . 26,— ,,
Schmierstoffe rd. . . . . 7,— ,,
Bedienung . . . . 15,— ,,
Zählermiete . . . . 36,— ,,

		5 Pfg/KWStd	13584,— ,,
Stromkosten bei einem Preise von	{	8 ,,	21735,— ,,
		10 ,,	27169,— ,,

		5 Pfg/KWStd	14172,— M.
Gesamtjahreskosten bei einem Preise von	{	8 ,,	22322,— ,,
		10 ,,	27757,— ,,

		5 Pfg/KWStd	4,2 Pfg
Kosten der PSStd bei einem Preise von	{	8 ,,	6,6 ,,
		10 ,,	8,2 ,,

Rechnet man mit einem Teerölpreis von 4,50 M. und einem Strompreis von 7,0 Pfg/KWStd, so würde danach der Dieselmotorenbetrieb jährlich 11850,— M., der elektrische Antrieb 19588,— M. kosten, der elektrische Antrieb wäre also 1,65mal teurer.

Dieser Vergleich müßte nun für alle Anlagen, die einen Kraftverbrauch von 150 PS bei 3000 Betriebsstunden haben, zutreffen. Die Nichtberücksichtigung des wirklich auftretenden Belastungsfaktors, der für die meisten Fälle mit $75\,^0/_0$ ($^3/_4$ Belastung) zu hoch angenommen wird, und der weitere Fehler, der darin liegt, daß mit dem der durchschnittlichen Belastung entsprechenden Betriebsstoffverbrauch gerechnet wird, führt jedoch zu falschen Ergebnissen. Der Fehler wird noch dadurch vergrößert, daß der Vergleich nicht auf das vom Besitzer der Anlage gewünschte Produkt, nämlich nützliche PSStd an der Welle der Arbeitsmaschinen, sondern auf die Nutzarbeit der Kraftmaschinen bezogen wird.

Nachfolgende Rechnungen sollen dies noch eingehender erläutern. Als Beispiel diene die Kraftanlage für eine Maschinenfabrik, die an 300 Arbeitstagen täglich 10 Stunden arbeitet, t ist somit $= 3000$. Die vorhandenen Arbeitsmaschinen seien an nur drei Transmissionswellen[1] angehängt, auf welche die Leistungen ziemlich gleichmäßig verteilt sein mögen, so daß jede eine Maximalleistung von rund 50 PS aufweist. An die erste seien einzelne große Arbeitsmaschinen, deren Kraftverbrauch zwischen 5 u. 15 PS liegt, angeschlossen; an die zweite solche mit einem Kraftverbrauch von 2—5 PS; an die dritte die kleineren. Die Benutzungsdauer der ersten Gruppe (t_1), bezogen auf den maximalen Leistungsverbrauch, sei 500 Stunden, die der zweiten Gruppe (t_2) 1000 Stunden, die der dritten Gruppe (t_3) 2000 Stunden.

Der durchschnittliche Leistungsverbrauch der drei Transmissionswellen nebst den an diese angehängten Zwischenvorgelegen sei zu je $8\,^0/_0$ der von ihnen maximal zu übertragenden Leistung angenommen (entsprechend je 4 PS) und der Leistungs-

---

[1] Fabriken dieser Art haben in der Regel eine größere Zahl von Transmissionswellen.

verbrauch der Übertragung von der Antriebsmaschine auf die drei Haupttransmissionswellen zu 4%, entsprechend 6 PS, so daß der gesamte durchschnittliche Transmissionsverlust 18 PS, entsprechend 12% der Maximalleistung, betragen würde.

Der Nutzbrauch der Arbeitsmaschinen ist dann

für Gruppe I . . . . $50 \cdot 500 \;=\; 25\,000$ PSStd
für Gruppe II . . . . $50 \cdot 1000 =\; 50\,000$,,
für Gruppe III . . . . $50 \cdot 2000 = 100\,000$,,

$\qquad\qquad\qquad\qquad\qquad\qquad\qquad\qquad\qquad$ $175\,000$ PSStd

Bei 3000stündiger Betriebszeit betragen die Transmissionsverluste . . . . $18 \cdot 3000 =\; 54\,000$,,

die Nutzleistung der Kraftmaschine ist somit . . $\qquad$ Sa. $229\,000$ PSStd

Die Benutzungsdauer, bezogen auf den Anschlußwert, ist $\dfrac{229\,000}{150} = 1530$ Stunden,

der Belastungsfaktor ist $\dfrac{229\,000}{150 \cdot 3000} = 0{,}51$. (Dieser Wert stimmt mit der Erfahrung überein; bei kleineren Maschinenfabriken, die an Elektrizitätswerke angeschlossen sind, darf bei einer Betriebszeit von 3000 Stunden im Jahre auf eine Benutzungszeit, bezogen auf den Anschlußwert, von 1400—1500 Stunden gerechnet werden.)

Wird als Kraftmaschine ein 150-PS-Dieselmotor aufgestellt, so beträgt dessen Verbrauch pro PSStdeff. nach Angabe der Maschinenfabrik Augsburg-Nürnberg (mit 10% Toleranz) bei Vollbelastung 0,21 kg für Betrieb mit Teeröl, bei $^3/_4$ Belastung 0,215 kg, bei $^1/_2$ Belastung 0,245 kg, bei $^1/_4$ Belastung 0,310 kg; hinzu kommt ein bei allen Belastungen gleichbleibender Zündölzusatz (10000 Cal./kg) von 1,5 kg pro Motorstunde.

Trägt man den aus diesen Werten für jede Belastung sich ergebenden Gesamtverbrauch in Abhängigkeit von der Belastung auf, so ergibt sich der Verbrauch für die mittleren Belastungen nach der Formel $V = 7 + 0{,}172 \cdot L_t$ (der Wert für $^1/_4$ Belastung liegt etwas tiefer, der für Vollbelastung etwas höher, als dieser Geraden entspricht); hinzu kommt noch ein Verbrauch von 1,5 kg Zündöl, der unabhängig von der Belastung ist.

Es ist demnach in vorstehenden Rechnungen $a = 7$ kg Teeröl $+ 1{,}5$ kg Zündöl zu setzen, und es ergibt sich

$$V = a \cdot t + b \; (L_{Tr} \cdot t + L_1 \cdot t_1 + L_2 \cdot t_2 \ldots)$$
$$V = 7 \cdot 3000 \text{ kg Teeröl} + 1{,}5 \cdot 3000 \text{ kg Zündöl} + 0{,}172 \cdot 229\,000 \text{ kg Teeröl}$$
$$V = 60\,400 \text{ kg Teeröl} + 4500 \text{ kg Zündöl}.$$

Wird der Teerölpreis pro 100 kg mit 4,50 M., der Zündölpreis mit 12,— M. pro 100 kg frei Werk angesetzt, so sind die Betriebsstoffkosten . . . . $604 \cdot 4{,}5 = 2720{,}—$

$\qquad\qquad\qquad\qquad\qquad\qquad\qquad\qquad\qquad\quad + 45 \cdot 12 =\; 540{,}—$

$\qquad\qquad\qquad\qquad\qquad\qquad\qquad\qquad\qquad\quad$ Sa. M. $3260{,}—$

Die Kosten der Bedienung sind von Herrn Barth für diesen Fall mit 1000,— M. angesetzt. Beachtet man jedoch, daß die Maschine 3000 Stunden läuft, und daß der Maschinist noch täglich mindestens $^3/_4$ Stunden mit dem viermaligen An- und Abstellen, mit Schmieren usw. zu tun hat, und daß auch gelegentliche außergewöhnliche Arbeiten (Reinigung der Zylinder, Abschleifen von Ventilen usw.) außer der Arbeitszeit vorgenommen werden müssen, so wird man mit einer Arbeitszeit von 3300 Stunden zu rechnen haben, für die eine Entlohnung von 50—60 Pfg. pro Stunde nicht zu hoch sein dürfte. Es ergibt sich für 50 Pfg/Std ein Betrag von etwa 1800 M. Wenngleich der Maschinist während der Betriebszeit noch eine Nebenbeschäftigung ausüben kann, so wird man doch den Wert solcher nebenbei geleisteten Arbeiten nicht allzu hoch veranschlagen dürfen, sie wird sich in der Regel auf die Beaufsichtigung der Transmission und derartiges beschränken und dürfte mit 400,— $\mathcal{M}$. jährlich schon ziemlich reichlich bemessen sein, so daß für Bedienung der Maschinenanlage 1400 M. mindestens verbleiben.

Wird jetzt zum Vergleich die Rechnung für elektrischen Antrieb derselben Anlage durchgeführt, so ist hierbei folgendes zu beachten.

Zweifellos wird man die Arbeitsmaschinen der Gruppe I, deren Kraftverbrauch je zwischen 5 und 15 PS liegt, sowie die der Gruppe II mit einem Kraftverbrauch zwischen 2 und 5 PS mit Einzelantrieb ausrüsten, während für die kleineren Arbeitsmaschinen der Gruppe III Gruppenantrieb durch einen Elektromotor von 50 PS belassen werden möge. Die Arbeitsaufnahme von Motoren zwischen 5 und 15 PS (Gruppe I) läßt sich nach der Formel darstellen $V = 0{,}07 \cdot L_{max} + 1{,}06 \cdot L_t$, worin L_{max} die höchste Leistung und L_t die jeweilige Belastung des Motors in PS darstellt. Für Motoren von 2 bis 5 PS ergibt sich ebenso $V = 0{,}08 \cdot L_{max} + 1{,}07 \cdot L_t$ und für Motoren von 50 PS $V = 0{,}05 \cdot L_{max} + 1{,}04 \cdot L_t$. Die Verluste des Übertragungsgetriebes zwischen Elektromotor und Arbeitsmaschine dürften mit $5^0/_0$ der Maximalleistung anzusetzen sein, die der Transmission der Gruppe III nebst deren Zwischenvorgelegen seien wiederum zu 4 PS und die der Übertragung zwischen dem 50pferdigen Elektromotor und der Transmission ebenso wie für die Wärmekraftmaschine mit $4^0/_0$, entsprechend 2 PS, angenommen. Es ergeben sich dann folgende Werte:

Transmissionsverlust für die Arbeitsmaschinen der Gruppe I $5^0/_0$ von
50 PS . . . . $= 2{,}5$ PS
dazu der konstante Verbrauch der installierten Elektromotoren $= 0{,}07 \cdot 50 = 3{,}5$,,

Zusammen   6,0 PS

Die Benutzungsdauer war durchschnittlich 500 Stunden, die Betriebszeit wird etwas höher, weil auch die einzelbetriebenen Arbeitsmaschinen nicht immer vollbelastet laufen; hierfür ist ein Zuschlag von $20^0/_0$ als ausreichend anzusehen. Die Verluste werden dann $6 \cdot 500 \cdot 1{,}20$

$=$ 3 600 PSStd

dazu die zusätzliche Arbeitsaufnahme der Elektromotoren $= 25\,000 \cdot 1{,}06 =$

26 500   ,,
Sa. 30 100 PSStd

Ebenso für Gruppe II:

$2{,}5 + 0{,}08 \cdot 50$ $= 6{,}5$ PS
$6{,}5 \cdot 1200 + 50\,000 \cdot 1{,}07 =$ 61 300 PSStd

Gruppe III (2000 Benutzungsstunden,
3000 Betriebsstunden):

$4 + 2 + 0{,}05 \cdot 50$ $= 8{,}5$ PS
$8{,}5 \cdot 3000 + 100\,000 \cdot 1{,}04 =$ 129 500 PSStd

Gesamtarbeit 220 900 PSStd;

hinzuzurechnen ist noch ein Leitungsverlust von ca. $1{,}5^0/_0$ in den Leitungen der Anlage, so daß die gesamte Arbeitsentnahme ab Zähler 224 200 PSStd oder 165 000 KWStd betragen würde.

Wird mit einem Strompreise von 60,— M. für das maximal entnommene Kilowatt (150 PS = 110 KW) zuzüglich 3 Pfg. für die wirklich verbrauchte Kilowattstunde gerechnet, so würde der Verbraucher zu zahlen haben:

$$110 \cdot 60 \qquad = 6\,600,\!-\ \text{M.}$$
$$+\,165\,000 \cdot 0,\!03 = 4\,950,\!-\ ,,$$
$$= 11\,550,\!-\ \text{M.}$$

oder $\dfrac{11\,550}{165\,000} = \text{rund}\ 0,\!07\ \dfrac{\text{Mark}}{\text{KWStd.}}$

Die übrigen Ziffern der Barth'schen Vergleichsrechnung mögen zunächst unverändert bleiben, wenngleich die angenommene Verzinsung des investierten Kapitales $(4^1/_2\,{}^0/_0)$ für heutige Verhältnisse in industriellen Anlagen wohl als zu niedrig anzusehen ist.

Nun stellt sich der Vergleich folgendermaßen:

a) Für einen Teeröl-Dieselmotor von 150 PS:

$4^1/_2\,{}^0/_0$ Verzinsung von 43 000 M.	1935,— M.
Abschreibung und Instandhaltung des Motors $8\,{}^0/_0$	3440,— ,,
$4^1/_2\,{}^0/_0$ Verzinsung, $2^1/_2\,{}^0/_0$ Abschreibung, $^1/_2\,{}^0/_0$ Instandhaltung $= 7^1/_2\,{}^0/_0$ der Gebäudekosten	225,— ,,
Schmier- und Putzstoffe	800,— ,,
Wasserkosten bei Durchflußkühlung	540,— ,,
Bedienung	1400,— ,,
Brennstoffkosten bei einem Teerölpreis einschließlich Fracht von 4,50 M./100 kg	3260,— ,,
	11600,— M.

Die nützliche PS/Std kostet somit $\dfrac{1\,160\,000}{175\,000} = 6,\!63$ Pfg.

b) Für Elektromotoren von zusammen 150 PS:

$4^1/_2\,{}^0/_0$ Verzinsung, $6\,{}^0/_0$ Abschreibung und Instandhaltung $= 10^1/_2\,{}^0/_0$ von 4800,— M.	504,— M.
$4^1/_2\,{}^0/_0$ Verzinsung, $2^1/_2\,{}^0/_0$ Abschreibung, $^1/_2\,{}^0/_0$ Instandhaltung $= 7^1/_2\,{}^0/_0$ der Gebäudekosten	26,— ,,
Schmierstoffe	7,— ,,
Bedienung	15,— ,,
Zählermiete	36,— ,,
Stromkosten	11550,— ,,
	12138,— M.

Die nützliche PS/Std kostet somit $\dfrac{1\,213\,800}{175\,000} = 6,\!94$ Pfg.

Wird statt einer Verzinsung von $4^1/_2\,{}^0/_0$ mit $6\,{}^0/_0$ gerechnet, so erhöht sich die Endsumme für Dieselmotorenbetrieb auf . . . . 12290,— M. für elektrischen Antrieb auf . . . . 12215,— ,,

Gegen diesen Vergleich läßt sich der Einwand erheben, daß die Kosten für Verzinsung, Abschreibung und Instandhaltung der elektrischen Anlage zu niedrig eingesetzt seien, weil die Einrichtung von mehreren Elektromotoren sich trotz annähernd gleicher Gesamtleistung teurer stellt als die eines einzelnen. Es ist jedoch zu beachten, daß zwei Transmissionswellen, die dazugehörigen Zwischenvorgelege und der Übertragungsantrieb von dem Dieselmotor auf zwei Transmissionswellen fortfallen. Hinzu kommen allerdings die Übertragsantriebe der einzelnen Elektromotoren auf die Arbeitsmaschinen, deren Kosten aber einen wesentlichen Betrag nicht ausmachen, da größere Arbeitsmaschinen ohnehin für elektrischen Einzelantrieb eingerichtet zu sein pflegen. Der etwa verbleibende geringe Rest möge durch den Vorteil des Wegfalls von Transmissionen und durch die Beseitigung der mit ihrem Betriebe verbundenen Gefahr als ausgeglichen angesehen werden.

Gegenüberstellung der Ergebnisse.

	Belastungs-faktor	Jährliche Betriebskosten	
		Dieselmotor 150 PS	Elektromotor 150 PS
Barth	0,75	11850	19588
Rechnungsbeispiel $4^1/_2\%$ Zinsen	0,51	11600	12138
Rechnungsbeispiel 6% Zinsen .	0,51	12290	12215

Um ein vollständiges Urteil über die zweckmäßigste Wahl der Betriebskraft zu erhalten, bedarf aber vorstehende Rechnung noch einiger Ergänzungen.

Die bei dem Vergleich gemachte Voraussetzung, daß die Leistung von 150 PS gerade für den Betrieb ausreicht und die auftretende Spitzenleistung nicht wesentlich tiefer oder höher liegt, wird bei Anlagen der betrachteten Art die Ausnahme bilden. Im allgemeinen wird wohl so verfahren, daß der Besteller einer Wärmekraftmaschine von vornherein mit zunehmender Entwicklung seines Betriebes rechnet und die Kraftmaschine demgemäß um 20—30% größer bestellt, als seinem augenblicklichen Bedarf entspricht. Treten infolge ungünstiger Konjunkturverhältnisse oder aus anderen Gründen unvorhergesehene Hemmnisse der wirtschaftlichen Entwicklung ein, so wird die Anlage erst allmählich gewissermaßen in die Leistung der Kraftmaschine hineinwachsen; bis zu diesem Zeitpunkt ist die Kraftmaschine schlechter belastet, als der Annahme entspricht. Gleiche Verhältnisse ergeben sich, wenn eine Betriebseinschränkung wegen schlechter Konjunktur oder anderer Ursachen erfolgen muß; auch in diesem Falle wird die an sich vielleicht gut belastete Maschine entweder mit kürzerer Betriebszeit oder mit schlechterem Belastungsfaktor laufen müssen. Andererseits wird bei normaler Entwicklung der Zeitpunkt eintreten, wo die Leistungsfähigkeit bei 3000 Betriebsstunden nicht mehr ausreicht. Solange man gesteigerten Anforderungen durch Einschiebung von Überstunden gerecht werden kann, wird dieser Ausweg gewählt; schließlich wird aber dieses Mittel versagen und auf Vergrößerung der Kraftanlage Bedacht genommen werden müssen. Sollte die Vergrößerung gleich mit 100% ausgeführt werden dürfen, so daß neben der vorhandenen 150-PS-Kraftmaschine noch eine zweite gleicher Leistung aufgestellt werden kann, so würden die Betriebsverhältnisse ähnliche bleiben. Ist aber der Bedarf an zusätzlicher Leistung, was wahrscheinlich ist, zunächst kleiner, so verschiebt sich die Rechnung zuungunsten der Wärmekraftmaschine.

Um ein ungefähres Maß für die Wirkung einer Mehr- oder Minderbelastung der Anlage auf die Wirtschaftlichkeit zu erhalten, sei deshalb die Rechnung noch für den Fall durchgeführt,

1. daß die Leistung der angeschlossenen Arbeitsmaschinen um 20% vermindert wird,

2. daß im Jahre noch aus irgendwelchen Gründen mit der Hälfte der Arbeitsmaschinen 1000 Überstunden gemacht werden müssen.

Im Falle 1 wird dann die Nutzarbeit

für Gruppe I . . . . 20000 PSStd
für Gruppe II . . . . 40000　　,,
für Gruppe III . . . . 80000　　,,
Sa. 140000 PSStd

Die Transmissionsverluste bleiben unverändert . . . . 54 000 PSStd

Sa. 194 000 PSStd

Der Betriebsverbrauch ergibt sich zu

$$V = 7 \cdot 3000 \text{ kg Teeröl} + 1,5 \cdot 3000 \text{ kg Zündöl} + 0,172 \cdot 194\,000 \text{ kg Teeröl}$$
$$= 54\,400 \text{ kg Teeröl} + 4500 \text{ kg Zündöl,}$$

deren Kosten sich berechnen zu 2980,— M., d. h. der Betrieb verbilligt sich um 3260 — 2980 = 280 M.

Für elektrischen Antrieb stellt sich der Vergleich wie folgt:

Gruppe I:

Verluste $5^0/_0$ von 40 PS . . . . . . = 2,0 PS
konstanter Verbrauch der Motoren
0,07 · 40 . . . . = 2,8 PS

Sa. 4,8 PS

während 600 Stunden . . . .   2880 PSStd
zusätzlicher Verbrauch 2000 · 1,06 . .   21 200   „

Sa. 24 080   24 080 PSStd

Gruppe II:

Verluste ebenfalls . . . .   2,0 PS
+ 0,08 · 40 = ...   3,2   „

Sa. 5,2 PS

während 1200 Stunden . . . .   6240 PSStd
dazu der zusätzliche Verbrauch
40 000 · 1,07 = ...   42 800   „

Sa. 49 040   49 040   „

Bei Gruppe III

bleiben die konstanten Verluste unverändert
8,5 · 3000 = ...   25 500 PSStd
dazu der zusätzliche Verbrauch
80 000 · 1,04 = ...   83 200   „   108 700   „

Sa. 181 820 PSStd

$1^0/_0$ Leitungsverluste   1800   „

Sa. 183 620 PSStd

= 135 000 KWStd.

Die Spitzenleistung 110 KW verringert sich gleichfalls um $20^0/_0$ und beträgt 87 KW. Die Stromrechnung wird dann

$$87 \cdot 60 = 5220,— \text{ M.}$$
$$+ 135\,000 \text{ KWStd zu 3 Pfg.} = 4050,— \text{ „}$$

Sa. 9270,— M.

Gegenüber dem früheren Strompreise von 11 550 ermäßigt sich also die Stromrechnung um 2280,— M., d. h. elektrischer Antrieb stellt sich in diesem Falle um rd. 1500,— M. billiger als Antrieb durch Dieselmotoren.

Im Falle 2 (1000 Überstunden mit halber Belastung) wird der Nutzverbrauch der Arbeitsmaschinen während dieser Zeit $^1/_6$ des Jahresverbrauches (1000 Stunden statt 3000, halbe Belastung statt Vollbelastung), der Nutzverbrauch beträgt somit $\dfrac{175\,000}{6} = 29\,200$ PS/Std.

Die Transmissionsverluste bleiben unverändert, sie betragen also

$$18\ \mathrm{PS} \cdot 1000\ \text{Stunden} = 18\,000\ \mathrm{PSStd},$$

die Arbeitsleistung des Dieselmotors demnach 47 200 PSStd.

Der Betriebsverbrauch berechnet sich dann zu

$$V = 7 \cdot 1000\ \text{kg Teeröl} + 1{,}5 \cdot 1000\ \text{kg Zündöl} + 0{,}172 \cdot 47\,200\ \text{kg Teeröl}$$
$$= 15\,120\ \text{kg Teeröl} + 1500\ \text{kg Zündöl}.$$

Die Betriebskosten stellen sich auf . . . . 852,— M.

Für die Bedienung sind noch hinzuzurechnen 1000 Stunden zu je 0,5 M. = 500,— ,,

Die Mehrkosten betragen somit . . . . 1352,— M.

Elektrischer Antrieb:

Für Gruppe I und II verringern sich Nutzarbeit und konstante Verluste ebenfalls auf $^1/_6$, sie sind daher

Gruppe I . . . . $\dfrac{30\,100}{6} =$ 5 020 PSStd 5 020 PSStd

Gruppe II . . . . $\dfrac{61\,300}{6} =$ 10 220 ,, 10 220 ,,

Gruppe III, Nutzlast: . . . . . $\dfrac{100\,000}{6} =$ 16 670 ,,

Konstante Verluste: . . . . . 8,5 · 1000 = 8 500 ,,

Zusätzliche Leistung: . . . 16 670 · 1,04 = 17 350 ,, 25 850 ,,

Die Gesamtarbeit ist somit . . . . 41 090 PSStd

Leitungsverluste $^1/_2\,^0/_0$ . . . . 205 ,,

Sa. 41 295 PSStd,

entsprechend 30 400 KW/Std, deren zusätzliche Kosten 3 Pfg. betragen; es ergeben sich somit die Kosten der Überstunden zu 912,— M. oder rund 400 M. niedriger als für Dieselmotorenbetrieb.

Zinsenberechnung.

Aus dieser und früheren Rechnungen geht hervor, daß die Höhe des für Verzinsung des Anlagekapitales anzunehmenden Prozentsatzes großen Einfluß auf das Ergebnis hat. Es taucht deshalb die Frage auf, ob der Zinsfuß von $4^1/_2\,^0/_0$ als ausreichend angesehen werden darf, oder ob der Industrielle nicht im allgemeinen Geschäftsinteresse es vorziehen sollte, gegebenenfalls sogar einen höheren Strompreis zu zahlen und statt dessen auf die Investition des für Wärmekraftanlagen erforderlichen zusätzlichen Kapitals zu verzichten.

Von maßgebendem Einfluß für diese Überlegung wird nun die Art des Geschäftsbetriebes sein; denn der Industrielle muß sich naturgemäß fragen, ob das Kapital in seinem Betriebe nicht einer besseren Verwertung, als $4^1/_2\,^0/_0$ sie darstellen, zugeführt werden kann.

Das ist nun in der Regel der Fall. Wenn auch nicht die Kapitalsverzinsung des eigentlichen Geschäftes zugrunde gelegt werden darf, so wird man doch aus der Erwägung heraus, daß bis zur Hälfte des Betriebskapitals durch Obligationen oder Hypotheken aufgebracht werden kann, etwa mit dem arithmetischen Mittel der tatsächlich erzielten Geschäftsdividende und $4^1/_2\,^0/_0$ rechnen müssen. Bringt aber das Geschäft an sich nur $4^1/_2\,^0/_0$ oder weniger, so wird der Industrielle um so weniger geneigt sein, Kapitalien in Kraftanlagen festzulegen, sondern die frei bleibenden Mittel lieber zur Verbesserung seines Geschäftsbetriebes verwenden.

Um wieviel der Zinsfuß im einzelnen Falle heraufgesetzt werden muß, läßt sich nur von dem Industriellen selbst entscheiden, der sich die Frage vorzulegen hat, ob er zu der Mehrausgabe bereit ist, wenn er im besten Falle etwa 6 oder $6^1/_2\,{}^0/_0$ damit verdienen kann. Diese Frage wird gewiß in vielen Fällen bejaht, in andern aber verneint werden.

Zusammenfassung.

Aus vorstehenden Betrachtungen ergibt sich, daß bei Vergleichsrechnungen, die bezüglich der Wahl einer Betriebskraft angestellt werden, ebenso verfahren werden muß wie bei Vergleichsrechnungen für Elektrizitätswerke. Hierfür sind folgende Überlegungen maßgeblich:

1. Belastungsfaktor. Es muß nach der Art des Betriebes festgestellt werden, mit welchem Belastungsfaktor zu rechnen ist.

2. Betriebszeit.

3. Berechnung des Verbrauches nach der Betriebsstoff-Charakteristik der aufzustellenden Kraftmaschinen und nicht nach dem Verbrauch für die meistens falsch geschätzte durchschnittliche Belastung.

4. Bei größeren Kraftanlagen muß auch mit dem Gleichzeitigkeitsfaktor und im Falle der Aufstellung mehrerer Kraftmaschinen noch mit dem Betriebszeitfaktor gerechnet werden. Die Einführung des Gleichzeitigkeitsfaktors ist bei vorstehender Rechnung unterblieben, weil das Ergebnis nicht wesentlich dadurch verändert worden wäre.

5. Wie hoch die Verzinsung des Anlagekapitals einzusetzen ist, muß von Fall zu Fall entschieden werden; $5^1/_2\,{}^0/_0$ dürften die untere Grenze sein.

6. Die Vergleichsrechnung muß in der Regel auch auf den Fall ausgedehnt werden, daß die tatsächliche Belastung kleiner als in der grundlegenden Vergleichsrechnung wird.

7. Es muß der Einfluß von Überstunden auf die Betriebskosten ermittelt werden.

8. Für den Fall, daß mit baldiger Weiterentwicklung zu rechnen ist, muß der Einfluß der Vergrößerung des Kraftbedarfes festgestellt werden.

Für den Vergleich mit dem Anschluß an ein Elektrizitätswerk ist noch nachstehendes zu beachten:

9. Die Leistung der Kraftmaschinen läßt sich dem jeweiligen Bedarfe genau anpassen. Es kann demnach im Falle anfänglichen geringeren Kraftverbrauches auch eine geringere Leistung installiert werden; im Falle späteren größeren Kraftverbrauches kann man dem gesteigerten Bedarf ohne weiteres folgen.

10. Es ist zu überlegen, welcher Einnahmeausfall durch Betriebsstörungen entstehen kann. Elektrizitätswerke pflegen über die nötigen Reserven an Kesseln und Maschinen zu verfügen, so daß Leistungseinschränkungen des Werkes selbst zu den größten Seltenheiten gehören. Auch in der Zuleitung des Stromes wird in der Regel für Reserve gesorgt. Der Niederspannungsmotor gibt außerordentlich selten zu Störungen Veranlassung; bei Einzelantrieb der Antriebsmaschinen wird nur ein kleiner Teil des Betriebes betroffen. Etwa eintretende Betriebsstörungen können in kurzer Zeit behoben werden. Im Falle des Antriebes einer Fabrik durch Wärmekraftmaschinen ohne Reserve muß noch der Einnahmeausfall durch Betriebsstörungen berechnet werden, die längere Zeit andauern.

11. Die Transmissionsverluste müssen besonders ermittelt werden. Die in vorstehender Rechnung gemachte Annahme, daß in einer Fabrik mit einem Kraftbedarf von 150 PS nur 3 Transmissionswellen vorhanden sind, ist im allgemeinen zu günstig.

12. Für Vergleichsrechnungen sollte stets ein sogenannter Maximaltarif angewandt werden, da sich nur nach diesem ein richtiges Verhältnis zu den Erzeugungskosten des Stromes ergibt; dabei ist zu beachten, daß andere Rechnungsunterlagen, insbesondere die Annahme eines besseren Belastungsfaktors auch niedrigere Strompreise ergibt. Liegen die Betriebsverhältnisse fest oder werden vertragliche Festsetzungen bezüglich Benutzungsdauer, resp. Belastungsfaktor gemacht, so kann in Wirklichkeit natürlich eine andere Tarifform gewählt werden.

VI. Zweites Ausführungsbeispiel: Die Anlagen der Victoria Falls and Transvaal Power Co. in Südafrika.

1. Vorgeschichte.

Wer einmal die Entwicklungsgeschichte der großen Elektrizitätswerke schreibt, wird denjenigen eine besondere Stellung einräumen, deren Aufgabe auf die Versorgung großer Gebiete und den Anschluß industrieller Betriebe gerichtet ist, weil bei ihnen die schwierigsten wirtschaftlichen und technischen Verhältnisse vorliegen und ihrer Entwicklung öffentlich- und privatrechtliche Hindernisse entgegenstehen, unter denen städtische Werke nicht zu leiden haben.

Daß Elektrizitätswerke in großen Städten raschen Aufschwung zeigen mußten, ist nach heutiger Kenntnis elektrisch-wirtschaftlicher Fragen gewissermaßen selbstverständlich; sie sind durch ihre Monopolstellung und durch die große Dichte des Stromverbrauches bevorzugt. Die Bekämpfung ihres einzigen Wettbewerbers, des Gaswerkes, ist ihnen insbesondere in der Speisung kleiner Kraftbetriebe leicht geworden. Die Werke jedoch, die in erster Linie Industrie zu versorgen haben, sind insofern schlechter gestellt, als der für den Anschluß zu gewinnende Verbraucher selbst als Wettbewerber auftritt, weil er bereits gewohnt war, sich seine Kraft selbst zu erzeugen und deshalb ihre Erzeugungskosten genau kennt. Das Werk ist ihm gegenüber anderseits in günstigerer Lage, als es in der Regel mit größeren Maschinensätzen arbeitet, wird dafür aber mit den Fortleitungskosten des Stromes belastet, die diesen Vorteil wieder ausgleichen. Lediglich der durch den Gleichzeitigkeitsfaktor ausgedrückte Umstand, daß die Spitzenleistung im Kraftwerke beträchtlich kleiner ist als die Summe der Spitzenleistungen der anzuschließenden industriellen Anlagen, gibt ersteren ihre wirtschaftliche Berechtigung. Die Anschlußschwierigkeiten steigen natürlich mit der Größe der industriellen Verbraucher, und es ist mit einer einzigen Ausnahme heute noch so, daß sich bis jetzt gerade die größte Industrie der Versorgung durch Überlandkraftwerke entzogen hat und bei eigener Stromerzeugung geblieben ist. Wieweit dabei im Einzelfalle der Wunsch nach wirtschaftlicher Unabhängigkeit maßgebend gewesen ist, braucht hier nicht erörtert zu werden; es ist aber einleuchtend, daß der Anschluß jedenfalls in vielen Fällen hätte erreicht werden können, wenn genügende wirtschaftliche Vorteile geboten worden wären. Die Richtigkeit dieser Behauptung wird durch die großen Wasserkraftanlagen bewiesen, bei denen es keine Schwierigkeiten gemacht hat, auch die größten industriellen Werke als Stromverbraucher zu gewinnen.

Unsere großen deutschen industriellen Überlandkraftwerke, die Oberschlesischen Elektrizitätswerke, das Rheinisch-Westfälische Elektrizitätswerk, ebenso die unter der technischen Leitung von Merz entstandenen großen Werke im Norden Englands u. a., haben sich deshalb, von kleinen Anfängen ausgehend, verhältnismäßig langsam entwickelt.

Eine Sonderstellung nehmen in dieser Hinsicht die Anlagen der Victoria Falls and Transvaal Power Co. in Südafrika ein, die nach nur vierjährigem Bestehen

heute bei einer Arbeitslieferung von einer halben Milliarde KW/Std jährlich ange-
langt sind und die volle Milliarde voraussichtlich bald erreichen werden. Sie stehen
an Leistungsfähigkeit damit nicht nur an der Spitze der öffentlichen Kraftwerke
für Industrieversorgung, sondern gehören überhaupt zu den größten Kraftanlagen
der Welt und haben noch insofern außergewöhnliche Bedeutung, als sie die einzigen
sind, bei denen ein beträchtlicher Teil der Kraft auf große Entfernungen als Druckluft übertragen wird; die Leistung der hierfür aufgestellten Maschinen beträgt heute
allein rd. 80000 PS. Es lohnt sich deshalb, auf die Entwicklungsgeschichte dieses
Riesenunternehmens näher einzugehen, weil die eigenartige Ausbildung der Anlagen
nur nach den Verhältnissen des Kraftverbrauches beurteilt werden kann. die bei
seiner Entstehung vorlagen.

Der rasche Aufschwung industrieller Betriebe in dem eng begrenzten Goldbergbau-
Gebiet am Rande bei Johannesburg hatte im Zusammenhang mit der Entwicklung
elektrischer Kraftübertragung seit langer Zeit Bestrebungen wachgerufen, den Energiebedarf zu zentralisieren, um die Vorteile zeitgemäßer Krafterzeugung mit großen,
wirtschaftlich arbeitenden Maschinen auszunutzen. Im Jahre 1905 bestanden bereits
drei elektrische Kraftwerke; das größte davon, die Rand Central Electric Works,
diente zur Versorgung der Stadt Johannesburg und lieferte nebenher in mäßigem
Umfange Strom an benachbarte Bergwerke. Die zunächst ohne Gewinn arbeitende
Anlage wurde später verbessert und erzielte in den letzten Jahren befriedigende
Überschüsse. Ein zweites kleineres Werk stützte sich gleichfalls in der Hauptsache
auf städtische Stromlieferung. Es war dies das in der Nähe von Germiston er-
richtete Kraftwerk der General Electric Power Co., das außer dieser Stadt noch die
Bergbaubetriebe der Consolidated Goldfields, Simmer, Jack und Knights-Deep ver-
sorgte. Die dritte war die Farrar-Anlage mit einer Leistung von rd. 3000 KW,
die von der Farrar-Gruppe für den Betrieb ihrer Bergwerke errichtet wurde.

Um die Aussichten für eine Stromlieferung an die von diesen Werken nicht
versorgten Gebiete zu studieren, hatte die Allgemeine Elektricitäts-Gesellschaft in
Verbindung mit der Dresdner Bank im Jahre 1905 eine eingehende Untersuchung
über den Kraftbedarf und die sonstigen für Beurteilung einer Zentralisierung der
Kraftlieferung maßgebenden Verhältnisse durch die Ingenieure Loebinger und
Dr. Apt veranstaltet. Es ist nun wichtig, einen Rückblick auf den Stand des Gold-
bergbaues zu werfen, wie er bei Gründung der Victoria Falls Power Co. vorlag.
Nachstehende Mitteilungen entstammen dem Berichte dieser beiden Herren.

„Die Goldfelder des Witwatersrandes, die sich östlich und westlich von Johannesburg in einer Gesamtlänge von rd. 80 km und einer mittleren Breite von
10 km ausdehnen, gehörten zweifellos zu den bedeutendsten Industrie-Bezirken der
Erde. Am 30. Juni 1905 betrug die Zahl der fördernden Goldbergwerke 66, die in
der Zeit vom 1. Juli 1904 bis 30. Juni 1905 9 723 265 t[1]) Erz verarbeiteten. Die
Goldausbeute hatte einen Wert von 358 620 600 $\mathscr{M}$. Die Leistung der Betriebsmaschinen erreichte die stattliche Zahl von mehr als 200000 PS.

In finanzieller Beziehung waren immer mehrere Goldbergwerke zu einer Gruppe
zusammengeschlossen. Von derartigen Gruppen kamen damals in Betracht:

1) die Eckstein-Gruppe,
2) Consolidated Goldfields,
3) J. B. Robinson,
4) die Barnato-Gruppe,
5) die Albu-Gruppe (General Mining and Finance Corporation),
6) die Farrar-Gruppe,
7) die Goerz-Gruppe und
8) die Neumann-Gruppe.

---

[1]) in metrischem Maß.

Die Bergwerke im Randgebiete sind je nach der Lagerung der goldhaltigen Gänge Auslaufbaue[1]) oder Tiefbaue. Im Auslaufbau werden die mehr oder weniger geneigt zutage tretenden Gänge erschlossen; auch senkrechte Schächte von geringer Teufe zum weiteren Abbau werden noch unter Auslaufgruben gerechnet. Gruben, auf deren Feld der Gang überhaupt nicht zutage tritt, sondern bei denen von vornherein ein senkrechter Schacht von mehr als 60 m abzuteufen ist, heißen Tiefbaue. In der Regel ist einer Auslaufgrube ein Tiefbau benachbart. Im Jahre 1905 waren die meisten Bergwerke Auslaufbaue, ihre Zahl betrug 46, die der Tiefbaue 20. Dieses Ziffernverhältnis hat sich indessen immer weiter nach der Seite der Tiefbaue verschoben, da die neu aufgeschlossenen Gruben überwiegend zu dieser Gruppe gehören.

Das Gold wird mit geringeren Unterschieden in allen Bergwerken auf gleiche Weise gewonnen. Der goldhaltige, sehr harte Quarz wird ausschließlich durch Sprengarbeit abgebaut; die Bohrlöcher werden großenteils mit Druckluftbohrern, zum kleinen Teil von Hand hergestellt. Als Sprengmittel wird ausschließlich Dynamit verwendet. Das geförderte Erz wird nach oberflächlicher Aussonderung des wertlosen Gesteins auf den Sortiertisch einer Vorzerkleinerung in Brechern unterworfen und kommt sodann in die Stampfe, wo es zu einem feinen Sande zermahlen wird.

Die Stampfen sind überall zu Batterien bis 200 Stück mit gemeinsamem Antriebe vereinigt. Jede Stampfe verarbeitet an einem Tage im Mittel 5 t Erz. Der mit Wasser aufgeschlämmte Sand läuft über amalgamierte Kupferplatten, von denen der größte Teil des Goldes gebunden wird. Der Rest, je nach der Feinheit des Kornes Sand oder Schlamm genannt, wird in großen Behältern der Cyanidbehandlung unterworfen; aus der goldhaltigen Cyanidlösung wird das Metall schließlich nach besonderem chemischen Verfahren auf Zinkspänen niedergeschlagen.

Die für die Goldgewinnung erforderlichen Hilfsmaschinen sind hauptsächlich: Kompressoren, Fördermaschinen für senkrechte und geneigte Schächte, Brecher, Stampfen und verschiedene Arten von Pumpen für das Cyanidverfahren. Als neues Glied in der Kette der Zerkleinerungsmaschinen kommt in letzter Zeit die Kugelmühle in Aufnahme, durch deren Einfügung sich die Ausbeute der Stampfen wesentlich erhöhen lassen soll.

Auf den damals arbeitenden Bergwerken wurde überwiegend Dampf als Arbeitskraft benutzt. Von mehr als 200 000 PS Leistung der insgesamt aufgestellten Maschinen entfielen nur 25 310 PS auf elektrischen Antrieb und nahezu der ganze Rest auf Dampfanlagen.

Berechnungen der tatsächlichen Selbstkosten für die PSStd unter den damals bestehenden Betriebsverhältnissen hatten nur wenige Bergwerke angestellt. Als Mittelwert für 24 Bergwerke ergaben sich 6,8 $\mathcal{Pf}$/PSiStd. In elektrische Arbeit umgerechnet, erhält man daraus, den Wirkungsgrad der Dampfmaschine mit $85^0/_0$ angenommen, einen Preis von 10,6 $\mathcal{Pf}$/KWStd.

Der Unterschied in den Kraftkosten der einzelnen Bergwerke lag nicht so sehr an der verschiedenen Güte der Maschineneinrichtungen als an den Schwankungen des Kohlenpreises, der durch die örtliche Lage der Gruben in hohem Maße beeinflußt wird. Aus den leicht erhältlichen und guten statistischen Unterlagen läßt sich ferner nachweisen, daß die Betriebskosten der Dampfanlagen im Mittel 3,05 $\mathcal{M}$/t verarbeitetes Erz betrugen. Für 9 723 265 t beliefen sich also die Gesamtkosten der Krafterzeugung unter den Verhältnissen von 1905 auf rd. 29,6 Mill. $\mathcal{M}$. Legt man eine jährliche Benutzungsdauer von 8000 Std zugrunde, so würden nach den für die PSiStd ermittelten Einheitskosten die Jahreskosten 544 $\mathcal{M}$/PSi oder rd. 850 $\mathcal{M}$/KW betragen.

Wesentlich unwirtschaftlicher als bei den fördernden Bergwerken mit hohem jährlichen Belastungsfaktor ist die Krafterzeugung in den aufschließenden Gruben,

---

[1]) outcrop mines.

die die Kraft vorwiegend zum Abteufen brauchen. Hier stellten sich die Kosten auf etwa 49,5 Sh/PSi-Std, also mehr als siebenmal so teuer wie bei den in regelmäßigem Betriebe befindlichen Gruben."

Diese Zahlen lassen erkennen, daß die eigenartigen Betriebsverhältnisse des Witwatersrandes mehr als anderswo zu einer Zusammenfassung der Krafterzeugung drängten. Die große Dichtigkeit des Verbrauches, der sonst kaum zu erreichende hohe Belastungsfaktor hatten hier für die Verteilung von einer mächtigen Kraftzentrale aus einen überaus günstigen Boden geschaffen. War die Erzeugung der Kraft in einem großen Werke bereits unter gewöhnlichen Verhältnissen wesentlich billiger als an einzelnen auseinander liegenden Stellen, so ließen die besondern Verhältnisse Südafrikas diese Tatsache noch schärfer hervortreten. Die Verringerung des Betriebspersonals gestattete eine bedeutende Einschränkung der hohen allgemeinen Unkosten, die durch teure Lebenshaltung im Randbezirke bedingt waren. Die zum Teil hohen Kohlenpreise ließen die bei großen Abschlüssen möglichen Preisermäßigungen stark hervortreten; zu dem Nutzen einer billigeren Betriebskraft kam für die Bergwerke noch der Vorteil der Kapitalersparnis durch den Fortfall neuer Maschinenanlagen, ein Umstand, der gerade in Zeiten finanziellen Tiefstandes von Bedeutung war.

Es ist deshalb erklärlich, daß der Plan einer gemeinsamen Kraftversorgung des Randes von verschiedenen Stellen fast gleichzeitig aufgenommen wurde. Zunächst wurde von Robeson, dem damaligen Chefingenieur der Eckstein-Gruppe, ein Entwurf ausgearbeitet, der eine Übertragung von Druckluft und Elektrizität vorsah. Das Hauptwerk wurde für eine Leistung von 70 000 PS bemessen und sollte außer den Gruben der Eckstein-Gruppe die der Consolidated Goldfields mit Kraft versorgen. Dabei war der Strompreis zu 3,8 Sh/KWStd veranschlagt, so daß es sich gelohnt hätte, auch die bereits vorhandenen Dampfanlagen durch elektrische Antriebe zu ersetzen. Die Druckluft sollte in einer großen gemeinsamen Kompressoranlage erzeugt und den Minen durch ein Rohrnetz mit einem Überdruck von 8 bis 10 at zugeführt und für den Betrieb der Gesteinbohrer und andrer Maschinen, insbesondere kleiner Haspel unter Tage dienen, während alles andre elektrischen Antrieb erhielt. Die Fernleitung war oberirdisch projektiert.

Als Vorzüge dieses Entwurfes wurde von Robeson angeführt, daß die unmittelbare Übertragung der Druckluft sich mit besserem Wirkungsgrad ausführen ließe, als elektrische Kraftübertragung und Antrieb einzelner kleinerer Kompressoren auf jeder Grube durch Elektromotoren.

Nach dem Annual Report of the Government Mining Engineer entfielen von den im Bergbaugebiete aufgestellten Maschinen von 200 000 PS im ganzen 60 537 PS auf Betriebe mit Druckluft. Hiervon wurden ungefähr die Hälfte für Gesteinbohrer und die andre Hälfte für Pumpen, Ventilatoren, Fördermaschinen und andere Hebezeuge verbraucht.

Ein großes Arbeitsgebiet bot sich der Elektrizität am Witwatersrand in dem Antrieb der mannigfachen Hilfsmaschinen, die jede Grube erfordert. Für Aufzüge, Bandförderer, Schöpfräder, Werkzeugmaschinen, Ventilatoren und Pumpen, die damals mit Riemen und Seilen von langen Vorgelegewellen aus, zum Teil auch mit Druckluft betrieben wurden, hat man später bald den Vorteil des elektrischen Einzelantriebes erkannt.

Der Grubenbewetterung ist bisher nur geringe Aufmerksamkeit gewidmet worden, in den meisten Fällen muß die Abluft der Bohrmaschinen für das Arbeiten vor Ort ausreichen. Je tiefer aber die Schächte abgeteuft werden, desto schwieriger gestalten sich die Wetterverhältnisse; die Minen werden deshalb mit der Zeit genötigt sein, zu künstlicher Bewetterung überzugehen, um den hohen Temperaturen in größerer Teufe wirksam zu begegnen.

An Pumpmaschinen waren im Jahre 1905 in den Goldminen rd. 32 000 PS, davon 6100 PS bereits mit elektrischem Antrieb aufgestellt. Der Hauptanteil, rd. 16 000 PS, entfiel auf Wasserhaltungen, ungefähr 6000 PS auf Pumpen für die Reduzieranlagen, der Rest diente der allgemeinen Wasserversorgung, für Druckwasserbetriebe und Entwässerungen.

Es war vorauszusehen, daß sich mit der weiteren Entwicklung der Tiefbaugruben die Zahl der unterirdischen Wasserhaltungen vergrößern würde. Schon damals hatten einzelne Schächte mit großem Wasserandrang zu kämpfen; je tiefer die neuen Schächte abgeteuft werden, desto schwieriger gestalten sich die Wasserverhältnisse. Die beträchtlichen Förderhöhen (1300 bis 1600 m) verlangten von vornherein elektrischen Antrieb.

Wetteranlagen und Wasserhaltungen sind Betriebe, die das ganze Jahr fast ohne Unterbrechung arbeiten, und da sie eine immer gleiche Menge Luft oder Wasser fördern, geben sie eine vorzügliche Dauerbelastung für die Kraftwerke.

Von noch größerem Werte war in dieser Hinsicht der Anschluß der Brechwerke, deren Aufgabe es ist, das geförderte Erz mechanisch zu zerkleinern. Nach der amtlichen Statistik waren im Jahre 1905 rd. 5500 PS für den Antrieb von Brechwerken und rd. 28 000 PS für Stampfmühlen im Betriebe. Wenn auch die Bergbauingenieure über die mechanisch vorteilhafteste Art des Antriebes verschiedener Ansicht waren, so stimmten sie doch darin überein, daß elektrischer Betrieb der Mühlen dem durch Dampfmaschinen vorzuziehen sei.

Die Stampfmühlen werden im allgemeinen mit Batterien von 200, bei sehr großen Anlagen auch mit 400 Stampfen ausgerüstet. Der Kraftbedarf einer Anlage mit 200 Stampfen beträgt je nach der Schwere der Stempel 600 bis 800 PS. Da die Stampfen bisher fast ausschließlich durch lange Vorgelegewellen angetrieben wurden, so war der Nutzeffekt der Übertragung gering und in jedem Fall eine Aushilfsmaschine erforderlich, um bei Fehlern an der Hauptmaschine Stillstand der gesamten Batterie zu verhüten. Sieht man von wenigen Bergwerken ab, deren Batterien Sonntags ausgeschaltet wurden, so war mit 8000stündigem Jahresbetrieb der Mühlen zu rechnen. Da das Erz so gleichmäßig wie möglich verteilt wird, waren keine Belastungsschwankungen zu befürchten. Diese Anlagen stellten daher, was Höhe und Dauer der Belastung anbetrifft, einen idealen Verbraucher für ein Elektrizitätswerk dar.

Einen weniger günstigen Einfluß auf die Gleichmäßigkeit der Belastung üben die Fördermaschinen mit ihrem unregelmäßigen Betrieb aus. Es war indessen zu erwarten, daß sich die hierdurch verursachten Spitzen im Verbrauchsdiagramm infolge der hohen Grundbelastung des Elektrizitätswerkes weniger fühlbar machen und sich desto besser ausgleichen würden, je mehr Förderanlagen angeschlossen waren.

Die Bergbauingenieure kommen vielfach der Einführung der Elektrizität für Förderanlagen nicht entgegen; außer bei der Eckstein-Gruppe ist deshalb auf große Anschlüsse von Auslaufgruben, deren Fördermaschinen über Tage stehen, vorerst nicht zu rechnen. Anders liegen die Verhältnisse bei den Tiefbauen. Da die Fördermaschinen in diesen zum großen Teil unter Tage aufgestellt werden müssen, Dampf oder Druckluft aber als Antriebskraft in großer Teufe schlecht anwendbar sind, so bleibt nur der Übergang zur Elektrizität übrig, und es konnte keinem Zweifel unterliegen, daß sich der elektrische Betrieb insbesondere für Schrägförderungen rasch einbürgern werde.

Daß bei dieser Sachlage der Gedanke großzügiger Zusammenfassung der Stromlieferung trotz des Mißerfolges der bestehenden kleinen Elektrizitätswerke immer wieder auftauchte, war um so näher liegend, als zu gleicher Zeit in Europa und Amerika bereits mehrere Überlandkraftwerke auch in finanzieller Hinsicht erfolgreich im Betriebe waren, deren Anschlüsse gleichfalls im wesentlichen aus industriellen Werken bestanden.

So hielt gelegentlich der Jahresversammlung der British Association in Johannesburg Hammond in der Ingenieurabteilung am 30. August 1905 einen Vortrag über die elektrische Kraftübertragung für den Randbezirk und kam zu dem Ergebnis, daß unter den obwaltenden Umständen ein am Rand zu errichtendes großes Elektrizitätswerk mit Leichtigkeit eine Dividende von $10\,^0/_0$ erreichen könne. Hammond schätzte den Jahresverbrauch auf 300 000 000 KWStd. bei einem Anschluß von 82 000 KW und einer Werkleistung von 60 000 KW. Der Strompreis sollte dabei rd. 6 ₰ KWStd betragen.

Der Schätzung lag die Annahme zugrunde, daß es bei einem derartigen Strompreise gelingen müsse, auch die mit Dampfanlagen bereits versehenen Bergwerke zum elektrischen Antrieb ihrer Arbeitsmaschinen zu bewegen. Diese Voraussetzung war indessen, wie später nachgewiesen wurde, unzutreffend.

Schon Hammond warf in seinem Vortrage die Frage auf, ob es unter Umständen nicht zweckmäßiger sei, das Hauptwerk, statt am Rande selbst, an einem anderen Platze zu errichten, wo Kohle und Wasser billig zu haben wären. In der Tat bildet gerade der Preis dieser beiden Stoffe einen ausschlaggebenden Faktor bei der Wahl des Ortes und nirgends tritt seine Bedeutung deutlicher hervor als am Witwatersrande, wo der Preis der Kohle infolge der hohen Eisenbahnfrachten mit der Örtlichkeit stark wechselt und die Wasserarmut der südafrikanischen Hochebene das nasse Element zu einem verhältnismäßig kostbaren Stoffe macht.

Der nach den Vorarbeiten der AEG sodann ausgearbeitete Entwurf sah ein Kraftwerk von 30 000 KW vor, das sofort mit 15 000 KW ausgebaut und an einem der großen Staudämme am Rand errichtet werden sollte. Vergleichsrechnungen, die zwischen dieser Lage und der in Vereeniging am Vaalfluß, 55 km nördlich, angestellt wurden, ergaben bei den damaligen Kohlenpreisen die Überlegenheit der Lage am Rand, um so mehr als sie wegen der Unsicherheit der langen Fernübertragung und der schwerwiegenden Folgen etwaiger Stromunterbrechungen auch aus technischen Gründen bevorzugt werden mußte.

Es ist nun interessant, Projekte aus dieser Zeit mit den nach neueren Anschauungen entworfenen zu vergleichen; man erkennt, daß sich trotz des nur kurzen seither verflossenen Zeitraumes in vielen Teilen wesentliche Verbesserungen haben erzielen lassen. Abb. 92a, 92b, 92c zeigen Schnitt und Grundriß des damals projektierten Kraftwerkes.

Gleichzeitig mit der AEG, aber unabhängig von dieser, studierte die Chartered Co. unter Leitung ihres rührigen Direktors Wilson Fox ebenfalls die Frage der Kraftversorgung des Randes, und zwar in der Absicht, die der Chartered Co. gehörigen mächtigen Wasserkräfte der Victoria-Fälle des Zambesi für die Kraftlieferung auszunutzen. Wilson Fox hatte zu diesem Zwecke das African Concession Syndicate gegründet, das von der Chartered Co. das Recht zur Errichtung eines Kraftwerkes bis zu 250 000 PS an den Victoria-Fällen erwarb. Die Notwendigkeit einer eingehenden Untersuchung, auf welche Weise es wirtschaftlich und technisch möglich sei, diese Leistung auf die ungeheure Entfernung von 1100 km zu übertragen, führte zur Bildung eines Sachverständigen-Kollegiums, dem Blondel-Paris, Gisbert Kapp-Birmingham, Lord Kelvin-London und Tissaut-Basel angehörten.

Wenngleich dieses Projekt aus politischen Gründen nicht zur Ausführung gebracht werden konnte und später aufgegeben wurde, so ist es doch interessant, aus dem erstatteten Gutachten festzustellen, daß von den genannten Fachleuten in erster Linie eine Übertragung von hochgespanntem Gleichstrom empfohlen wurde, und zwar sollte eine sogenannte Reihenschluß-Übertragung eingerichtet werden, bei der die Stromstärke gleichbleibend und die Spannung veränderlich ist. Die Leistung

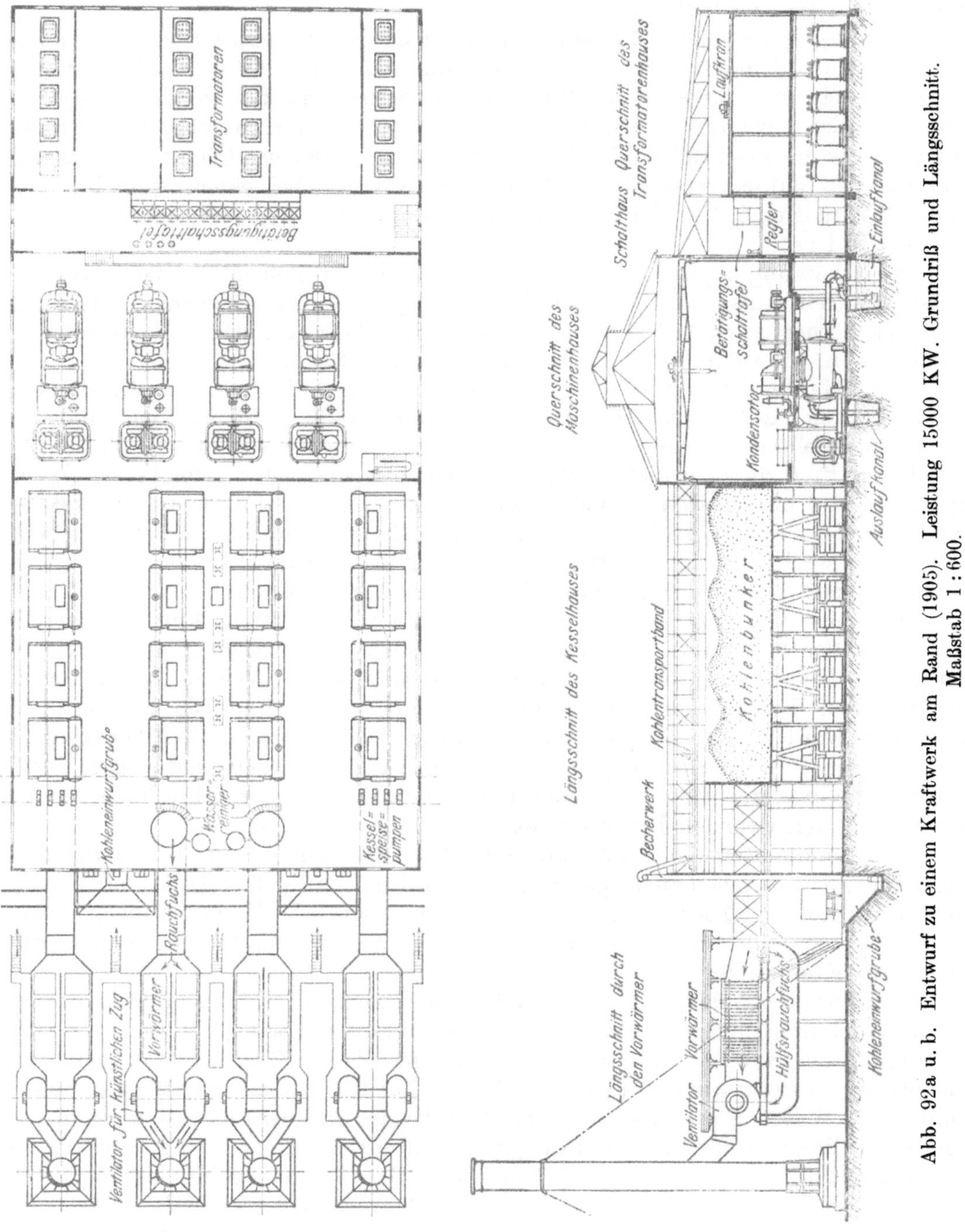

Abb. 92 a u. b. Entwurf zu einem Kraftwerk am Rand (1905). Leistung 15000 KW. Grundriß und Längsschnitt.
Maßstab 1 : 600.

wird dabei durch selbsttätige Regelung der Spannung verändert, deren höchste Grenze hier mit 100 000 V festgelegt wurde. Der Nachteil gleichbleibender Kupferverluste, der sich insbesondere bei schwachen Belastungen bemerkbar machen mußte, kam nicht in Betracht, weil mit einem Belastungsfaktor von mehr als $80^0/_0$ gerechnet werden durfte und weil eine Wasserkraft zur Verfügung stand, die zu Zeiten schwacher Belastung ohnehin unausgenutzt blieb.

Später wurden Ralph Mershon-Amerika und der Verfasser in der gleichen Angelegenheit befragt; beide schlugen unabhängig voneinander Übertragung mit hochgespanntem Drehstrom vor, und zwar sollte die Frequenz nach Mershons Vorschlag $12^1/_2$, nach dem des Verfassers 10 Per./Sek betragen. Rechnungen, die unter Annahme höherer Periodenzahl durchgeführt wurden, ergaben bei Belastungsschwankungen eine so merkwürdige Verteilung der Spannung, daß man von höheren Periodenzahlen absehen mußte; bei der vorgeschlagenen ergaben sich jedoch brauchbare Werte. Den Vorteil gegenüber einer Gleichstromübertragung erblickten beide Gutachter darin, daß die Erzeugung der hohen Spannung in technisch besserer Weise mit schon bekannten Einrichtungen möglich sei, während eine Hochspannungs-Gleichstromübertragung die Isolierung jedes einzelnen Maschinensatzes und die Isolierung der Kupplung von den Kraftmaschinen für die volle Betriebspannung erforderlich gemacht hätte. Die vorgeschlagene Lösung, Seidenbandkupplungen zu verwenden, erschien noch bedenklicher als die gleichfalls technisch nicht einwandfreie Aufstellung großer Kraftmaschinen auf Porzellanisolatoren.

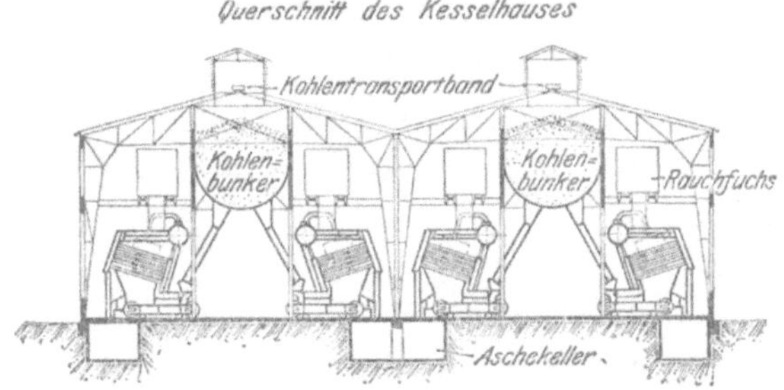

Abb. 92c. Entwurf zu einem Kraftwerk am Rand.
Querschnitt durch das Kesselhaus.

In Verhandlungen, die darauf zwischen Wilson Fox und dem Verfasser geführt wurden, kam dann eine Verständigung über gemeinschaftliches Vorgehen zustande. Es wurde die Victoria Falls Power Co. mit einem Kapital von 32,8 Mill. $\mathscr{M}$ gegründet, wovon rd. 16,3 Mill. $\mathscr{M}$ in Obligationen begeben und unter Führung der Dresdner Bank in Deutschland gezeichnet wurden.

Die AEG übernahm die Aufstellung der Entwürfe und die Fertigstellung der gesamten Bauten. Zur Feststellung der Grundlagen hierfür wurden Ralph Mershon und Arthur Wright-London nochmals nach Südafrika entsandt. Nach ihrer Rückkehr wurden die Entwürfe festgelegt und der Bau zweier Kraftwerke mit einer gesamten Leistungsfähigkeit von 18 000 KW im ersten Ausbau beschlossen. Das kleinere Werk sollte bei Brakpan[1]) mit 2×3000 KW in Anlehnung an die Rand Central Electric Works, die größere bei Simmerpan[1]) mit 4×3000 KW errichtet werden, weil damals nur an diesen Stellen zwei große künstliche Teiche für die nötige Wasserbeschaffung zur Verfügung standen.

Bei der Gründung der Victoria Falls Power Co. waren nämlich gleichzeitig die beiden Elektrizitätswerke Rand Central Works und das Elektrizitätswerk Driehoek der General Electric Power Co. erworben worden. Es war ferner gelungen, mit den Consolidated Gold Fields einen Stromlieferungsvertrag für 3 Mill. KWStd abzuschließen. Die Gesellschaft hatte damit vorübergehend eine Monopolstellung erlangt, da das Kraftwerk der Farrar-Gruppe nur dieser diente.

---

[1]) pan = Pfanne, Pfuhl, Teich.

2. Erster Bauabschnitt:
Die Kraftwerke Brakpan und Simmerpan, das Nebenwerk Herkules.

A. Das Kraftwerk Brakpan.

a) Lage des Werkes.

Das Werk Brakpan (vgl. Lageplan Abb. 93) liegt im äußersten Osten des Randes und versorgt die Gruben des Brakpan-Bezirkes mit den Brakpan-Colieries, der Brakpan-Goldmine, sowie der Geduldmine; die kürzlich von der Eckstein-Gruppe erworbenen Waterfonteins sind neuerdings ebenfalls angeschlossen worden. Der Umfang

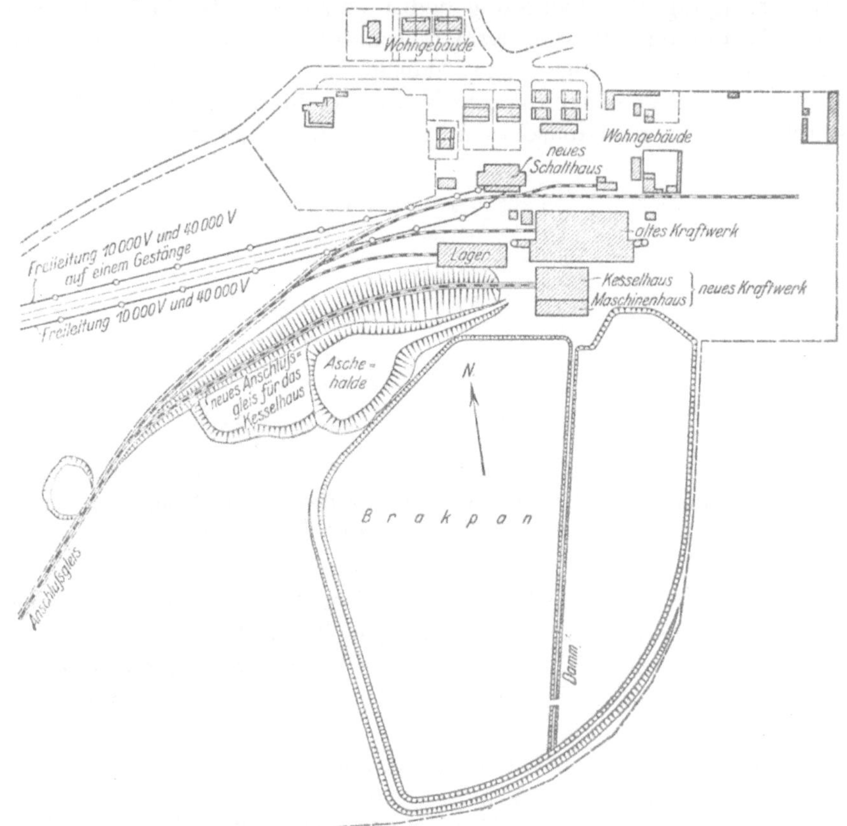

Abb. 93. Kraftwerk Brakpan. Lageplan. Maßstab 1 : 5000.

des Werkes war von vornherein durch die Wasserverhältnisse beschränkt, weil die Oberfläche des nur mäßig tiefen Brakpan im Sommer auf 60 000 qm zurückgeht und keine Aussichten auf größere Wassermengen bestehen.

b) Maschinenhaus.

Die Anlage enthält zwei Turbodynamos von je 3000 KW bei 1500 Uml./Min, die in der Längsachse des Maschinenhauses angeordnet sind (Abb. 94, 95, 96, 97). Die Generatoren ursprünglich für 10 000 V gewickelt, sind später auf Niederspannung mit Stabwicklung unter Zwischenschaltung von Transformatoren umgebaut worden, weil die Hochspannungswicklung durch die heftigen atmosphärischen Entladungen zu sehr gefährdet wurde und weil sich Hochspannungswicklungen in Transformatoren betriebssicherer ausführen lassen. Durch den Einbau der Stabwicklung konnte die Leistung der Stromerzeuger um 10 % erhöht werden, so daß die Mehrkosten

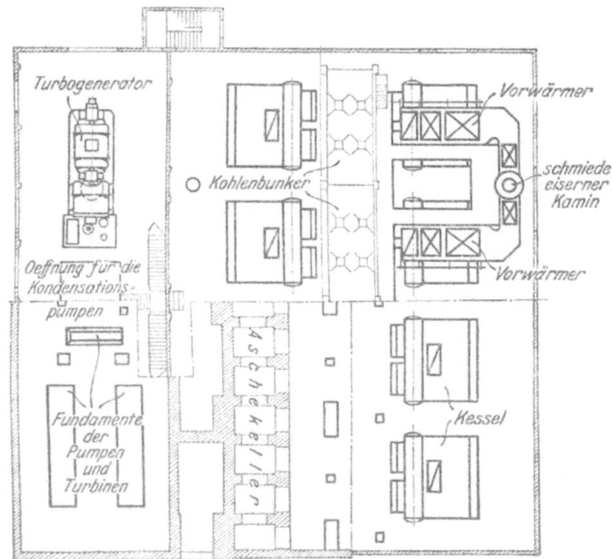

Abb. 94. Kraftwerk Brakpan. Grundriß des Maschinen- und Kesselhauses. Maßstab 1 : 500.

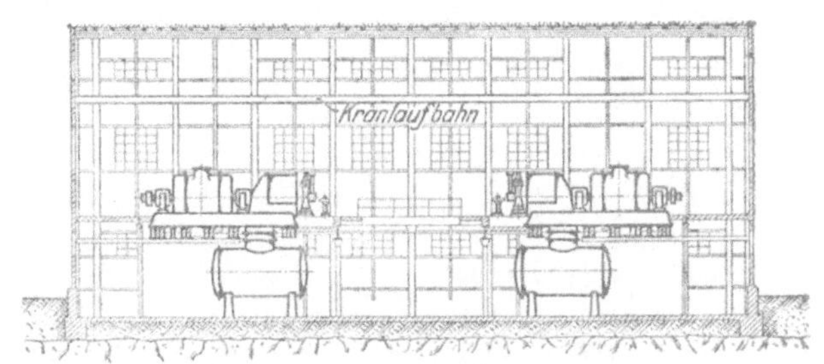

Abb. 95. Kraftwerk Brakpan. Längsschnitt des Maschinenhauses. Maßstab 1 : 500.

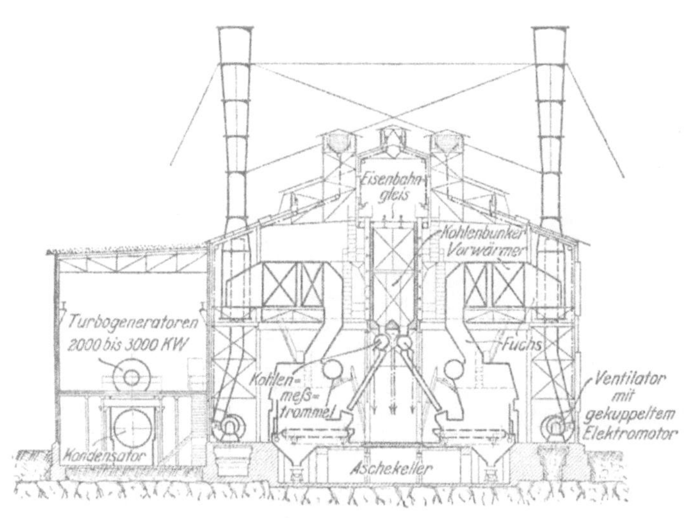

Abb. 96. Kraftwerk Brakpan. Querschnitt des Maschinen- und Kesselhauses. Maßstab 1 : 500.

Abb. 97. Kraftwerk Brakpan. Längsschnitt des Kesselhauses. Maßstab 1 : 500.

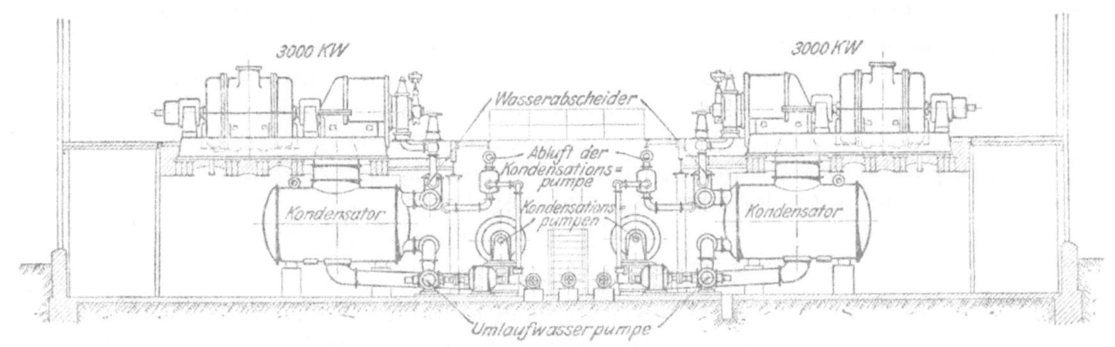

Abb. 98. Kraftwerk Brakpan. Kondensationsanlage. Längsschnitt. Maßstab 1 : 250.

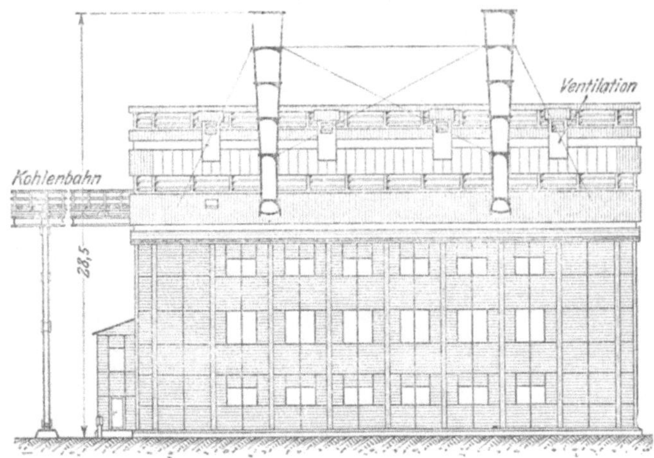

Abb. 99. Kraftwerk Brakpan.
Ansicht der Längsseite des Maschinenhauses.
Maßstab 1 : 500.

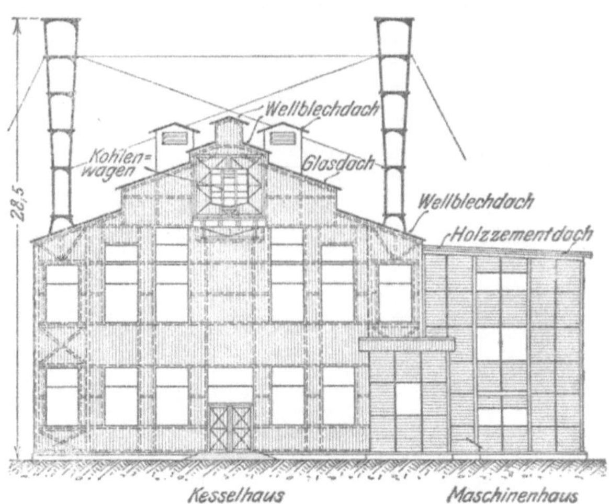

Abb. 100. Kraftwerk Brakpan.
Ansicht der Kopfseite von Kessel- u.
Maschinenhaus. Maßstab 1 : 500.

Abb. 101. Kraftwerk Brakpan.

größtenteils ausgeglichen wurden. Kesselhaus und Maschinenhaus liegen parallel
zueinander und sind gleich lang; diese Anordnung wurde gewählt, weil spätere Erweiterungen wegen der beschränkten Wasserverhältnisse unwahrscheinlich sind; sie
ergibt unter dieser Voraussetzung eine verhältnismäßig kleine Grundfläche. Kondensationspumpen und Umlaufwasserpumpen werden durch je einen unmittelbar
gekuppelten Elektromotor angetrieben (Abb. 98, 102, 103). Damit die Kühlwirkung
des Teiches erhöht werde, wurde ein besonderer Damm angelegt, der das Wasser
in möglichst vollkommener Weise über die ganze Oberfläche verteilt (Abb. 93); die
Höchsttemperatur des Teiches im Sommer konnte dadurch auf 30⁰ C herabgesetzt
werden. Ansichten der Bauten: Abb. 99—101.

c) Kohlenförderung und Kesselhaus.

Wegen der hohen Lage der Anschlußgleise konnte die Kohlenbahn unmittelbar in das Kesselhaus über die hochliegenden Bunker geführt werden (Abb. 96,
97, 99, 100, 101). Dadurch wird zwar die Förderung der Kohle sehr einfach,

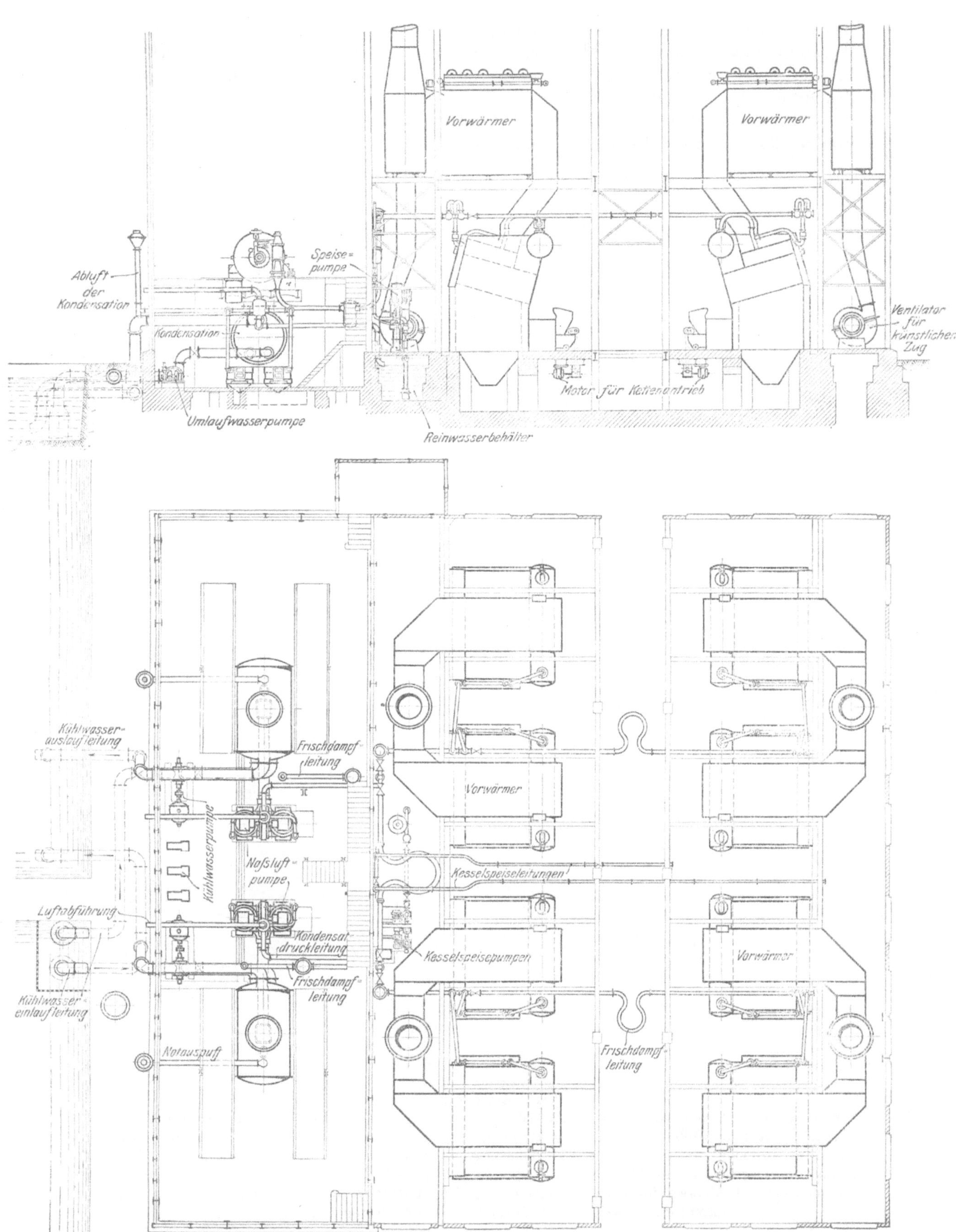

Abb. 102 u. 103. Kraftwerk Brakpan. Kondensationsanlage u. Rohrleitungen. Grundriß u. Querschnitt. Maßstab 1 : 25

das Anlagekapital jedoch ziemlich hoch, weil außer hohen Aufschüttungen für die Anschlußgleise schwere Eisenkonstruktionen zum Abstützen der Bunker erforderlich sind, die infolge großer Ansprüche der Bahn für Sicherheit und Aufnahme des Bremsschubes weiter verteuert wurden.

Die Kesselanlage umfaßt 8 Marinekessel von Babcock & Wilcox in Glasgow von je 355 qm wasserberührter Heizfläche,

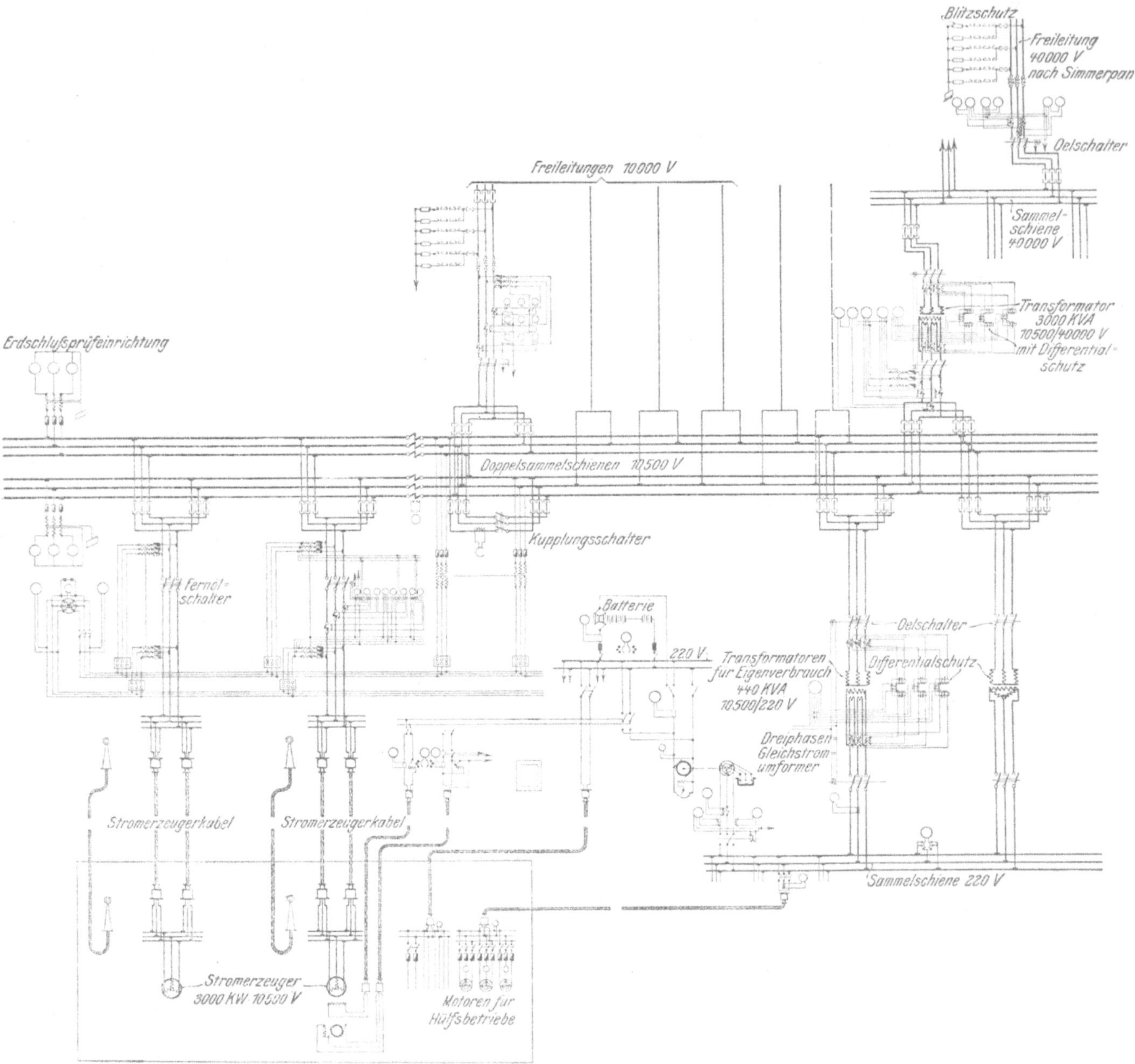

Abb. 104.   Kraftwerk Brakpan.

Schaltschema.   2 Stromerzeuger, 3000 KW, 10500 V., mit eigener Erregung, umschaltbar auf Doppelsammelschienen von 10000 V.; Verbindung der Doppelsammelschienen durch Kupplungsschalter. 4 Freileitungen, 10500 V., nach Simmerpan. 1 Freileitung, 10500 V., nach der alten Kraftanlage. 2 Transformatorenabzweige für den Eigenverbrauch der Anlage, je 440 KVA, 10500/220 V.   4 Abzweige für Hilfsmotoren.   1 Abzweig für Erregerumformer, 50 KW. Batterie: 200 Amp. Std., 220 V.   3 Transformatorenabzweige, 10500/40000 V.   2 Freileitungen 40000 V.

14,5 qm Rostfläche und 127 qm Überhitzerfläche, die normal 8 bis 10000 und
höchstens 13 bis 14000 kg/Std Dampf von 325⁰ C liefern. Die gußeisernen Vorwärmer von Green (Einzelvorwärmer) (Abb. 96, 97) liegen in einem besonderen
Stockwerk über den Kesseln: je zwei Kessel haben einen schmiedeisernen Kamin

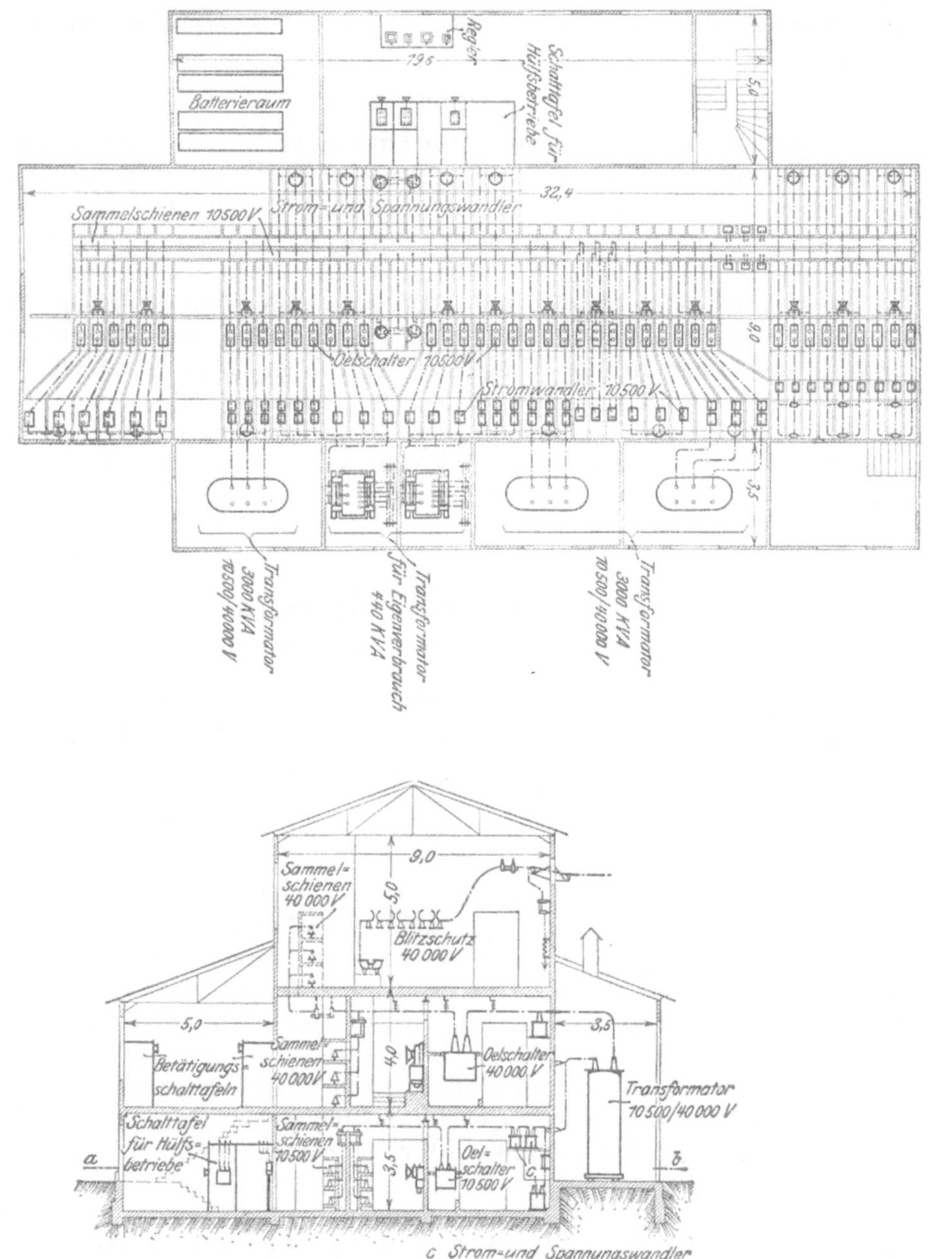

Abb. 105. Kraftwerk Brakpan. Grundriß und Querschnitt des Schalthauses. Maßstab 1 : 250.

mit künstlichem Zuge durch Ejektoren. Der in der Praxis erzielte Nutzeffekt liegt
zwischen 77 und 80 %. Bei einer in Glasgow vor dem Ausbau des Werkes errich-
teten Versuchsanlage wurde ein Nutzeffekt von 83 % für Normalbelastung erreicht.
Die Ventilatoren werden durch gekuppelte Elektromotoren angetrieben, sie sind
hinter den Kesseln zugänglich auf dem Kesselhausfußboden aufgestellt (Abb. 96).

Klingenberg, Elektrizitätswerke I.   9

Der künstliche Zug wird durch Drosselklappen geregelt; der natürliche Zug ist für rd. 40 $^0/_0$[1]) der Kesselleistung ausreichend. Verfeuert wird Staubkohle mit geringem Zusatz von Kleinkohle; der Heizwert dieses Brennstoffes beträgt 5000 bis 6000 WE. Die Asche wird auf mechanischem Wege durch Seilförderer und einzelne Wagen beseitigt (Abb. 101), die bis zum Ausgang der Anlage von Hand gehoben werden; sie wird in einem Tale abgelagert (Abb. 93), so daß Förderhöhen nicht zu überwinden sind.

d) Schalthaus.

In rd. 50 m Entfernung vom Maschinenhaus ist ein besonderes Schalthaus errichtet, das auch die Betätigungstafel enthält; alle Schaltungen werden durch Fernsteuerung ausgelöst (vgl. Schaltschema Abb. 104). Die Schaltwärter verständigen sich mit dem Maschinenhause durch lauttönende Fernsprecher. Die Transformatorenräume bestehen aus einzelnen feuerfesten Kammern und sind an der Längsseite des Schalthauses (Abb. 105) angebaut. Die Spannung wird von 10000 auf 40000 V heraufgesetzt, der Strom ausschließlich durch Freileitungsnetze fortgeleitet, und zwar in der Umgebung von Brakpan mit 10000 V, in der Richtung nach Simmerpan durch je 2 Doppelleitungen auf 2 besonderen Gestängen mit je 10000 und 40000 V. Im Schalthause befindet sich noch eine Batterie für die magnetische Schalterbetätigung, die gleichzeitig zur Notbeleuchtung dient; sie wird durch einen kleinen Drehstrom-Gleichstromumformer aufgeladen, der ebenfalls im Schalthause steht.

B. Das Kraftwerk Simmerpan.
(Vgl. Lageplan Abb. 106 u. Ansicht Abb. 107.)

a) Kohlenförderung.

Die Kohlenförderung besteht aus einem unmittelbar über der Erdoberfläche angeordneten Schachtspeicher, der von den Kohlenzügen befahren werden kann, so daß die Kohlen aus den Wagen unmittelbar in die Bunker entladen werden. Sie liegen quer vor den einzelnen Kesselhäusern und sind mit diesen durch Becherketten verbunden, die ihrerseits in einen kleinen über den Kesseln liegenden Kohlenbunker ausschütten (Abb. 108—110). Die einzelnen Förderstränge werden wiederum durch ein Längsband beschickt, das sich unter dem Kohlenspeicher hinzieht, so daß die Kohlen beliebig aus jedem Bunker in jedes Kesselhaus gefördert werden können. Diese Anordnung ist nötig, weil mit dem Bezuge verschiedener Kohlensorten zu rechnen ist, die zum Zwecke guter Verfeuerung auf Kettenrosten miteinander vermischt werden müssen. Den Fördererbetrieb kann man z. B. so einstellen, daß jede zweite Tasche aus einem bestimmten Bunker, die dazwischenliegenden aber aus einem andern gefüllt werden. Der Kohlenspeicher hat ein Fassungsvermögen von 1600 t, während die Bunker in jedem Kesselhaus für 650 t eingerichtet sind.

b) Kesselhäuser.

Die Kesselanlage (Abb. 108—110) besteht aus 2 Kesselhäusern mit je 8 Kesseln von je 9000 kg/Std Dampfleistung bei je 358 qm wasserberührter Heizfläche und 14,5 qm Rostfläche. Die Achse der Kesselhäuser steht im Gegensatz zu Brakpan senkrecht zur Achse des Maschinenhauses. Die Dampfleistung jedes Kesselhauses reicht für zwei Turbodynamos gleicher Größe wie in Brakpan aus, einschließlich einer Dampfreserve von rd. 20 $^0/_0$. Kessel und Vor-

---

[1]) Durch weitere Herabziehung der Widerstände von Kessel, Ekonomiser und Fuchs (vergl Abb. 10, 11, 12, 38, 72, 73) läßt sich diese Ziffer wesentlich verbessern.

wärmer sind von gleicher Bauart wie in Brakpan. Die Hauptdampfleitung in jedem
Kesselhaus ist als offener Ring verlegt; die Enden des Ringes sind an eine Sammelleitung angeschlossen, die im Aschkeller längs der Außenseite des Maschinenhauses

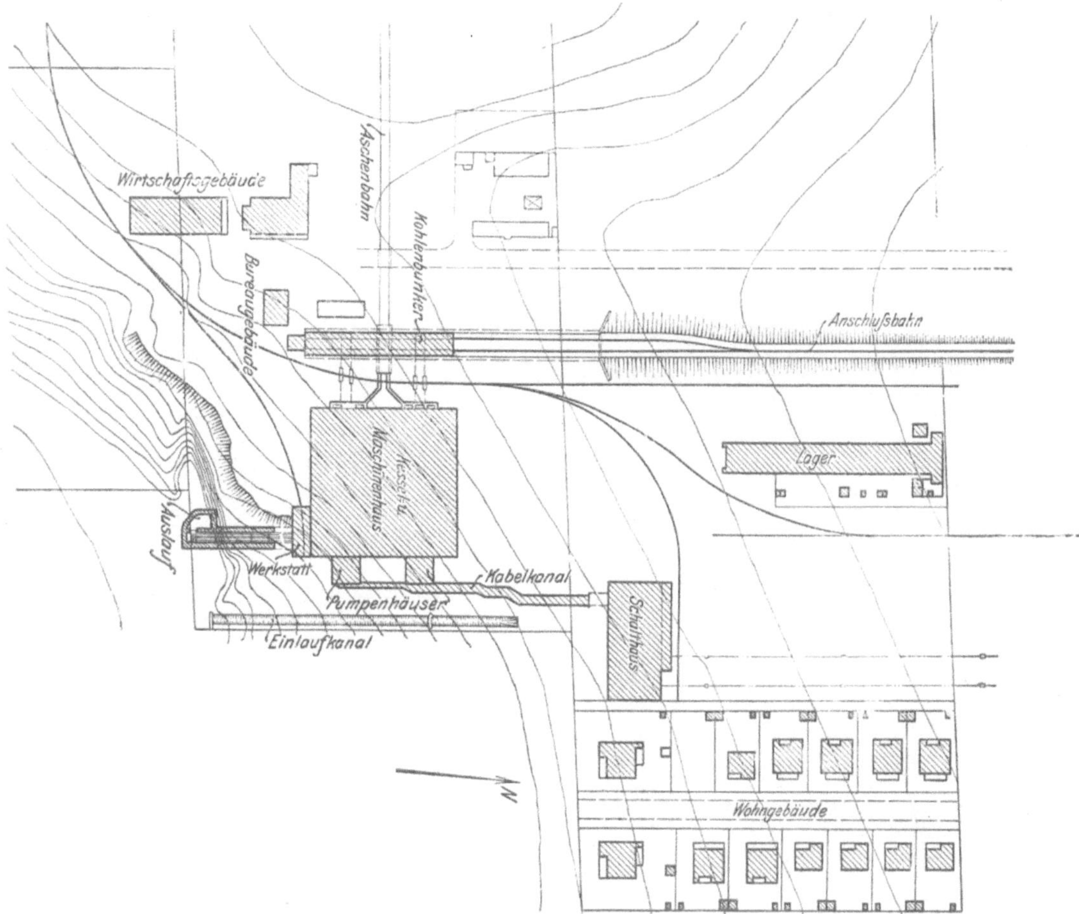

Abb. 106. Kraftwerk Simmerpan. Lageplan.

verläuft; von ihr zweigen die einzelnen Verbindungen zu den Turbogeneratoren ab
(vgl. Rohrleitungsschema Abb. 111, ferner Abb. 112—114). Erwähnenswert ist,
daß sich die in den einzelnen Abzweigern eingebauten normalen Wasserabscheider nicht als ausreichend erwiesen haben, weil infolge anfangs sehr häufig

Abb. 107. Kraftwerk Simmerpan. Ansicht. Im Vordergrund Wirtschaftsgebäude; vor den Kesselhäusern der Kohlenbunker.

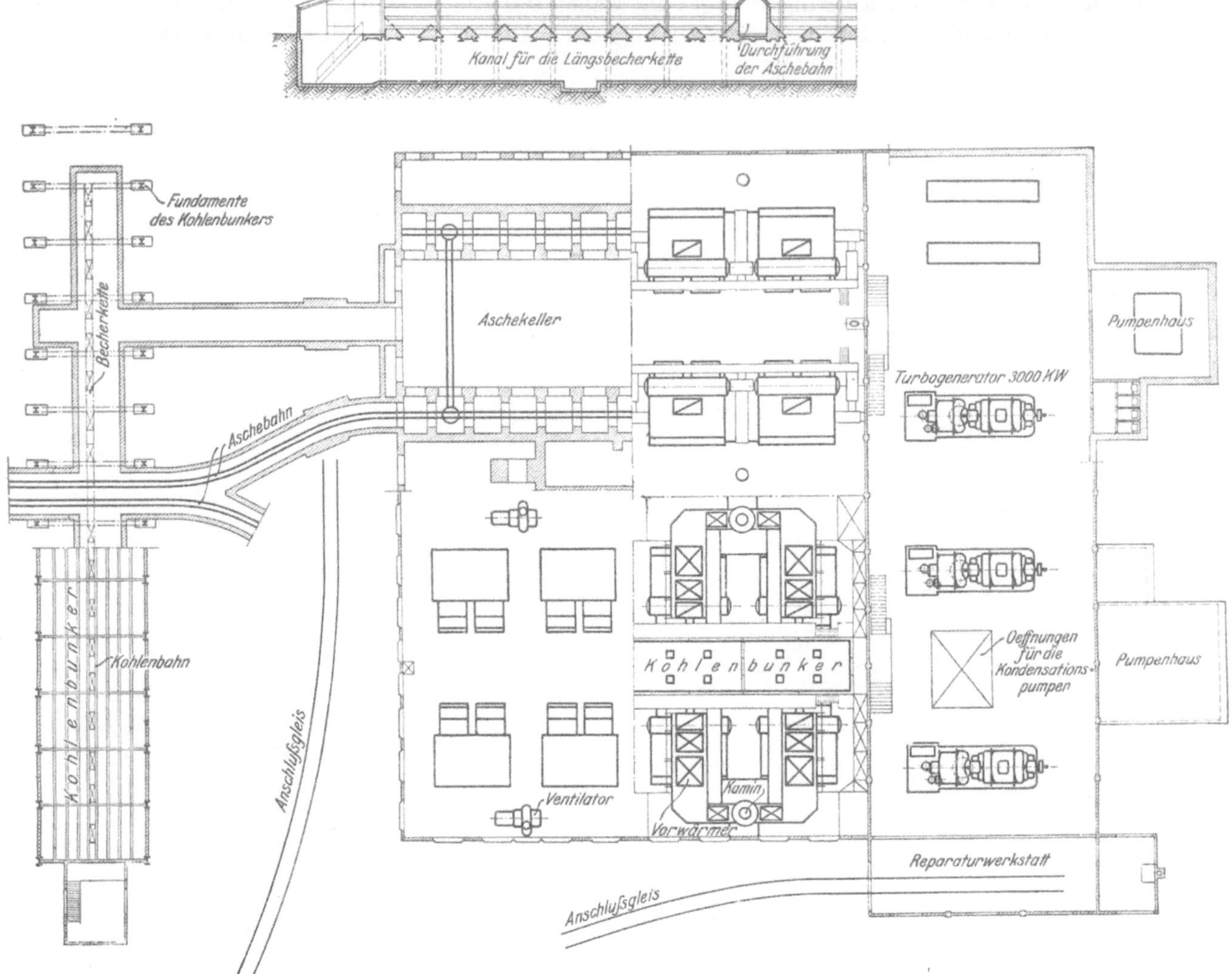

Abb. 108.   Kraftwerk Simmerpan.   Grundriß: Kohlenbunker, Kesselhaus, Maschinenhaus.   Längsschnitt der Kohlentransportkanäle.

auftretender Kurzschlüsse und starker Belastungsstöße Wasser aus den Kesseln
mitgerissen wurde und die Turbinen gefährdete. Sie wurden deshalb später durch
Töpfe ersetzt, die mit ziemlich schweren gußeisernen muldenförmigen Stücken
ausgestattet sind; sie halten nicht nur das mitgerissene Wasser zurück, sondern
dienen gleichzeitig als Wärmespeicher und verdampfen das mitgerissene Wasser
nachträglich.

c) Maschinenhaus.

Das Maschinenhaus enthält nebeneinander in paralleler Aufstellung sechs
Turbodynamos von je 3000 KW. (Abb. 108, 115.   Erster Ausbau: 4 Maschinensätze.) Die Anordnung der Kondensatoren ist normal, die Hilfspumpen werden
ebenso wie in Brakpan elektrisch angetrieben.   Für die Kühlwasserzuführung dient
ein Stichkanal, der an der Außenwand des Maschinenhauses entlang unmittelbar in
den Simmerpan läuft.   Die Umlaufpumpen stehen in Schächten, die mit dem Kanal

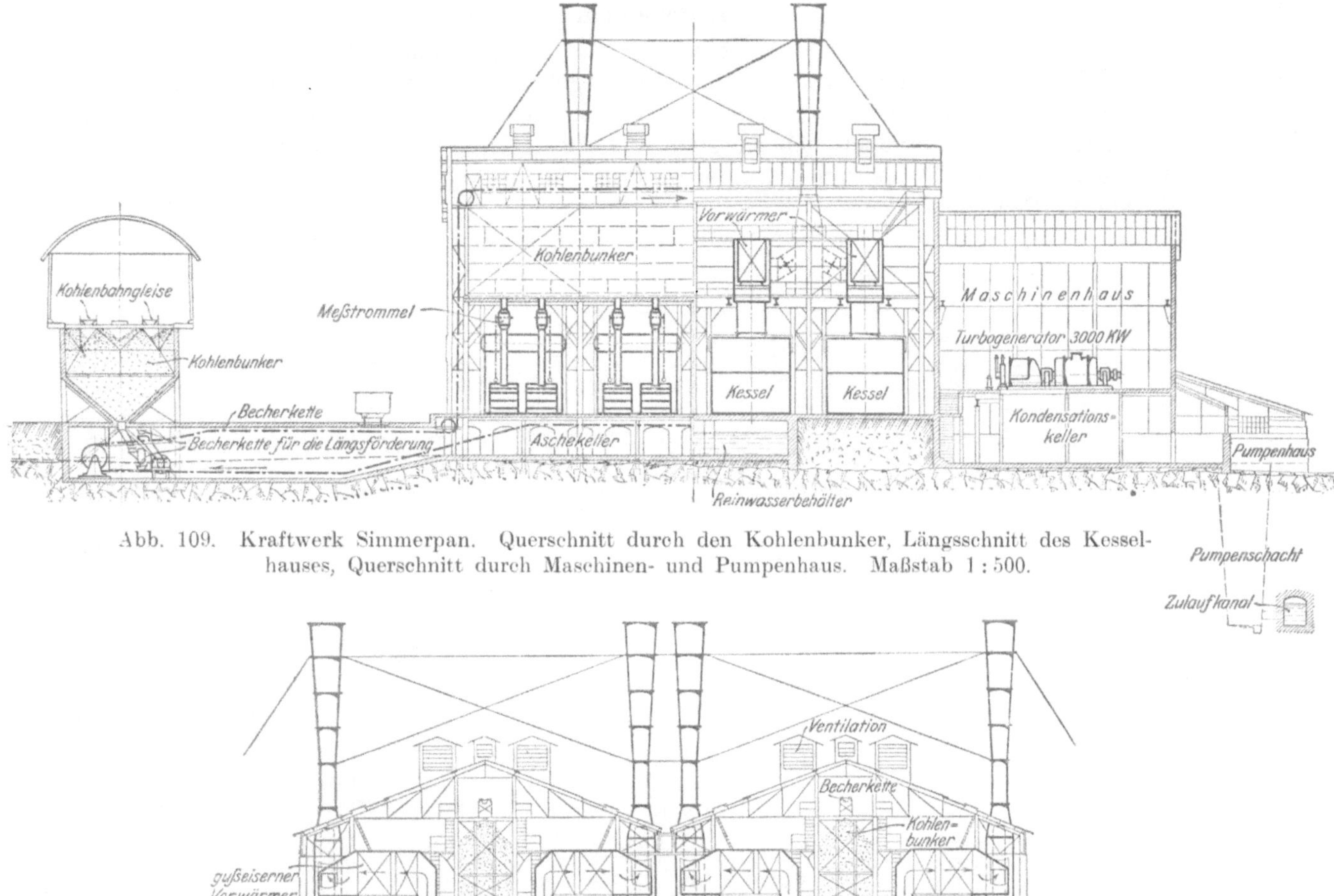

Abb. 109. Kraftwerk Simmerpan. Querschnitt durch den Kohlenbunker, Längsschnitt des Kesselhauses, Querschnitt durch Maschinen- und Pumpenhaus. Maßstab 1 : 500.

Abb. 110. Kraftwerk Simmerpan. Querschnitt durch die Kesselhäuser.

durch absperrbare Rohrleitungen verbunden sind (Abb. 106, 109, 112, 113). Kanal
und Schächte sind so tief angelegt, daß der Zulauf auch bei niedrigstem Wasserstande
gesichert ist. Die Verbindung des Stichkanales mit dem Teiche wurde zunächst nur
soweit ausgesprengt, wie der Wasserstand während der Bauzeit erlaubte. Die Spreng-
arbeiten sollen erst dann fortgesetzt werden, wenn der Wasserstand weiter zurückgeht, so daß später einmal der tiefste Punkt des Kanales mit dem Teich unmittelbar verbunden sein wird; vorerst sollte die Herstellung kostspieliger Ab-
dämmungen vermieden werden, die sehr umfangreich geworden wären, weil die Ufer
des Teiches ziemlich flach verlaufen und der Fels dabei wasserdurchlässig ist. Das
Kühlwasser fließt durch zwei Rohrstränge längs des Maschinenhauses ab, die unter
der Wasseroberfläche in den Teich münden, so daß stets guter Wasserschluß gewährleistet ist, wodurch sich die Arbeit der Umlaufpumpen auf die Überwindung der
Reibungsverluste beschränkt. Die antreibenden Elektromotoren sind in der Höhe
des Maschinenhauskellers aufgestellt und können leicht überwacht werden.

d) Schalthaus.

Das Schalthaus (Abb. 116) ist ebenso wie in Brakpan von der Maschinenanlage getrennt und mit dieser durch einen begehbaren Kabelkanal (Abb. 106) verbunden; hinsichtlich der inneren Einrichtung kann auf Brakpan verwiesen werden, die Abweichungen ergeben sich lediglich aus dem größeren Umfange dieser Anlage. Es enthält zwei Doppelsammelschienensätze für 10000 V (Verteilnetz) und für 40000 V (Speiseleitungen).

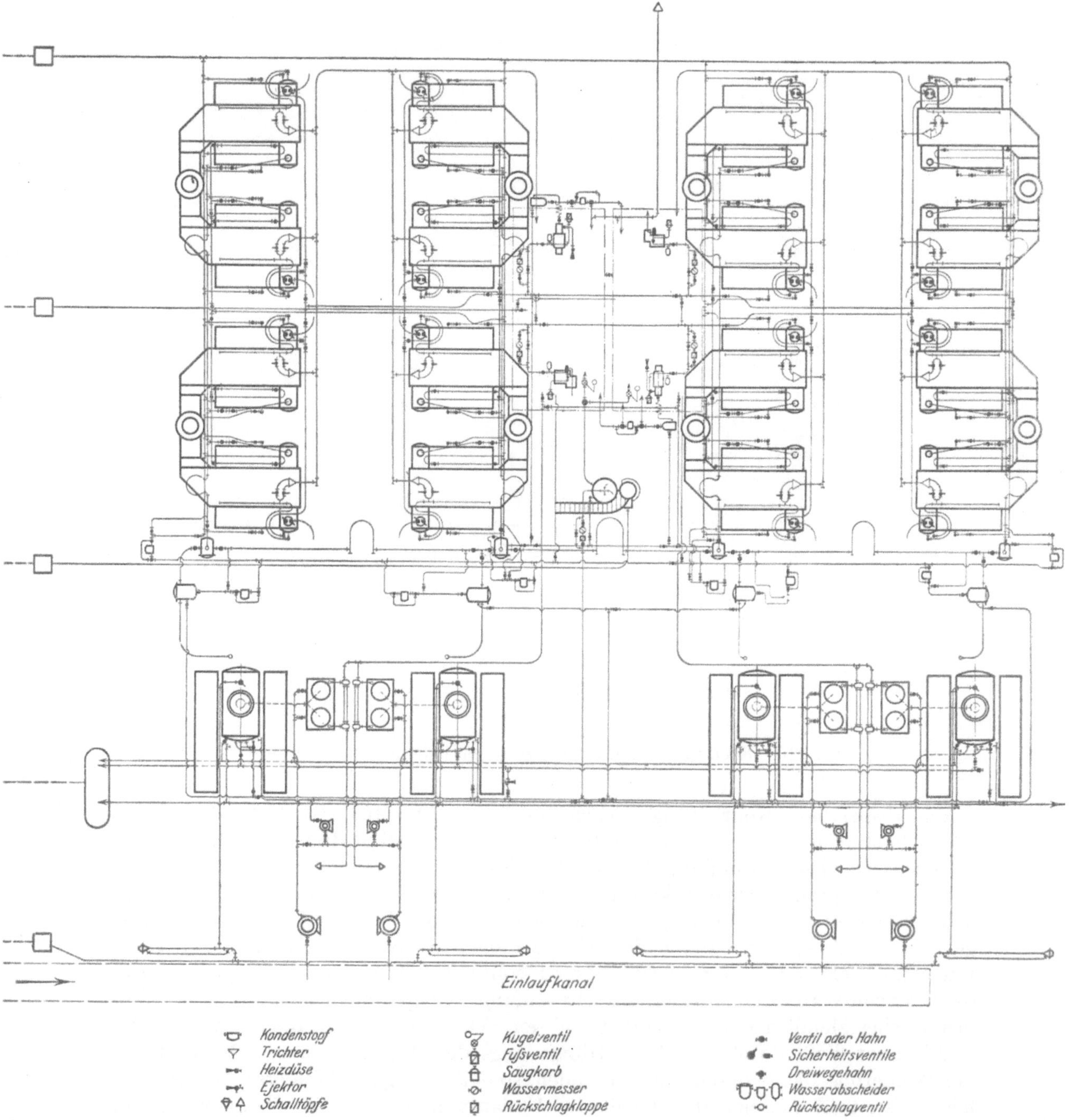

Abb. 111. Kraftwerk Simmerpan. Rohrleitungsschema.

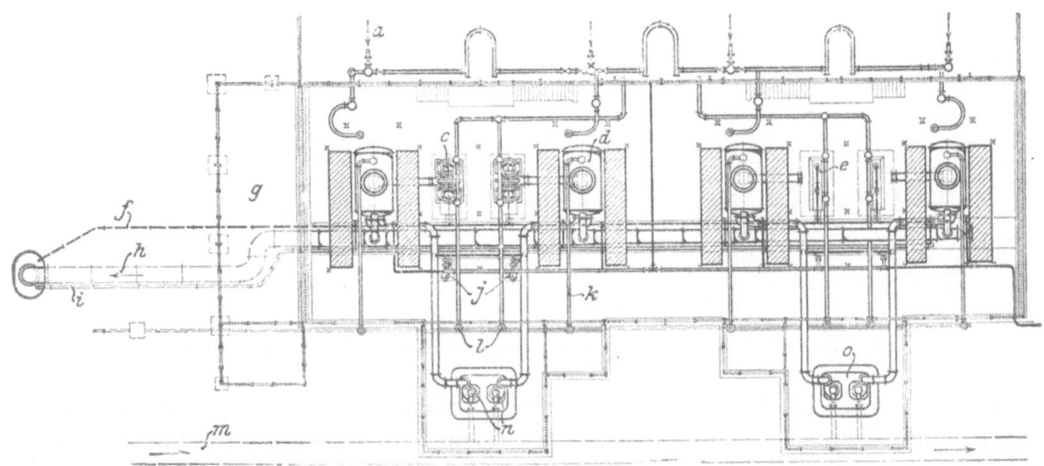

Abb. 112. Kraftwerk Simmerpan. Grundriß der Rohrleitungs- u. Kondensationsanlagen. Maßstab 1 : 500.
a = Frischdampfleitung. b = Kesselhaus. c = Naßluftpumpe mit elektrischem Antrieb. d = Oberflächenkondensator. e = Naßluftpumpe. f = Abwässer der Luftpumpe. g = Werkstatt. h = Auslaufleitung. i = Abfluß der Ölkühler und !der Lagerkühlung. j = Pumpen für Lagerkühlung. k = Abdampfleitung für Sicherheitsventil des Kondensators. l = Abluft der Naßluftpumpe. m = Einlaufkanal. n = Kreiselpumpe mit elektrischem Antrieb für das Kühlwasser der Kondensatoren. o = Pumpenschacht.

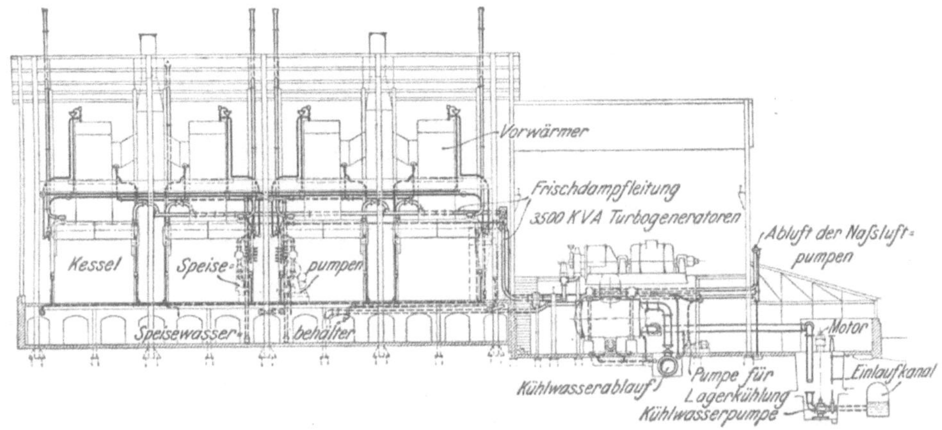

Abb. 113. Kraftwerk Simmerpan. Längsschnitt d. Rohrleitungs- u. Kondensationsanlage. Maßstab 1 : 500.

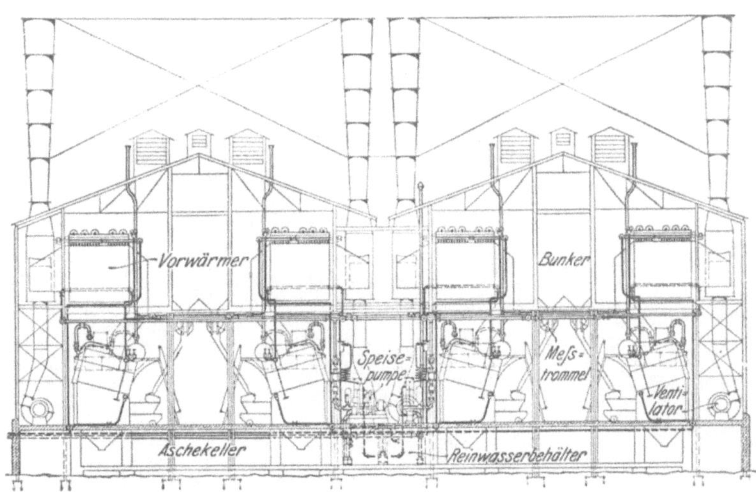

Abb. 114. Kraftwerk Simmerpan. Rohrleitungsanlage im Kesselhaus. Maßstab 1 : 500.

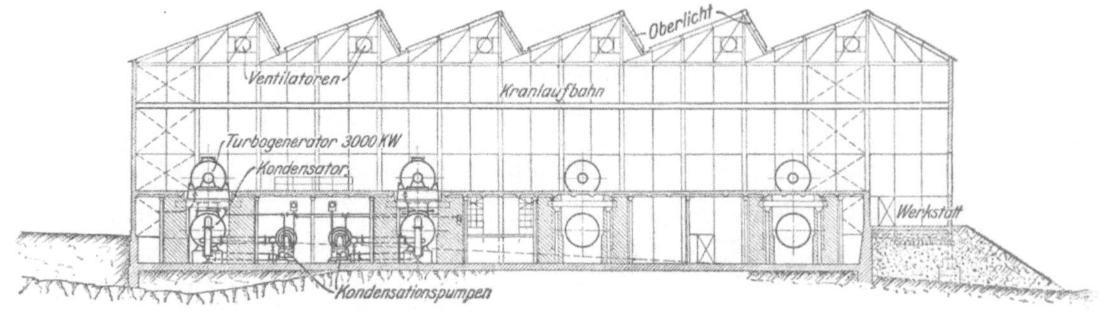

Abb. 115. Kraftwerk Simmerpan. Längsschnitt des Maschinenhauses.

Hervorzuheben ist, daß der zum Aufladen der Batterie dienende Zweimaschinen-Umformer durch einen Synchronmotor angetrieben wird, der im Falle des Versagens der Kraftanlage von der Batterie gespeist und als Stromerzeuger für die Stromlieferung an die Hilfsmotoren benutzt wird. Die Batterie ist zu diesem Zwecke für kurzzeitig große Leistung bemessen. Diese Einrichtung hat sich gut bewährt, sie

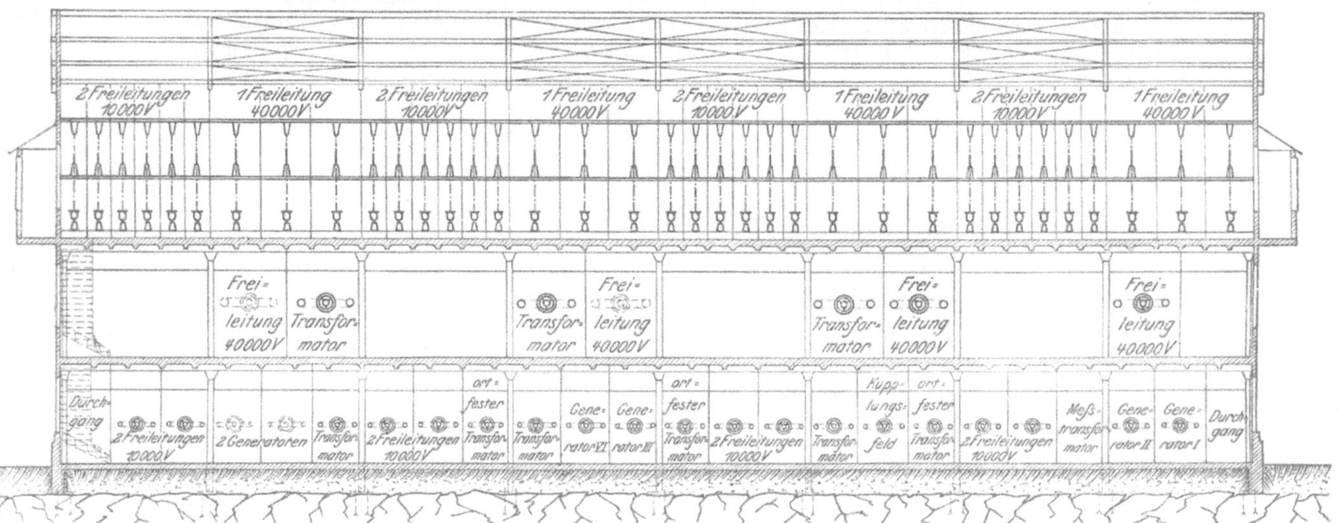

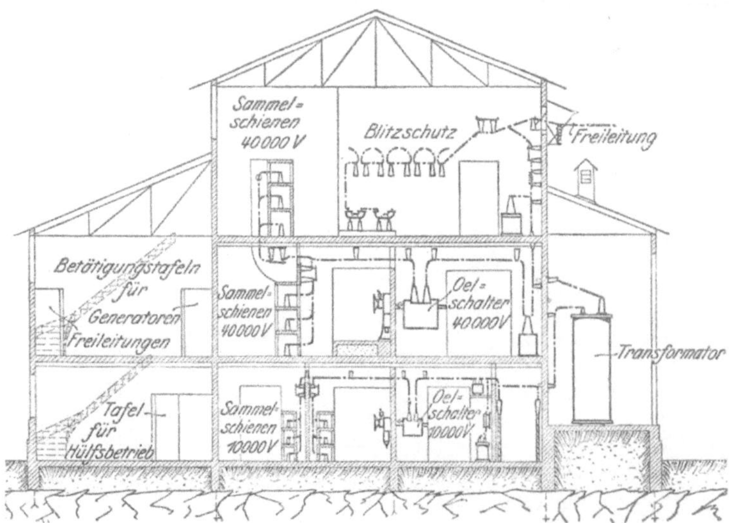

Abb. 116. Kraftwerk Simmerpan. Längsschnitt und Querschnitt des Schalthauses.

empfiehlt sich bei elektrischem Antrieb der Hilfsmaschinen, wenn andre unabhängige Stromquellen nicht zur Verfügung stehen.

Brakpan und Simmerpan sind wie schon erwähnt durch zwei 40 000 V-Leitungen miteinander verbunden, die je auf einer besonderen Mastreihe verlegt wurden. Auf dem größten Teile der Strecke werden beide Mastreihen gleichzeitig dazu benutzt, um einen oder zwei Stromkreise der Verteilungsleitungen für 10 000 V aufzunehmen, da ein großer Teil des Stromes in unmittelbarer Nähe der Leitung verbraucht wird.

C. Das Nebenwerk Herkules.

In der Mitte der Leitung liegt das Hauptschalt- und Transformatorenwerk Herkules (Abb. 117), durch das die beiden 40 000 V-Leitungen hindurchführen. Die Spannung wird wiederum auf 10 000 V herabgesetzt. Ebenso wie in Brakpan und Simmerpan sind auch hier örtliche Verteilnetze angeschlossen, die sich zum Teil in Simmerpan, zum Teil in Brakpan zu einem Ringe schließen, so daß der Strom stets von zwei Seiten in die Verteilleitungen geliefert werden kann. Durch die Leitungsnetze für 10 000 V werden die umliegenden Bergwerke unmittelbar mit Strom versorgt; ihr Bedarf ist allerdings in den letzten Jahren so rasch gestiegen, daß diese beiden Kraftwerke auch zur Versorgung des östlichen Gebietes allein nicht mehr ausreichen und deshalb auf die Unterstützung des neuen Werkes in Roshervilledam angewiesen sind.

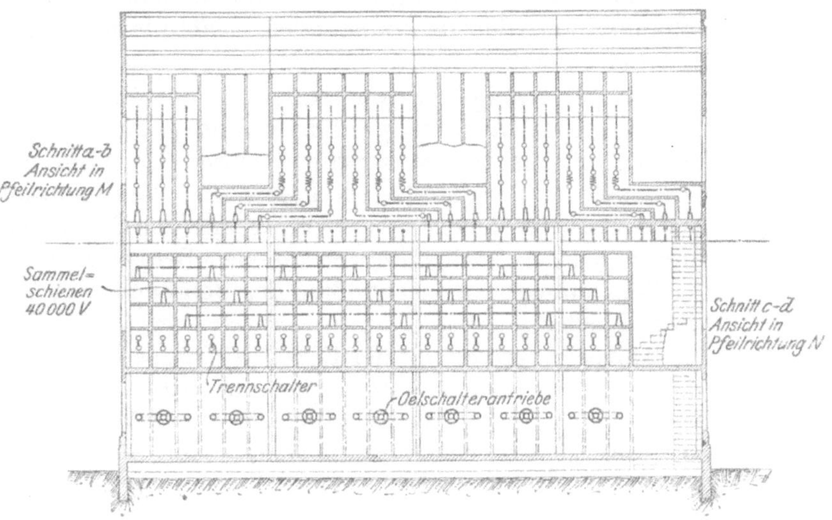

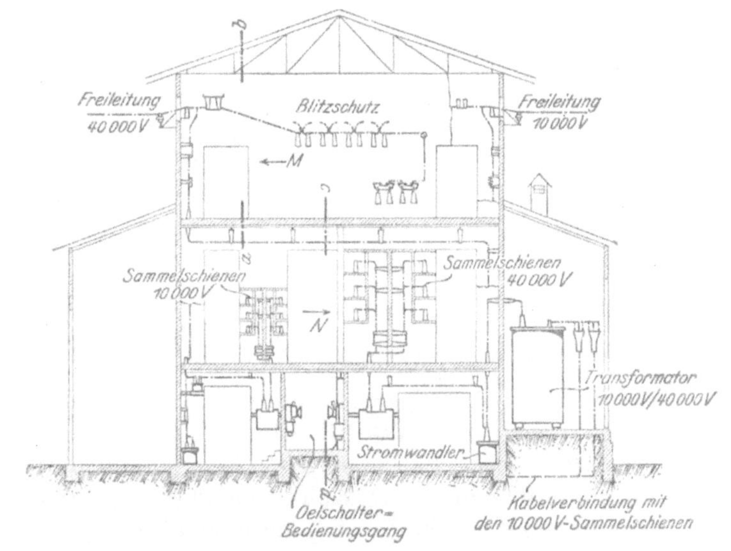

Abb. 117. Unterwerk Herkules. Querschnitt und Längsschnitt. Maßstab 1 : 250.

3. Vorarbeiten für die weitere Entwickelung.

a) Allgemeines.

Inzwischen hatte die Stadt Johannesburg, um sich von der Stromlieferung der Rand Central Electric Works unabhängig zu machen, ein eigenes großes Elektrizitätswerk mit Gaskraftmaschinen errichtet, das jedoch nie betriebsfähig war, so daß die

Stadt sich genötigt sah, die bestehenden Stromlieferungsverträge mit den Rand Central Electric Works und neuerdings mit der Victoria Falls Power Co. zu verlängern. Zur Schlichtung der mit der Stadt entstandenen Streitigkeiten entsandte die Erbauerin der Gasanlage im Frühjahr 1908 den durch Gründungen elektrischer Unternehmungen in England bekannten beratenden Ingenieur W. A. Harper nach Johannesburg, der die entstandenen Schwierigkeiten durch ein neues Projekt zu beseitigen suchte.

Harper schlug vor, ein Kraftwerk mit Dampfbetrieb zu errichten, das außer der gesamten Stromlieferung für die Stadt Johannesburg gleichzeitig die anliegenden Bezirke mit Elektrizität versorgen sollte. Er leitete demgemäß Verhandlungen mit verschiedenen Bergbau-Gesellschaften ein. Während nun die Victoria Falls Power Co. das Zustandekommen des Vertrages mit der Stadt Johannesburg verhinderte, war Harper bei den Verhandlungen mit den Bergwerken erfolgreich; es gelang ihm, mit der Eckstein-Gruppe, der größten des Bergbaubezirkes, einen Stromlieferungsvertrag abzuschließen.

Harpers Vertrag mit der Eckstein-Gruppe ist wohl der bedeutendste, der jemals mit einem einzelnen Verbraucher für Stromlieferung vereinbart wurde. Außer der Gewährleistung eines Mindestverbrauches von jährlich 80 Mill. KWStd verpflichtete sich die Eckstein-Gruppe für ihren gesamten Kraftbedarf, sie sollte ferner bis zur Inbetriebsetzung des neuen Werkes alle Arbeitsmaschinen für elektrischen Antrieb umbauen. Nach den damals vorhandenen Einrichtungen konnte ziemlich sicher mit dem doppelten Betrage des gewährleisteten Verbrauches gerechnet werden.

Von weiteren wesentlichen Bestimmungen des Vertrages seien hier folgende erwähnt: Die Dauer des Vertrages war auf 10 Jahre, beginnend mit dem 1. Januar 1910, festgesetzt. An diesem Tage hatte die Stromlieferung zu erfolgen; anderseits verpflichtete sich die Eckstein-Gruppe, bis dahin alle Dampfantriebe in elektrische Antriebe umzuwandeln. Etwa 40 % der Leistung sollten als Druckluft geliefert werden. Für die Bestimmung der Druckluftleistung waren eingehende Feststellungen gemacht, insbesondere war der Umrechnungsfaktor für ein KW Luftleistung nach der Formel $1 \text{ KW} = \dfrac{1}{\eta} \dfrac{g}{1000} p_0 v_0 \ln \dfrac{p}{p_0}$ als Funktion von Volumen, Druck und Temperatur festgelegt. Die in dieser Formel enthaltene Konstante $\dfrac{1}{\eta}$ sollte nach Wirkungsgrad-Versuchen an vorhandenen Kompressoranlagen bestimmt werden. Für die KWStd Elektrizität war ein Preis von 3,723 Pf., für eine KWStd Druckluft 5,584 Pf. vereinbart. Ermäßigung des Preises sollte eintreten, wenn die Eisenbahnfrachten für Kohle verringert würden; außerdem wurde der Eckstein-Gruppe eine Gewinnbeteiligung eingeräumt.

Die Erfüllung des Vertrages war an die Voraussetzung geknüpft, daß es Harper gelingen würde, in bestimmter Frist eine Gesellschaft zur Finanzierung des Planes zu bilden.

Harper trat nach seiner Rückkehr zunächst mit der AEG in Verbindung, die die vorgelegten Verträge einer sorgfältigen Prüfung unterzog und durch Aufstellung eines Entwurfs und durch Vergleichsrechnungen feststellte, ob bei den vereinbarten Bedingungen ausreichende Wirtschaftlichkeit erzielt werden könne.

Das Ergebnis war zunächst ungünstig, insbesondere machten die unzureichende Dauer des Vertrages und die überaus scharfen Bestimmungen über Vertragstrafen eine Annahme des Vertrages unmöglich. Die daraufhin von dem Verfasser mit dem Stammhause der Eckstein-Gruppe in London geführten Verhandlungen wegen Abänderung des Vertrages waren insofern erfolgreich, als wesentliche Schärfen beseitigt wurden. Gleichzeitig konnte die Dauer des Vertrages auf 20 Jahre verlängert und die gewährleistete geringste Stromabnahme von 80 auf 130 Mill. KWStd jährlich heraufgesetzt werden.

Dieser Vertrag wurde sodann im Herbste 1908 durch den Präsidenten der Victoria Falls Power Co., Lord Winchester, zum Abschluß gebracht, nachdem es ihm gelungen war, die für die Neubauten erforderlichen beträchtlichen Kapitalien im Betrage von 36,8 Mill. M. sicher zu stellen.

Das neue Kapital war eingeteilt in 18,4 Mill. M. Obligationen und 18,4 Mill. M. Aktien[1]). Die Obligationen wurden wiederum in Deutschland gezeichnet, diesmal unter Mitwirkung der Deutschen Bank, woraus sich für die Siemens-Schuckert-Werke eine Beteiligung an den Lieferungen ergab.

Da sich die Ausnutzung der Victoria-Fälle inzwischen als unmöglich erwiesen hatte, weil die Regierung auf Betreiben der an den Kohlenlieferungen Beteiligten in Transvaal die Einführung außer Landes erzeugter Energie nicht gestatten wollte, wurde gleichzeitig der Name der Gesellschaft in Victoria Falls and Transvaal Power Co. umgeändert. Als Tochtergesellschaft wurde ferner die Rand Mines Power Supply Co. gegründet, gemäß den Bedingungen des mit der Eckstein-Gruppe abgeschlossenen Vertrages, um für die Gewinnbeteiligung dieser Gruppe klare Verhältnisse zu schaffen, und gewisse andre rechtliche Vorbehalte auf das Vermögen dieser Gesellschaft zu beschränken.

Mit der AEG wurde ein neuer Bauvertrag für die gesamten Neubauten vereinbart, der die Errichtung von neuen Kraftwerken für eine Leistungsfähigkeit von 7×12000 KVA in Dampfturbinen und 10×4000 PS in Luftkompressoren, ferner den gesamten Bau der Maschinen- und Kesselhäuser, eines Freileitungsnetzes für 40000 und 10000 V und eines Kabelnetzes für 20000 V, sowie ein ausgedehntes Druckrohrnetz für 9 at umfaßte.

Neben Arthur Wright und W. A. Harper wurde der Verfasser beratender Ingenieur der Gesellschaft und insbesondere mit der technischen Ausarbeitung der Entwürfe betraut, während Wright und Harper die Nachprüfung der einzelnen Lieferungen auf Erfüllung der Gewährleistungen, die Abnahme- und die Rechnungsprüfung übernahmen.

Da sämtliche Unterlagen für die Entwürfe fehlten und vor allem über die Lage des Kraftwerkes und die Verteilung des Stromverbrauches noch keine Erhebungen angestellt waren, mußten diese zunächst beschafft werden. Der Verfasser ging deshalb im Frühjahr 1909 zusammen mit Lord Winchester, der die Rand Mines Power Supply Co. gründen wollte, nach Südafrika, nachdem sein Assistent, Oberingenieur Tröger, zur Vorbereitung der Arbeit bereits vorausgereist war.

Durch die Übernahme von zwei neuen Bergbaugesellschaften, der New Modderfontein Gold Mining Co. und Bantjes Consol. Mines war inzwischen der Kraftbedarf der Eckstein-Gruppe noch beträchtlich gestiegen, er wurde nach besonderen Erhebungen auf 320 Mill. KWStd geschätzt; hinzu kam noch der sehr beträchtliche Verbrauch der Goldfields- und der Albu-Gruppe, die sich inzwischen gleichfalls zum Anschluß bereit erklärt hatten, so daß mit einem Anfangsverbrauch von etwa 500 Mill. KWStd gerechnet werden mußte.

Bei so großen Arbeitslieferungen erforderten natürlich die Kohlen- und Wasserbeschaffung, die Feststellung des zu erwartenden Belastungsfaktors und schließlich die rechtlichen Verhältnisse für den Bau der Leitungen (Wegerechte) besonders sorgfältige Untersuchungen, da die Zukunft des Unternehmens von der richtigen Beurteilung dieser Fragen abhing. Es ist deshalb nötig, auf diese Verhältnisse im einzelnen etwas näher einzugehen.

---

[1]) Das Kapital ist dann 1910 um 2652000 M. Vorzugsaktien, 1911 um 3304800 M. Vorzugsaktien und 26520000 M. Obligationen und Anfang 1912 um 10200000 M. Obligationen vermehrt worden.

b) Kohlenvorkommen am Rand.

Kohle wird zum Teil im Randgebiete selbst und zwar bei Brakpan und Springs gefunden; sie liegt hier in geringer Tiefe und ist minderwertig; mit besseren Kohlensorten vermischt, kann sie jedoch erfolgreich für Kettenrostfeuerung verwendet werden. Bemerkenswert ist, daß die Kohlenflöze stellenweise die Golderzgänge überlagern; Kohle und Golderze werden dann aus einem Schacht gefördert.

Das bedeutendste Kohlenbecken Transvaals liegt im Witbank-Middelburg-Bezirk, rd. 130 km östlich von Johannesburg. Die Kohle streicht in mehreren Flözen bis 100 m Tiefe, die Mächtigkeit der einzelnen Flöze erreicht stellenweise 7 m. Die Kohle ist durchweg gut, ihr Heizwert beträgt 6400 bis 7000 WE.

Für die Kohlenversorgung des Randes kommt ferner der Heidelberger Bezirk und die bedeutenden Kohlenfelder nahe Vereeniging am Vaal-Fluß in Betracht; durch umfangreiche Bohrungen ist festgestellt, daß die Flöze im letztgenannten Gebiet bei großer Mächtigkeit und Ausdehnung in geringer Tiefe liegen.

Hinsichtlich der geologischen Bodengestaltung ist zu erwähnen, daß sich die einzelnen Kohlenbecken meist flach gelagert in geringer Tiefe tellerartig ausbreiten und im Auslauf zutage treten. Die zerstreut liegenden Gruben haben keinen Zusammenhang und zeigen auch hinsichtlich der Güte sehr verschiedene Werte. Man kann deshalb aus den Aufschlüssen eines Kohlenfeldes nicht auf die Nachbarschaft schließen; viele verlassene Schächte zeugen von erfolglosen Abbauversuchen.

Die Güte der Kohle hängt wesentlich von der mehrfachen sorgfältigen Nacharbeit ab; das Gestein muß] auf Sortierbändern über Tag von Hand ausgelesen werden, ein Verfahren, das natürlich erheblich zur Verteuerung des Kohlenpreises beiträgt, da selbst die besten Gruben noch bis zu 10 $^0/_0$ Steine unter den Kohlen fördern.

Die Kohle ist in der Regel gasarm; Erfahrungen über ihre Verwendbarkeit in selbsttätigen Feuerungen lagen vor der Errichtung der Anlagen der Victoria Falls Power Co. nicht vor, da die Kesselanlagen auf den einzelnen Werken von Hand durch Schwarze oder Chinesen beschickt wurden. Auf die Vorteile selbsttätiger Beschickvorrichtungen sollte natürlich womöglich nicht verzichtet werden, es mußten deshalb zunächst umfangreiche Versuche mit den einzelnen Kohlensorten ausgeführt werden, bevor Aufschluß über Art und Größe der Roste zu erlangen war. Bei den gemeinsam mit der Firma Babcock & Wilcox in Glasgow ausgeführten Versuchen stellte sich dann heraus, daß sich die besseren Kohlen auf Kettenrosten bei richtiger Spaltbreite gut verfeuern lassen, besonders gasarme Kohlen verlangten eine Vermischung mit gasreicheren Kohlen; für die Vereeniging-Kohle ist außerdem noch eine nicht unbeträchtliche Vergrößerung der Roste erforderlich, wenn die gleiche Dampfleistung des Kessels erreicht werden soll.

Trotz der vielen Verunreinigungen sind die Kosten für die Gewinnung der Kohle sehr niedrig: die geringe Tiefe des Vorkommens, die billige Arbeitskraft der Eingeborenen, hauptsächlich aber die große Mächtigkeit, der Flöze, die durchweg den Abbau ohne Kunstbauten gestattet, tragen wesentlich zur Herabsetzung der Gewinnungskosten bei. Die Förderkosten stellen sich einschließlich Verzinsung des Kapitals auf 2 bis 4 M./t.

Beim Abbau der Kohle bleiben zunächst starke Pfeiler stehen, deren Inhalt bis zu 40 $^0/_0$ des ganzen Flözes beträgt; nach dem Abbau kann hiervon noch etwa die Hälfte gewonnen werden, wenn man die abgebauten Teile des Flözes zu Bruch gehen läßt.

Schrämmaschinen, deren Konstruktion sich nach der Eigenart des einzelnen Vorkommens richtet, in der Regel mit Druckluft betrieben, sind vielfach in Gebrauch. Künstliche Wetterführung wird nicht als erforderlich angesehen. Die Verbrennungsgase werden nach dem Schießen ebenso wie in den Goldminen am Rand dadurch beseitigt, daß die Druckluftleitung eine Zeitlang geöffnet wird. Schlagende Wetter und Kohlenstaubexplosionen sind nicht zu befürchten, es wird durchweg mit offenen Lampen (Stearinkerzen) gearbeitet.

Als Handelsmarken unterscheidet man Stückkohle, Nußkohle, Grießkohle und Staubkohle. In früheren Jahren wurde die ausgesiebte Staubkohle, zum Teil auch die Grießkohle, mit den übrigen Verunreinigungen als Abfall auf die Halde geworfen, so daß sich noch heute neben den Gruben Berge dieser Kohlensorten vorfinden, die allerdings durch Selbstzündung und Witterungseinflüsse ihren Heizwert größtenteils verloren haben.

Das Verdienst, den Wert dieser früher vergeudeten Kohle für die Kesselfeuerung erkannt zu haben, gebührt dem früheren Betriebsleiter der Victoria Falls and Transvaal Power Co., H. Spengel. Er konnte mit einer größeren Reihe von Gruben langfristige Verträge schließen, nach denen die letzterwähnte Kohlensorte zu Preisen von 0,5 bis 1 M./t frei Grube geliefert wurde. Die Gesellschaft hat dann ihren Kohlenbedarf während mehrerer Jahre ausschließlich durch Staubkohle gedeckt, erst mit dem gewaltigen Anwachsen der Anlagen war sie genötigt, teilweise zu teureren Kohlensorten überzugehen.

Stückkohle und Nußkohle haben einen Preis von 4 bis 7 M./t. Die außerordentlich hohen Kosten der Bahnbeförderung verteuern den Kesselhauspreis allerdings beträchtlich, sie betragen von Vereeniging bis Johannesburg rd. 6, von Witbank rd. 7.50 M./t, so daß der Preis am Rand hauptsächlich durch die Fracht bedingt ist.

Da die Stromtarife wohl auf Veränderung der Frachtkosten, nicht aber auf Schwankungen der Kohlenpreise abgestimmt werden konnten, mußte die Gesellschaft sich nach Mitteln umsehen, um ungewöhnlichen Preissteigerungen, etwa durch Syndikatsbildungen, wirksam entgegentreten zu können; man suchte diese Gefahr durch Abschluß langfristiger Verträge und durch Herstellung einer Interessengemeinschaft mit einzelnen Gruben zu beseitigen.

Eine weitere Sicherung gegen das Schwanken der Kohlenpreise ergab sich aus der Lage der Kraftwerke. Das Hauptwerk Roshervilledam wird von zwei voneinander ganz unabhängigen, ziemlich gleich entfernten Kohlenbezirken versorgt, so daß Schwankungen im Frachttarif für die Preisstellung nicht ausgenutzt werden können; einer Störung des Betriebes durch teilweise Streiks oder Verkehrshindernisse wird hierdurch gleichzeitig nach Möglichkeit vorgebeugt.

c) Wasservorkommen am Rand.

Obwohl die jährliche Niederschlagmenge in Transvaal normal ist (sie beträgt im Jahresmittel nahezu 70 cm), so war doch von jeher die Wasserbeschaffung eine der wichtigsten wirtschaftlichen Aufgaben, deren Bedeutung mit dem Anwachsen der Industrie am Rand noch wesentlich zunahm. Die Höhenlage (der Rand liegt nahezu 2000 m ü. M.), der Umstand, daß Niederschläge auf die Sommermonate, Oktober bis März, beschränkt sind, und die örtlichen Verhältnisse, (felsiger oder harter Boden ohne jeden Waldbestand) verhindern die natürliche Bewässerung des Landes. Außer in den wenigen großen Flüssen gibt es natürliches Wasser nur in den wasserführenden Schichten der zwischen Johannesburg und Vereeniging belegenen Dolomitformation.

Schon frühzeitig haben daher die Buren die Notwendigkeit erkannt, das ablaufende Regenwasser durch Herstellung künstlicher Dämme in den Hauptabflußtälern zu stauen; diese Anlagen, für die Bedürfnisse des einzelnen zugeschnitten, haben jedoch nur kleines Fassungsvermögen. Natürliche Falten der Oberfläche, kleinere Täler werden durch Erddämme abgesperrt, in deren Herstellung die Buren bemerkenswerte Erfahrung erlangt haben.

Die rasch aufstrebende Industrie ging auch hier planmäßiger vor, es wurden am Rand mehrere Dämme angelegt, von denen einige bedeutende Wassermengen zu speichern vermögen.

Zu erwähnen sind besonders der Simmerpan mit einem Einzugsgebiet von 18 qkm, einer mittleren Oberfläche von rd. 52 ha und einem mittleren Inhalt von 2 Mill. cbm, und das Rosherville-Becken mit ungefähr dem gleichen mittleren Inhalt und 45 ha Oberfläche. Das Einzugsgebiet dieses Beckens, das ursprünglich 20 qkm betrug, wurde später durch Anlage künstlicher Kanäle auf 33 qkm erweitert. Unter Berücksichtigung des dortigen Erfahrungswertes für den mittleren Abfluß, der rd. 16 % beträgt, sowie für Verdunstung (rd. 1,5 m im Jahr), ergibt sich eine jährliche Nutzwassermenge von 1,3 Mill. cbm für Simmerpan und von 3 Mill. cbm für Roshervilledam, mittleren Regenfall von 70 cm vorausgesetzt.

Zur weiteren Sicherung des Wasserbedarfes hat sich eine Genossenschaft von Beteiligten gebildet, die Pumpwerke und Rohrleitungen herstellte, um das Wasser aus den südlich vom Rand gelegenen Dolomitformationen nach dem Rand zu schaffen. Für industrielle Zwecke kann diese Anlage jedoch nur als Notbehelf dienen, da sich die Kosten bei 1000 cbm täglicher Förderung auf rd. 25 Pf./cbm stellen.

Es leuchtet somit ein, daß bei der Wahl eines Platzes für das Kraftwerk auf die Wasserverhältnisse in besonderem Maße Rücksicht zu nehmen war; anderseits mußte mit erheblichem Widerstande der einzelnen Gesellschaften gerechnet werden, wenn man die vorhandenen Staudämme, die ausschließlich für Bergbauzwecke angelegt waren, auch noch für ein großes Kraftwerk benutzen wollte. Die Stellungnahme der Bergwerke hiergegen war so entschieden, daß längere Zeit ernstlich erwogen wurde, die neuen Kraftwerke nach dem äußersten Süden des Randes zu verlegen, wo die wasserführende Dolomitformation günstige Vorbedingungen für die Anlage von Kühlteichen bot.

Durch eine nochmalige sorgfältige Prüfung der ganzen Wasserverhältnisse gelang es jedoch schließlich festzustellen, daß der Roshervilledam auch bei stark zunehmender Goldgewinnung ausreichen würde, außer dem Bergbaubedarf auch den Wasserbedarf eines großen Elektrizitätswerkes zu decken. Die angestellten Berechnungen zeigten nämlich, daß bei Benutzung des Beckens als Kühlteich die Verdampfungswärme derjenigen Wassermenge, die jährlich durch Verdunstung verloren geht (sie beträgt bei dem Roshervillebecken im Mittel 0,7 Mill. cbm im Jahre), zum großen Teil nutzbar gemacht wird; ferner ließ sich mit ziemlicher Sicherheit nachweisen, daß früher der Dampfverbrauch und somit auch der Wasserverbrauch der bisherigen Maschinenanlagen der Gruben durchschnittlich das Dreifache dessen betrug, den moderne Großkraftwerke erfordern.

Durch diese Rechnungen wurde eine Ersparnis an Wasserverbrauch bei Einführung elektrischer Betriebe im Bergbau von 10 bis 13 ltr/KWStd ermittelt, die mithin für Erweiterungen der Grubenanlagen verfügbar blieben und bei gleichem Wasserverbrauch eine Zunahme der Erzverarbeitung um rd. 50 % gestatteten.

Verhandlungen des Verfassers mit dem Direktor der Eckstein-Gruppe, Reyersbach, führten schließlich zu einem Abkommen, das die kostenfreie Benutzung des Roshervillebeckens für ein größeres Elektrizitätswerk zugestand, allerdings mit der Bedingung, daß den Eckstein-Gruben, die bisher bis zu 2 Mill. cbm Wasser im Jahr aus dem Becken gepumpt hatten, in Zukunft die Entnahme von 2,7 Mill. cbm im Jahr gewährleistet wurde. Außerdem war die Bedingung gestellt, daß die Temperatur des Wassers an der Entnahmestelle der Gruben 25° C nicht übersteigen dürfe.

Trotz dieser Verpflichtung stellte sich der Plan eines Kraftwerkes am Rosherville-Becken gegenüber andern Entwürfen als wesentlich vorteilhafter heraus, denn die

Untersuchungen hatten gezeigt, daß die gestellten Bedingungen bei normalem Betrieb erfüllt werden konnten; für den sehr selten zu erwartenden Ausnahmefall bilden die Pumpanlagen der obenerwähnten Genossenschaften eine Aushilfe, die die Erfüllung der eingegangenen Verpflichtungen ermöglicht, ohne daß die durchschnittlichen Wasserkosten nennenswerte Beträge erreichen. Die Lage des Roshervilledam im Mittelpunkte des Versorgungsgebietes, die für eine gesicherte Kohlenzufuhr günstigen Verhältnisse und der für Anlagen im Auslande bedeutungsvolle Umstand, daß sich die Baukosten wegen der Nähe einer größeren Stadt (Johannesburg) niedrig stellen würden, erhöhten den Wert des abgeschlossenen Vertrages.

d) Belastungsfaktor und Leistung der einzelnen Teile der Anlagen.

Nachdem die Lage des Kraftwerkes festgestellt war, mußten zunächst die Leistung der einzelnen Teile der Anlage und der Belastungsfaktor ermittelt werden. Als Grundlage konnte lediglich die Erzförderung benutzt werden, doch waren statistische Unterlagen über den Kraftbedarf der einzelnen Teile eines Grubenbetriebes und der zugehörigen Aufbereitungsanlagen an einzelnen Stellen erhältlich. Zur Zeit der Anwesenheit des Verfassers hatte ein Gesetz, das die Einfuhr chinesischer Kulis verbot und deren allmählichen Ersatz durch einheimische Arbeitskräfte anordnete, bereits Geltung erlangt, und es wurden weitere Maßnahmen geplant, die mehrfache Arbeitschichten für die Arbeiten unter Tage beseitigen sollten. Auf den Einfluß, den ein derartiger Wechsel des Arbeitsverfahrens auf Leistung und Belastungsfaktor haben würde, mußte von vornherein Bedacht genommen werden.

In nachstehenden Zahlentafeln sind die ermittelten Werte zusammengestellt, wobei in Zahlentafel 1 und 2 die Ausgangswerte in Hundertteilen des Verbrauches der einzelnen Gruben festgestellt worden sind, während die Ziffern der Zahlentafeln 3 und 4 sich auf eine mittlere stündliche Belastung von 100 KW am Ausgange des Unterwerkes beziehen; es ist dabei angenommen, daß jede Grube nur ein Unterwerk (Transformatorenanlage) erhält.

Zahlentafel 1 bis 4. Leistung der Haupt- und Unterwerke, ermittelt aus dem Arbeitsbedarf der Gruben in KWStd bei einfacher und doppelter Arbeitsschicht.

Zahl der Gruben auf ein Unterwerk: 1. Zahl der Gruben auf ein Hauptwerk: $n =$ rd. 20.

lfd. Nr.		elektrischer Antrieb				Druckluft	insgesamt
		A	B	C	D	E	F
		Pochwerke, Kugelmühlen, Ventilatoren, Wasserhaltungen	Förderung, Lokomotiven	Licht, Hilfsbetriebe	gesamter elektrischer Antrieb A, B, C	Gesteinbohrer, Hilfsmaschinen unter Tage, Ventilation	D und E
	Zahlentafel 1. Ausgangswerte bei einfacher Arbeitsschicht.						
1	Anteil der einzelnen Betriebe an dem gesamten Arbeitsverbrauch der einzelnen Grube . . . . %/0	47	10	3	60	40	100
2	Belastungsfaktor der einzelnen Grube „	96	30	35	66,1	40	52,3
3	Verluste im Unterwerk bei Höchstbelastung . . . . „	3	3	3	3	—	1,5
4	„ im Leitungsnetz bei Höchstbelastung . . . . „	10	10	10	10	5	7,5
5	Gleichzeitigkeitsfaktor für rd. 20 Unterwerke . . . . „	100	70	80	87	80	83,5

	elektrischer Betrieb				Druckluft	insgesamt
	A	B	C	D	E	F
lfd. Nr.	Pochwerke, Kugelmühlen, Ventilatoren, Wasserhaltungen	Förderung, Lokomotiven	Licht, Hilfsbetriebe	gesamter elektrischer Antrieb A, B, C	Gesteinbohrer, Hilfsmaschinen unter Tage, Ventilation	D und E

Zahlentafel 2. Ausgangswerte bei doppelter Arbeitsschicht.

lfd. Nr.		A	B	C	D	E	F
6	Anteil der einzelnen Betriebe an dem gesamten Arbeitsverbrauch der einzelnen Grube . . . . %	46	11	4	61	39	100
7	Belastungsfaktor der einzelnen Grube . „	96	36	40	69	60	65,1
8	Verluste im Unterwerk bei Höchstbelastung . . . . „	3	3	3	3	—	1,7
9	„ „ Leitungsnetz bei Höchstbelastung . . . . „	10	10	10	10	5	7,9
10	Gleichzeitigkeitsfaktor für rd. 20 Unterwerke . . . . „	100	65	80	85	85	85

Zahlentafel 3. Rechnungswerte für einfache Arbeitschicht, bezogen auf einen mittleren Stundenverbrauch am Ausgang des Unterwerkes von 100 KWStd.

Unterwerk.

lfd. Nr.		A	B	C	D	E	F
11	mittlerer Stundenverbrauch am Ausgang (lfd. Nr.1) . . . . KWStd	47	10	3	60	40	100
12	Höchstbelastung a. Ausgang (lfd. Nr. 2) KW	49	33,5	8,6	90,9	100	190,9
13	„ „ Eingang (lfd. Nr. 3) „	50,50	34,3	8,9	93,7	100	193,7

Leitungsnetz.

lfd. Nr.		A	B	C	D	E	F
14	Verluste bei Höchstbelastung . . KW	5,1	3,4	0,9	9,4	5	14,4

Hauptwerk.

lfd. Nr.		A	B	C	D	E	F
15	Höchtbelastung ohne Berücksichtigung des Gleichzeitigkeitsfaktors ($n = 1$, lfd. Nr. 13 u. 14) . . . . . KW	55,6	37,7	9,8	103,1	105	208,1
16	Höchstbelastung mit Berücksichtigung des Gleichzeitigkeitsfaktors ($n = 20$, lfd. Nr. 14 u. 5) . . . . „	55,6	26,5	7,8	89,9	84	173,9
17	Belastungsfaktor, bezogen auf mittleren Stundenverbrauch (lfd. Nr. 11 u. 16) . . . . %	84,5	37,8	38,5	67	47,6	57,5

Zahlentafel 4. Rechnungswerte für doppelte Arbeitschicht, bezogen auf einen mittleren Stundenverbrauch am Ausgang des Unterwerkes von 100 KWStd.

Unterwerk.

lfd. Nr.		A	B	C	D	E	F
18	mittlerer Stundenverbrauch am Ausgang (lfd. Nr. 6) . . . . KWStd	46	11	4	61	39	100
19	Höchstbelastung a. Ausgang (lfd. Nr. 7) KW	48	30,6	10	88,6	65	153,6
20	„ „ Eingang (lfd. Nr. 8) „	49,4	31,5	10,3	91,2	65	156,2

Leitungsnetz.

lfd. Nr.		A	B	C	D	E	F
21	Verlust bei Höchtbelastung (lfd. Nr. 9) KW	4,9	3,2	1,0	9,1	3,3	12,4

Hauptwerk.

lfd. Nr.		A	B	C	D	E	F
22	Höchstbelastung ohne Berücksichgung des Gleichzeitigkeitsfaktors ($n = 1$, lfd. Nr. 20 u. 21) . . . . . KW	54,3	34,7	11,3	100,3	68,3	168,6
23	Höchstbelastung mit Berücksichtigung des Gleichzeitigkeitsfaktors ($n = 20$, lfd. Nr. 22 u. 10) . . . . . „	54,3	22,5	9,1	85,9	58,1	144
24	Belastungsfaktor, bezogen auf mittleren Stundenverbrauch (lfd. Nr. 18 u. 23) . . . . %	85	49	44	71	67	69,5

Zahlentafel 5. Zusammenstellung der Ergebnisse.

lfd. Nr.		erster Ausbau $5{,}5 \cdot 10^6$ t im Jahre		zweiter Ausbau $7{,}5 \cdot 10^6$ t im Jahre	
		Arbeitschichten		Arbeitschichten	
		einfach	doppelt	einfach	doppelt
	Transformatoren in den Unterwerken.				
1	Höchstbelastung . . . . KW	22 000	22 500	30 000	30 600
2	„ . . . . KVA	30 000	30 900	40 900	42 000
3	einschließlich 50 % Aushilfe . . . . „	45 000	46 300	61 200	63 000
	Hauptwerk.				
4	elektrische Antriebe, Höchstleistung . . . . KW	21 000	21 000	28 600	28 600
5	„ „ „ . . . . KVA	29 000	29 000	39 500	39 500
6	einschließlich 40 % Aushilfe . . . . KW	29 500	29 500	40 000	40 000
7	„ 40 „ „ KVA	40 500	40 500	55 000	55 000
8	Druckluftantriebe, Höchstleistung . . . . . KW	19 600	14 400	26 700	19 600
9	einschließlich 25 % Aushilfe . . . . „	24 500	18 000	33 400	24 500
10	gesamte Höchstleistung . . . . „	40 600	35 400	55 300	48 200
11	einschließlich Aushilfe . . . . „	54 000	47 500	73 400	64 500

Der Arbeitsbedarf der Gruben ist unter normalen Betriebsverhältnissen praktisch proportional der verarbeiteten Erzmenge oder, auf die gewonnene Goldmenge bezogen, umgekehrt proportional dem Goldgehalt der Erze. Beim Abteufen von Schächten und bei Aufschlußarbeiten für neue Gruben fallen die unter A genannten Betriebe im allgemeinen fort, die übrigen Angaben der Zahlentafeln bieten jedoch auch für diesen Fall genügenden Anhalt zur Ermittlung der Verbrauchsverhältnisse, wenn man an Stelle des Erzes die abgebauten Gesteinmengen zugrunde legt. Nach zuverlässigen Angaben mehrerer großer Grubengesellschaften beträgt der gesamte Arbeitsbedarf unter normalen Betriebsverhältnissen, bezogen auf verarbeitetes Erz, 35 bis 42 KWStd/t.

Da die anzuschließenden Eckstein-Gruben durchweg mit reichhaltigen Erzen arbeiten, wurde für diese bei einfacher Arbeitschicht mit einem mittleren Wert von 37 KWStd/t gerechnet. Bei doppelter Schicht arbeiten die Betriebe unter B und C weniger wirtschaftlich, der Mehrverbrauch wird jedoch kaum 5 % des Gesamtbedarfes überschreiten. Für doppelte Arbeitschicht wurde deshalb mit einem Arbeitsbedarf von 39 KWStd/t gerechnet.

Über die verarbeitete Erzmenge wird bei den einzelnen Gruben eine sehr sorgfältige Statistik geführt, die im Zusammenhang mit den aus umfangreichen Bohrungen gewonnenen Kenntnissen über die Ausdehnung der Erzlager eine zuverlässige Vorausberechnung für die nächsten Jahre gestattet.

Im Jahre 1910 betrug die jährliche Verarbeitung der anzuschließenden Gruben rd. 5,5 Mill. t; 3 Gruben waren noch mit Abteufarbeiten beschäftigt. Es wird beabsichtigt, die jährliche Leistungsfähigkeit der gleichen Gruben auf 7,5 Mill. t zu steigern.

Aus diesen Angaben läßt sich nunmehr die Größe der Unter- und Hauptwerke berechnen. Der Einfachheit halber ist zunächst angenommen, daß der Druckluftbetrieb von dem elektrischen Betriebe vollkommen getrennt ist. Hinsichtlich der Arbeitschichten ist zu erwähnen, daß bis zum Jahre 1910 durchweg mit Doppelschichten gearbeitet worden ist; seit dieser Zeit ist man zum Teil auf einfache Arbeitschicht übergegangen. Um ein Bild über die Entwicklung der Stromversorgung zu bekommen, muß man daher außer auf Vergrößerung der Erzförderung auch auf Änderung des Arbeitsverfahrens Rücksicht nehmen. Dies geschieht am besten in der Weise, daß die Grenzfälle, nämlich: der ganze Betrieb je in Doppelschicht und einfacher Schicht, getrennt betrachtet werden.

I. Erster Ausbau für 5,5 Mill. t jährliche Erzverarbeitung.

a) Einfache Arbeitschicht.

$$5,5 \cdot 10^6 \text{ t jährliche Verarbeitung} = \frac{5,5 \cdot 10^6}{8760} = 630 \text{ t stündliche Verarbeitung,}$$

mithin Stundenverbrauch $= 630 \cdot 37 = 23\,300$ KWStd.

1) Transformatorenleistung in den Unterwerken (L_{Tr}) nach Zahlentafel 3, lfd. Nr. 13, D:

$$L_{Tr} = \frac{23\,300}{100} \cdot 93,7 \ldots \ldots \ldots \ldots \ldots = 22\,000 \text{ KW}$$

bei cos $\varphi = 0,73$ . . . . = rd. 30 000 KVA

einschl. 50 $^0/_0$ Aushilfe . . . . = 45 000 ,,

2) Hauptwerk, elektrischer Antrieb (L_{el}) nach Zahlentafel 3, lfd. Nr. 16, D:

$$L_{el} = \frac{23\,300}{100} \cdot 89,9 \ldots \ldots \ldots \ldots = 21\,000 \text{ KW}$$

bei cos $\varphi = 0,73$ . . . . = 29 000 KVA

einschl. 40 $^0/_0$ Aushilfe . . . . = 29 500 KW

oder . . . . = 40 500 KVA

3) Hauptwerk, Druckluftantrieb (L_{Dr}) nach Zahlentafel 3, lfd. Nr. 16, E:

$$L_{Dr} = \frac{23\,300}{100} \cdot 84 \ldots \ldots \ldots \ldots = 19\,600 \text{ KW}$$

einschl. 25 $^0/_0$ Aushilfe. . . . . = 24 500 ,,

4) Gesamte Leistung des Hauptwerkes ($L = L_{el} + L_{Dr}$):
ohne Aushilfe . . . . $L = 40\,600$ KW
einschl. Aushilfe . . . . ,, $= 54\,000$,,

b) Bei doppelter Arbeitschicht.

Für 630 t stündlicher Verarbeitung ergibt sich ein Stundenverbrauch von
$$630 \cdot 39 = 24\,600 \text{ KWStd.}$$

1) Transformatorenleistung in den Unterwerken (L_{Tr}) nach Zahlentafel 4, lfd. Nr. 20, D:

$$L_{Tr} = \frac{24\,600}{100} \cdot 91,2 \ldots \ldots \ldots \ldots = 22\,500 \text{ KW}$$

bei cos $\varphi = 0,73$ . . . . = 30 900 KVA

einschl. 50 $^0/_0$ Aushilfe . . . . = 46 300 ,,

2) Hauptwerk, elektrischer Antrieb (L_{el}) nach Zahlentafel 4, lfd. Nr. 23, D:

$$L_{el} = \frac{24\,600}{100} \cdot 85,9 \ldots \ldots \ldots = 21\,000 \text{ KW}$$

bei cos $\varphi = 0,73$ . . . . = 29 000 KVA

einschl. 40 $^0/_0$ Aushilfe . . . . = 29 500 KW

oder . . . . = 40 500 KVA

3) Hauptwerk, Druckluftantrieb (L_{Dr}) nach Zahlentafel 4, lfd. Nr. 23, E:

$$L_{Dr} = \frac{24\,600}{100} \cdot 58,1 \ldots \ldots \ldots = 14\,400 \text{ KW}$$

einschl. 25 $^0/_0$ Aushilfe . . . . = 18 000 ,,

4) Gesamte Leistung des Hauptwerkes ($L = L_{el} + L_{Dr}$):
ohne Aushilfe . . . . $L = 35\,400$ KW
einschl. Aushilfe . . . . ,, $= 47\,500$,,

II. Zweiter Ausbau für 7,5 Mill. t jährliche Erzverarbeitung.

Sämtliche Werte unter I erhöhen sich im Verhältnis von $\frac{7,5}{5,5} = 1,36$,

stündliche Verarbeitung . . . . 860 t

Stundenverbrauch bei einfacher Schicht . . . . = 31 700 KWStd

Stundenverbrauch bei Doppelschicht . . . . 33 500 ,,

Die Hauptwerke wurden dementsprechend für eine Gesamtleistung von

7 Turbodynamos	von je 10 000 KW	= 70 000 KW
und 4 Dampfkompressoren	,, ,, 3 000 ,,	= 12 000 ,,
	insgesamt	82 000 KW

entworfen.

Schon oben ist angedeutet, daß ein Teil der Kompressoren elektrisch angetrieben wird, und zwar 6 Kompressoren von je 3000 KW = 18 000 KW.

Diese Leistung ist von den obigen 7 Turbodynamos abzugeben; es sind somit noch die Verluste des elektrischen Antriebes zu berücksichtigen, die etwa $10^0/_0$ betragen.

Die gesamte Kompressorenleistung beträgt daher 30 000 KW; sie wäre also für den zweiten Ausbau bei doppelter Arbeitschicht ausreichend. Der Übergang zu einfacher Arbeitschicht hat die Spitzenbelastung durch Druckluft schnell anwachsen lassen; außerdem erfreut sich dieser Betrieb besonderer Beliebtheit, so daß die Gesellschaft viele Anmeldungen auf weitere Druckluftanschlüsse hat und deshalb der A. E. G. zur Erweiterung neue durch Dampfturbinen angetriebene Kompressoren von insgesamt 28 000 KW in Auftrag gab. Von diesen werden die zuletzt bestellten für Leistungen von rd. 10 000 PS gebaut, ihre Größe übertrifft damit alle bisher gebauten um das $2^1/_2$ fache.

4. Zweiter Bauabschnitt:
Das Kraftwerk Roshervilledam und das Nebenwerk Robinson Central.

D. Das Kraftwerk Roshervilledam.

a) Lage des Werkes.

Das Werk (Lageplan vgl. Abb. 118, 119) ist an der Ostseite des Roshervilledam in unmittelbarer Nähe der Industriebahn errichtet, die sich südlich von der Hauptverkehrsbahn über den ganzen Rand erstreckt und lediglich dem Güterverkehr der Goldbergwerke dient.

b) Kesselanlage und Kohlenförderung.

Auch in diesem Werk ist die Kesselanlage (Abb. 120, 122, 123) in mehreren Kesselhäusern untergebracht, die je 2×4 Kessel von je 15 000 kg/Std Dampfleistung haben und für zwei Turbodynamos von je 12 000 KW ausreichen. Der erste Ausbau umfaßt drei, der heutige vier Kesselhäuser.

Zu jedem Kesselhause gehört ein Kohlenlager, das im Gegensatz zu Simmerpan in der Längsachse des Kesselhauses liegt; es faßt 6000 cbm, ist 50 m lang, unbedeckt und wird von der Bahn auf Eisengerüsten befahren (Abb. 124, 125, 126). Die Förderketten laufen wie beim Märkischen Elektrizitätswerk (vgl. S. 76) durch Kanäle unterhalb des Kohlenlagers in gerader Richtung in das Kesselhaus und entladen die Kohle in Kohlentaschen, die in einer Reihe oberhalb der Kessel liegen. Es ist auch hier wegen des geringen Kohleninhaltes der Taschen möglich gewesen, diese und die Förderbahn an der Dachkonstruktion aufzuhängen (Abb. 122, 123), ohne daß eine

Unterstützung des Daches durch Säulen erforderlich gewesen wäre. Die Kessel sind von gleicher Konstruktion wie die des Märkischen Elektrizitätswerkes (vgl. S. 77—83), es fehlt nur der zweite Oberkessel, der durch große Wassersammler in den Hauptdampfleitungen ersetzt wird (vgl. Rohrleitungen Abb. 127).

Abb. 118. Kraftwerk Roshervilledam. Aufnahme aus dem Freiballon.

c) Wasserbeschaffung.

Die Wasserbeschaffung war mit besonderen Schwierigkeiten verknüpft, weil mit Spiegelschwankungen des Roshervilledam-Beckens bis zu 7 m zu rechnen ist. Man wollte zunächst ebenso wie in Simmerpan vorgehen und einen Stichkanal herstellen, dessen Einlauf mit fallendem Wasserspiegel weiter ausgesprengt werden sollte. Dieser Weg erwies sich jedoch als ungangbar, weil die sehr bedeutenden Wassermengen von rd. 20000 cbm/Std die Ausführung der Verbindung zwischen Stichkanal und Teich während des Betriebes unmöglich machten und erhebliche Betriebstörungen befürchten ließen. Die Böschung des Teiches verläuft zudem an

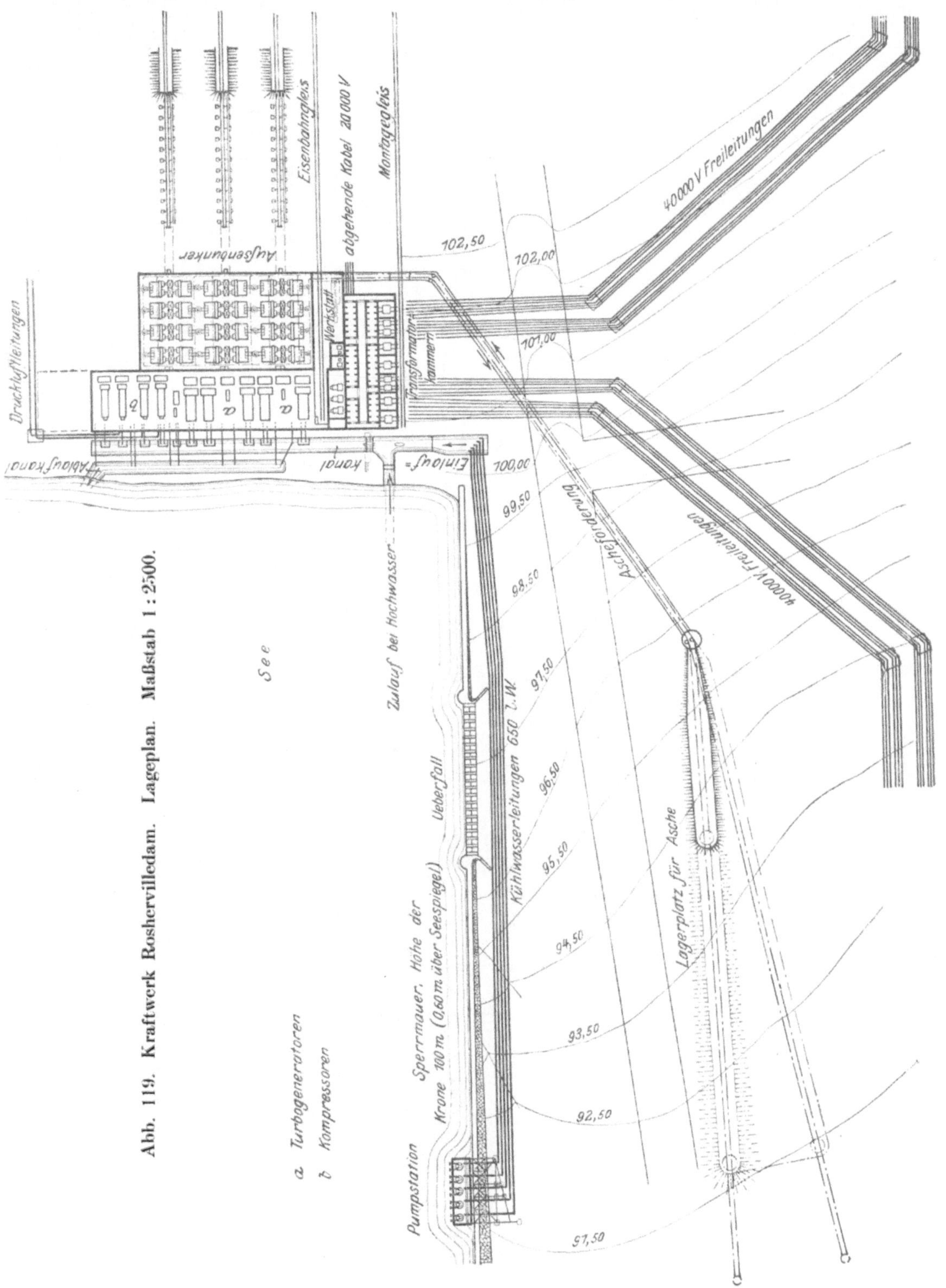

Abb. 119. Kraftwerk Roshervilledam. Lageplan. Maßstab 1 : 2500.

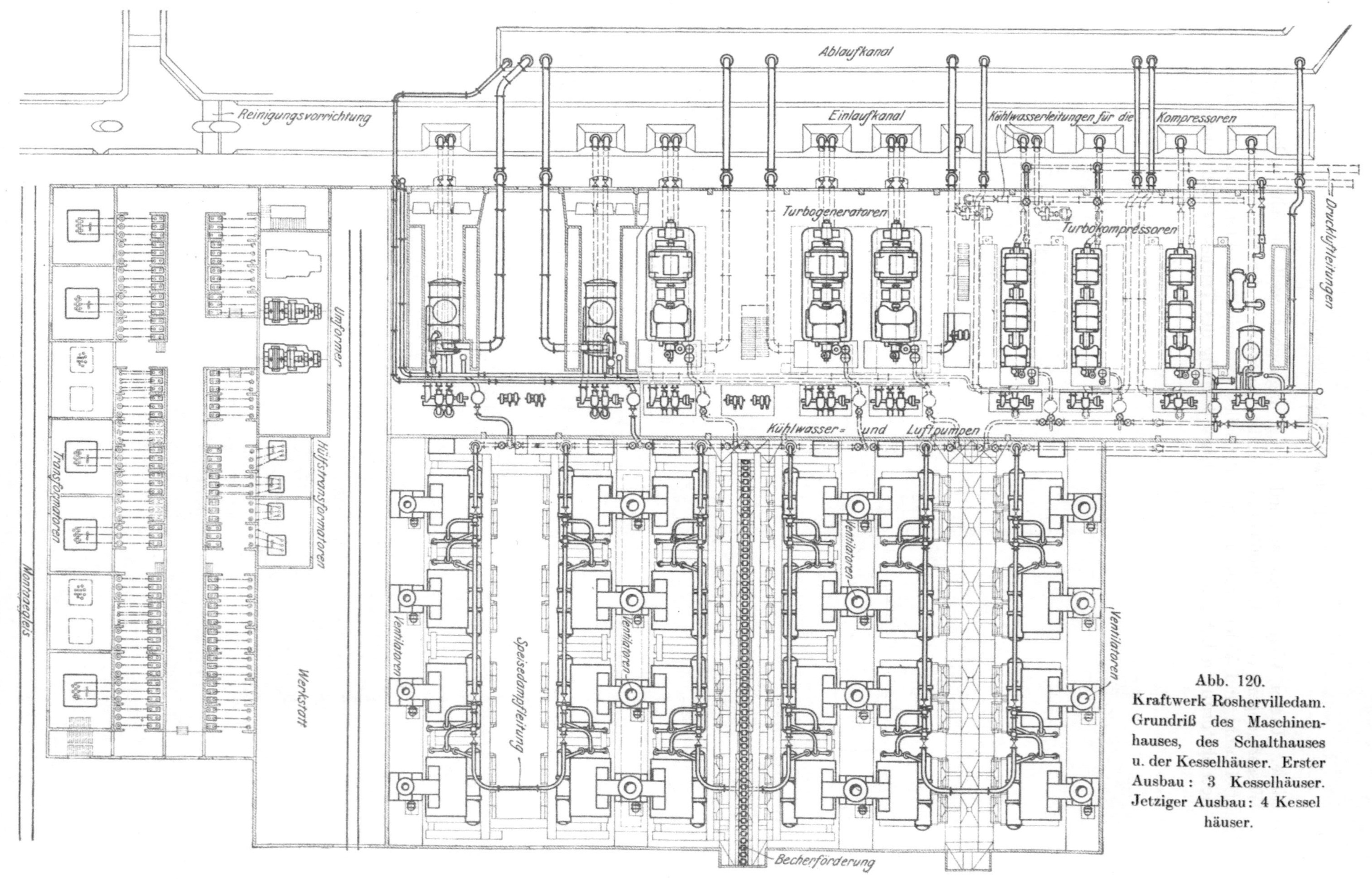

Abb. 120. Kraftwerk Roshervilledam. Grundriß des Maschinenhauses, des Schalthauses u. der Kesselhäuser. Erster Ausbau: 3 Kesselhäuser. Jetziger Ausbau: 4 Kesselhäuser.

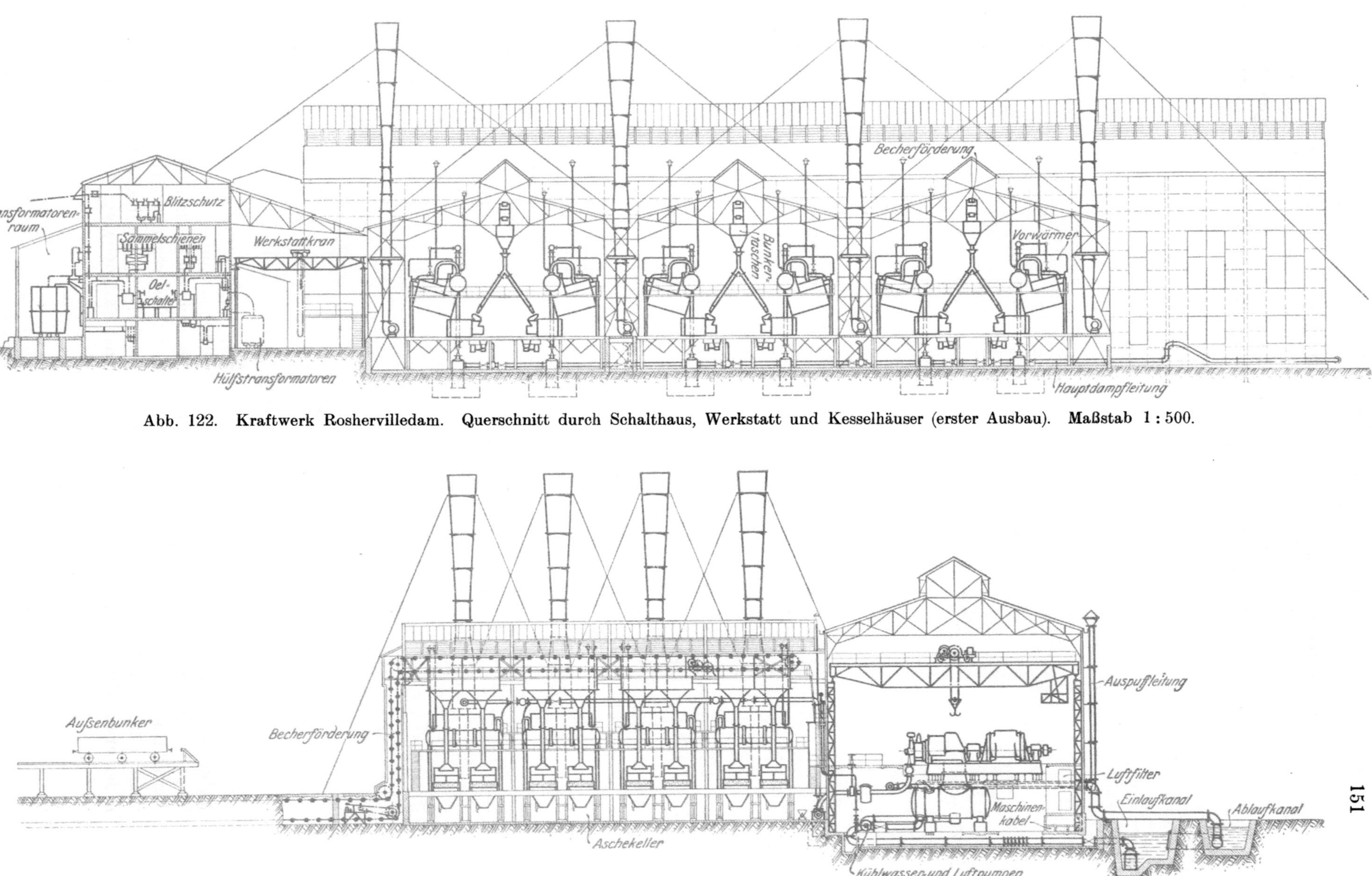

Abb. 122. Kraftwerk Roshervilledam. Querschnitt durch Schalthaus, Werkstatt und Kesselhäuser (erster Ausbau). Maßstab 1 : 500.

dieser Seite sehr flach, so daß sich die Nacharbeiten auf eine Strecke von 300 m in
den Teich hinein erstreckt hätten. Die dann versuchte Lösung, das Wasser durch
Röhren anzusaugen, die in den Pan versenkt werden sollten, wurde als nicht genügend
betriebsicher abgelehnt, sie hätte sich außerdem sehr teuer gestellt, weil man umfang-

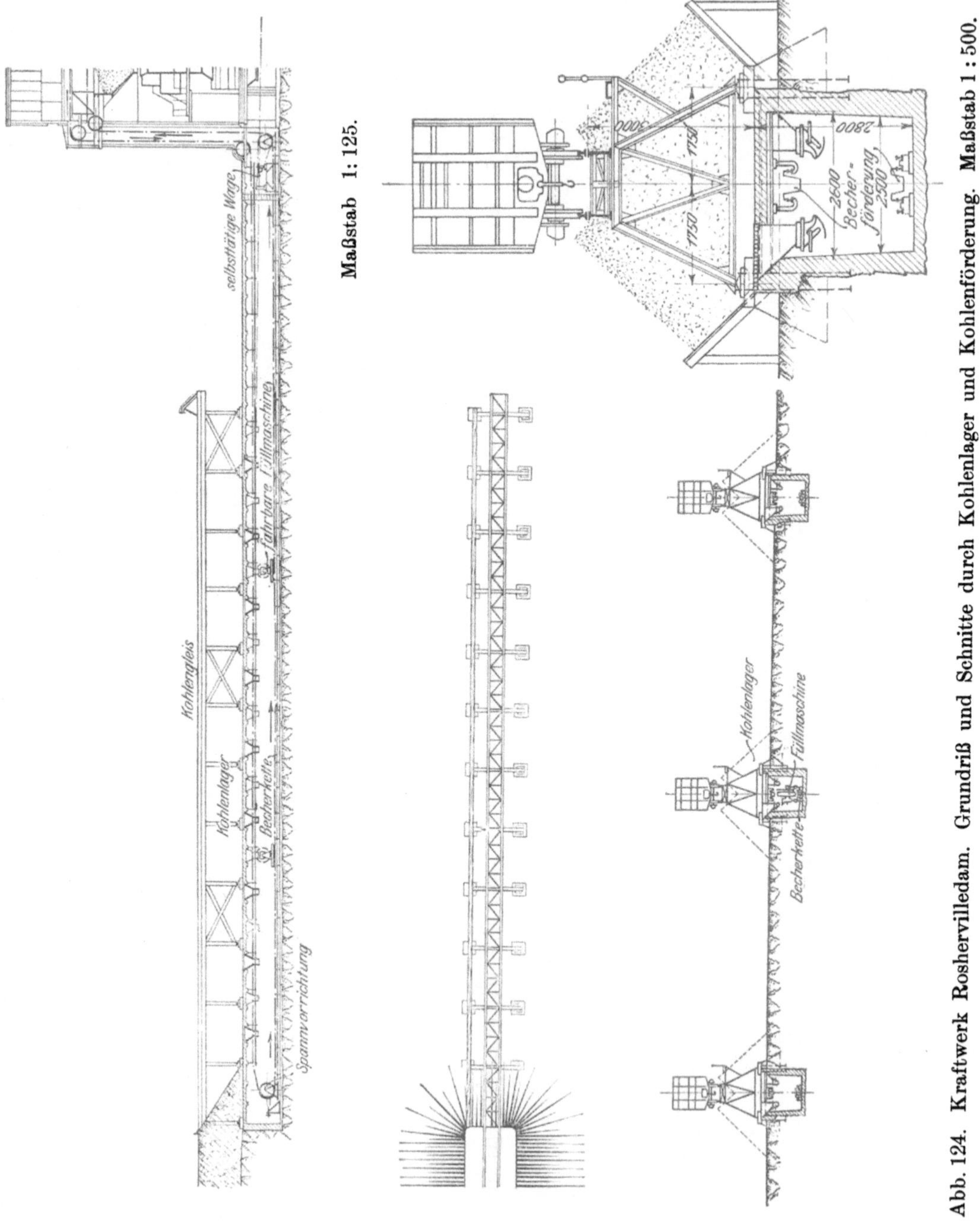

Abb. 124. Kraftwerk Roshervilledam. Grundriß und Schnitte durch Kohlenlager und Kohlenförderung. Maßstab 1:500.

reiche und tiefe Gruben für die Pumpenanlage ausheben mußte, um die zulässige
Saughöhe bei tiefster Absenkung des Wasserspiegels nicht zu überschreiten. Es muß
hierbei beachtet werden, daß die theoretische Saughöhe wegen der Höhenlage des
Kraftwerkes nur rd. 8 m beträgt, so daß unter Berücksichtigung des Druckverlustes
in der etwa 300 m langen Saugleitung nur mit einer Saughöhe von 5 m gerechnet

werden durfte. Schließlich wurde auch dieser Plan endgültig fallen gelassen, weil
keine Sicherheit für die Fertigstellung in bestimmter Frist erlangt werden konnte,
was in Anbetracht der schweren Verzugstrafen für den Beginn der Stromlieferung
von besonderer Bedeutung war.

Abb. 125. Kraftwerk Roshervilledam. Blick auf die erste Kohlenbahn, Kesselhäuser und Schalthaus, letztere teilweise mit Wellblech eingedeckt; im Hintergrund Beginn der Kesselaufstellung.

Nach einem dritten Plane sollten in unmittelbarer Nähe des Werkes senk-
rechte Schächte angelegt, vom Boden der Schächte aus Stollen bis an die tiefste
Stelle des Teiches vorgetrieben und dann nach oben durchstochen werden.
Zweifellos wäre dieser Plan billig ausführbar gewesen, weil für solche Arbeiten

Abb. 126. Kraftwerk Roshervilledam. Kohlenbahn und 2 Eisenbahnwagen für selbsttätige Entleerung; darunter Kohlenlager und Einfalltrichter in die Becherkette.

geschultes Personal leicht zu beschaffen war. Leider erwies sich das Gestein an der
Baustelle als sehr verworfen und mit wasserführenden Schichten durchsetzt. Wegen
der Gefahr eines Wassereinbruches konnte rechtzeitige Fertigstellung daher gleichfalls nicht zugesichert werden. Man war somit schließlich auf eine Bauart angewiesen, die sich im wesentlichen über Tage ausführen ließ.

Der Teich ist durch einen rd. 540 m langen Damm abgesperrt, der bis an die tiefste Stelle reicht. Es lag somit nahe, das Wasser an diesem Punkte zu entnehmen und durch Rohrleitungen nach dem Kraftwerk zu drücken oder von dort aus anzusaugen. Da aber der Damm ohne Gefährdung an der tiefsten Stelle nicht durchbohrt werden durfte, entschied man sich schließlich für eine Durchbrechung in solcher Höhe, daß nur verhältnismäßig wenig Wasser abzulassen war, um alle Arbeiten oberhalb des Wasserspiegels ausführen zu können. Es sollten dann Heberrohre in den Damm gelegt werden; die Pumpenanlage konnte in normaler Weise unterhalb der Sperrmauer aufgestellt werden, weil die zulässige Saughöhe nicht überschritten wurde. Leider wurde auch dieser Plan, nachdem er bereits vollkommen ausgearbeitet war, von der Eckstein-Gesellschaft nicht genehmigt, die unter allen Umständen die Verletzung des Dammes vermeiden wollte, weil sie seine Konstruktion nicht für genügend sicher hielt; sie bestand darauf, daß eine Anlage geschaffen würde, durch die der Damm selbst nicht beansprucht werde.

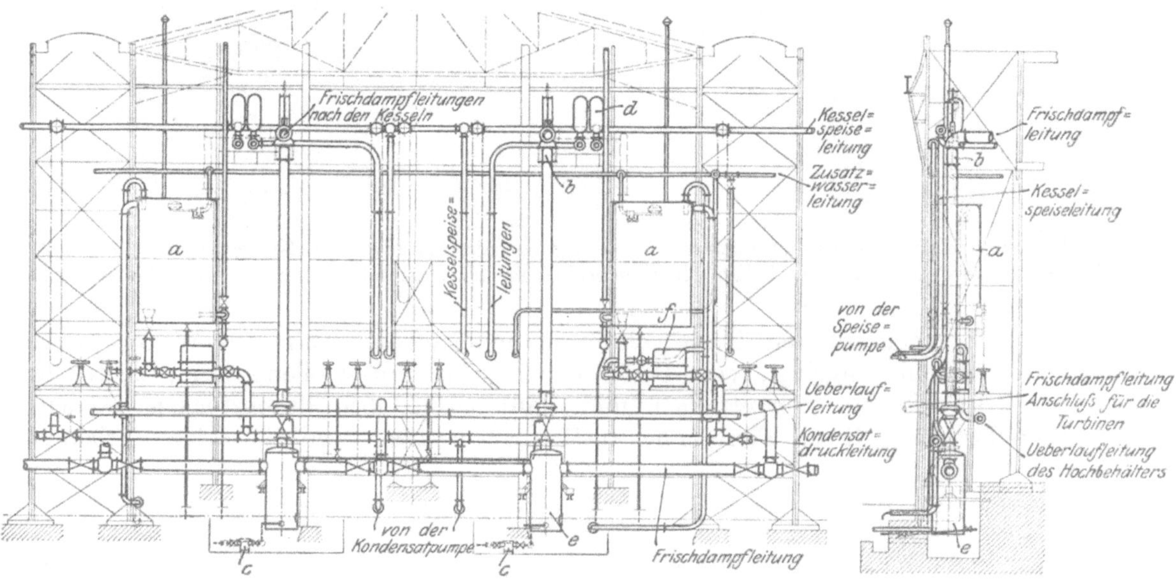

Abb. 127. Kraftwerk Roshervilledam. Rohrleitungen, die in jedem der 4 Kesselhäuser an der Wand des Maschinenhauses verlegt sind. Die Anordnung der Leitungen ist in den 3 anderen Kesselhäusern annähernd die gleiche. Maßstab 1 : 500.
a Hochbehälter für das Kondensat, b Ausgleicher, c Kondensationstopf, d Windkessel, e Wasser-abscheider, f Wassermesser.

Diese Forderung zwang zur Errichtung eines Pumpwerkes in dem Teiche selbst und zwar in unmittelbarer Nähe der tiefsten Stelle der Sperrmauer (Abb. 118, 119). Um für die Maschineneinrichtungen eine feste Gründung zu schaffen, wurden fünf Senkkasten in das Wasser gesetzt, die je eine mittels Drehstrommotors angetriebene stehende Kreiselpumpe enthalten (Abb. 128). Sie sind aus Kesselblech hergestellt, oberhalb des Wasser durch eine Kopfkonstruktion verbunden und mit einem Umbau versehen. Zum genauen Ausrichten haben sie je drei Füße mit Schraubenspindeln, die von oben angezogen werden. Nachdem die Senkkasten richtig aufgestellt waren (Abb. 129, 130, 131), wurden sie soweit mit unter Wasser bindendem Beton angefüllt, bis die Höhenlage der Pumpenfundamente erreicht war, worauf das über dem Beton-boden befindliche Wasser ausgepumpt werden konnte. Die Ausführung ging ohne Schwierigkeiten vonstatten und hat sich gut bewährt. Die fünf Druckrohre (Abb. 132) führen von den Kasten frei über die Mauerkrone hinweg; sie sind zum Teil auf

Eisenkonstruktionen, zum Teil auf Betonkörpern befestigt und bis zum Kraftwerk außerhalb des Dammes verlegt.

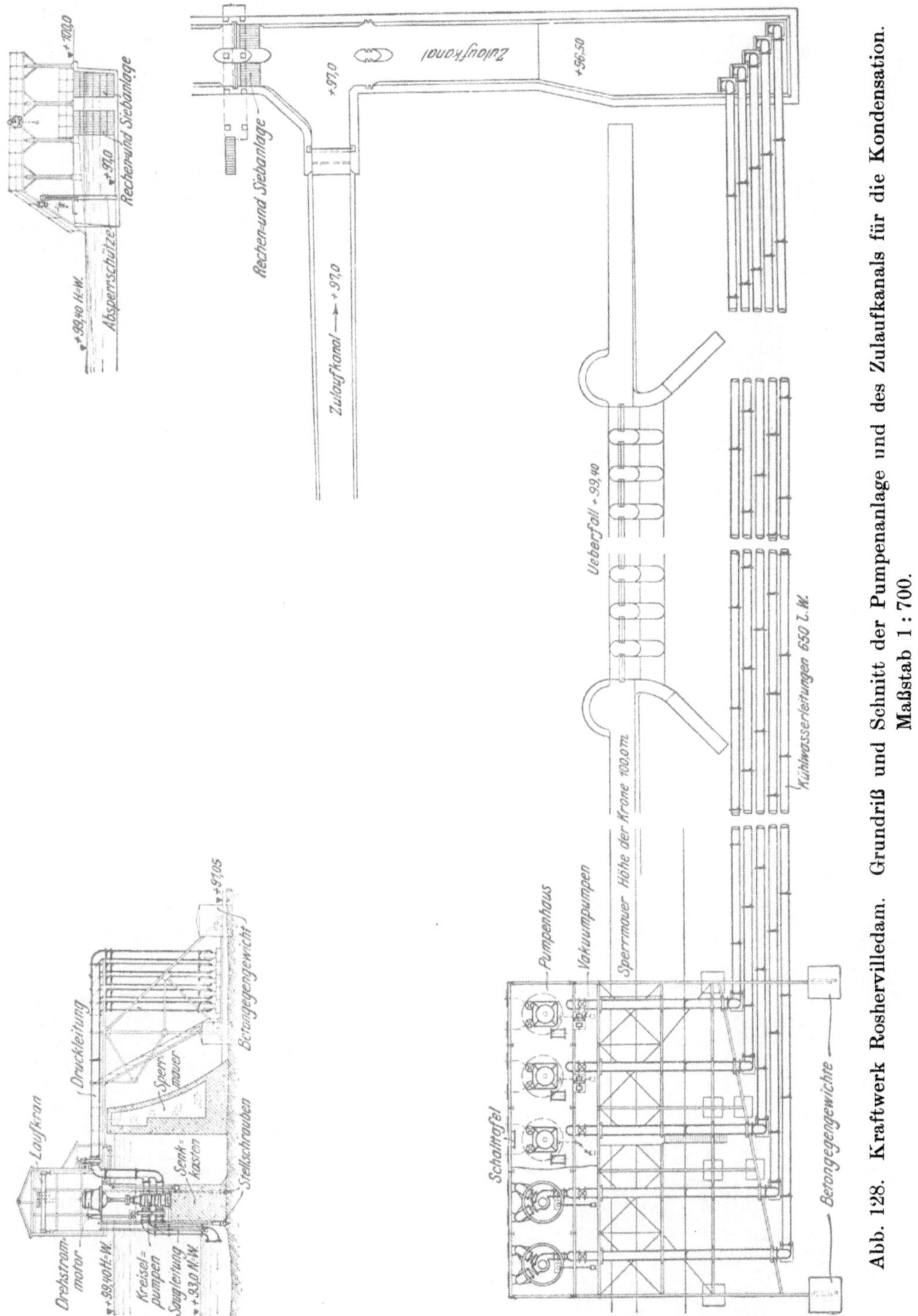

Abb. 128. Kraftwerk Roshervilledam. Grundriß und Schnitt der Pumpenanlage und des Zulaufkanals für die Kondensation. Maßstab 1 : 700.

Unmittelbare Speisung der Kondensatoren durch die Pumpen wurde nicht als zweckmäßig angesehen, weil viele Abzweigungen und Schieber erforderlich gewesen wären, um das Wasser auf die einzelnen Kondensatoren richtig zu verteilen und

Abb. 131. Kraftwerk Roshervilledam. Pumpenhaus teilweise fertig, ein Teil der Druckrohrleitung verlegt. Anlage ohne Berührung der Sperrmauer ausgeführt, was seitens der Grubengesellschaften zur Bedingung gemacht war.

Abb. 132. Kraftwerk Roshervilledam. Pumpenanlage. Verlegung der 5 Druckrohrleitungen von 650 mm Durchmesser von der Pumpenanlage nach dem Einlaufkanal.

Abb. 129. Kraftwerk Roshervilledam. Pumpenanlage. Rechts von der Sperrmauer: Herablassen eines Senkkastens vom Floß aus; links von der Sperrmauer: Eisenkonstruktionen zum Abstützen der Senkkasten und zum Tragen der Druckrohrleitungen.

Abb. 130. Kraftwerk Roshervilledam. Pumpenanlage. Senkkasten fertig aufgestellt, Beginn der Aufstellung des Oberbaues; vorn Öffnung zur Aufnahme des vertikalen Antriebmotors für eine Pumpe.

genügende Betriebsicherheit zu erreichen. Man zog es deshalb vor, auf der Längsseite des Maschinenhauses einen Kanal von mäßiger Tiefe anzulegen, von dem aus
das Umlaufwasser von Kreiselpumpen mit Dampfantrieb durch die Kondensatoren
gedrückt wird. Diese Ausführung bot den weiteren Vorteil, daß der Kanal.bei hohem
Wasserstande durch einen Stichkanal unmittelbare Wasserverbindung mit dem Teich

Abb. 133. Kraftwerk Roshervilledam. Ausschachtung des Einlaufkanals, obere Schicht Sand, unten Fels.

erhalten konnte, so daß das Pumpwerk in diesen Zeiten nicht betrieben zu werden
braucht (Abb. 133, 134). Parallel mit dem Einlaßkanal läuft der Abflußkanal, in den
die Abflußleitungen der einzelnen Kondensatoren münden (vgl. auch Abb. 120).

Abb. 134. Kraftwerk Roshervilledam. Einlaufkanal ausgemauert, links Öffnungen für die Ansaug-
rohre; rechts: durch Gegengewicht ausbalancierte Klappen, welche bei niedrigem Wasserstand Rück-
fluß des Wassers aus dem Auslaßkanal selbsttätig bewirken; darüber Eisenkonstruktion des Maschinenhauses ohne Wellblecheindeckung.

Das Fassungsvermögen beider Kanäle ist verhältnismäßig groß gewählt, damit
der Kondensationsbetrieb im Falle des Versagens der elektrischen Anlage eine Zeitlang allein mit den Dampfpumpen aufrecht erhalten werden kann; zu diesem Zweck
ist eine Verbindung zwischen Einlauf- und Ablaufkanal hergestellt, die sich selbsttätig öffnet, wenn sich infolge verminderten Wasserzuflusses ein bestimmter Höhen-
unterschied zwischen den Wasserspiegeln des Einlauf- und Ablaufkanals einstellt.

Versagt das Pumpwerk, so kann die Kondensationsanlage trotzdem noch (mit verminderter Luftleere) ziemlich lange Zeit betrieben werden.

Besonderes Gewicht wurde auf übersichtliche Anordnung der Hilfspumpen gelegt, die zusammen mit den Speisepumpen im Maschinenhauskeller untergebracht sind. Die zu einem Maschinensatz gehörigen Pumpen stehen in dem Raume zwischen den Kondensatoren und der Kesselhauswand und können durch eine Öffnung im Maschinenhausfußboden beobachtet werden.

d) Maschinenhaus.

Das Maschinenhaus (Abb. 120, 121, 123) enthält fünf Turbodynamos von je 12000 KVA und sechs Turbokompressoren von je 4000 PS. (Abb. 135—138.) Die Spannung der Generatoren ist 5000 V; sie sind mit Stabwicklung versehen und laufen mit 1000 Uml./Min. Der Abdampf der Hilfsturbinen wird in die zweite Stufe der Hauptturbine geführt, damit auch die Hilfsbetriebe mit gutem Dampfverbrauch arbeiten. Der Abdampf der durch Turbinen angetriebenen Speisepumpen wird zum Erwärmen des Speisewassers benutzt, das dadurch auf eine Temperatur von 40 bis 50⁰ C gebracht wird. (Abb. 127.)

Die Kühlluft für die Stromerzeuger wird vor dem Eintritt in die Maschine gefiltert, eine Einrichtung, die wegen häufiger Staubstürme im Winter unentbehrlich ist. Die Abluft wird auf kürzestem Wege durch Kanäle aus dem Maschinenhaus entfernt, so daß überflüssige Erwärmung des Maschinenhauses vermieden wird. (Ansicht des Maschinen- und Schalthauses, Abb. 139.)

Erwähnenswert ist, daß hier zum erstenmal an Stelle normaler Kolbenwassermesser, die sorgfältiger Behandlung bedürfen, aufzeichnende Wassermesser in die Speiseleitungen eingebaut wurden, die nach dem Venturi-Prinzip arbeiten. Sie zeichnen sich durch Zuverlässigkeit und besonders einfachen Einbau in die Rohrleitungen aus. Von der Anordnung eines Umlaufes kann abgesehen werden, da die Düse keine verwickelten

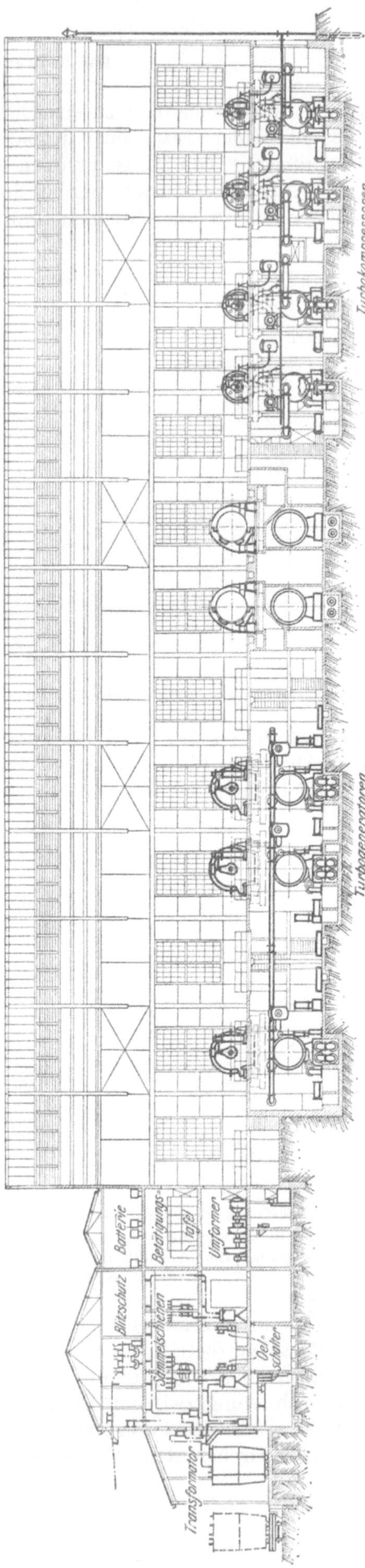

Abb. 121. Kraftwerk Rosherviledam. Querschnitt durch das Schalthaus, Längsschnitt durch das Maschinenhaus. (Erster Ausbau.) Maßstab 1:500.

Abb. 135. Kraftwerk Roshervilledam. Maschinenhaus mit Kran, Beginn der Turbinenaufstellung.

Konstruktionsteile enthält; sie kann in einfachster Weise nachgesehen werden. Die zugehörige Registriervorrichtung ist durch dünne Rohrleitungen mit der Düse verbunden und wird zur besseren Überwachung im Maschinenraum aufgestellt. Die Zähler sind noch mit einer Anzeigevorrichtung versehen, die dem Wärter auch den augenblicklichen Wert des Wasserverbrauches abzulesen gestattet.

Abb. 136. Kraftwerk Roshervilledam. Inneres des Maschinenhauses, 5 Turbogeneratoren fertig aufgestellt und teilweise im Betrieb; im Hintergrund Betätigungsraum der Schaltanlage sowie Schalthaus.

Abb. 137.   Kraftwerk Roshervilledam.
Ansicht des fertigen ersten Ausbaues: 5 Generatoren, 4 Kompressoren.

e) Schalthaus.

Das Schalthaus ist rechtwinklig zum Maschinenhaus an seine südliche Stirnseite angebaut (Abb. 119, 120); die Betätigungstafel liegt im Verbindungsbau, so daß der Schaltwärter noch eine gewisse Übersicht über die Maschinenanlage hat; im übrigen ist auch hier wieder völlige Trennung der Schaltanlage vom Maschinenhause durchgeführt.

Abb. 138.   Kraftwerk Roshervilledam.   Kompressor Nr. 5.

Im Schalthause sind wie in Simmerpan, außer der Betätigungstafel, Batterie, Umformer und in besondern Anbauten Transformatoren untergebracht (Abb. 140). Für jeden Stromerzeuger ist ein Drehstromtransformator von 12500 KVA aufgestellt, eine der größten bis jetzt angewandten Ausführungen.   Durch die Transformatoren wird die Maschinenspannung von 5000 auf 20000 oder 40000 V heraufgesetzt; die Sekundärwicklungen sind für beide Spannungen umschaltbar.

Abweichend von den Werken Brakpan und Simmerpan wird der Strom vom Roshervilledam-Werk durch ein 20000 V-Kabelnetz verteilt, während die Spannung

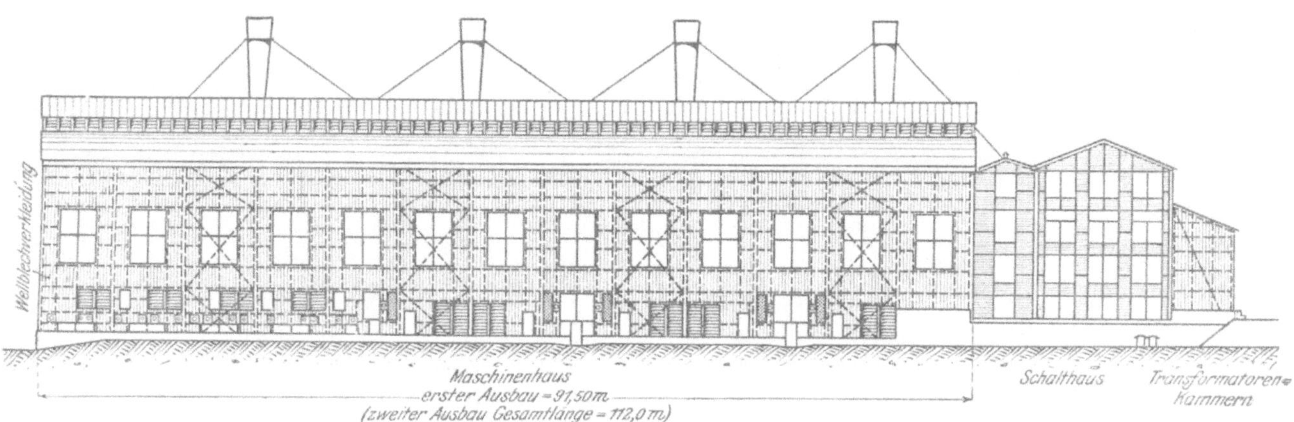

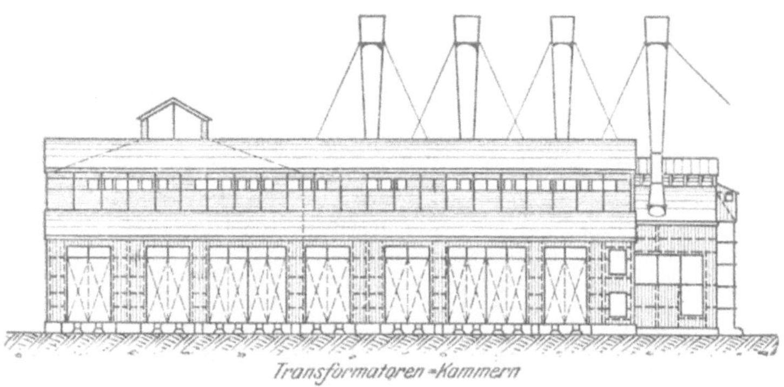

Abb. 139. Kraftwerk Roshervilledam. Ansicht des Maschinen- und Schalthauses. Maßstab 1 : 750.

der Speiseleitungen mit 40 000 V wiederum dieselbe ist wie in den älteren Werken. Es ergaben sich danach zwei doppelte Sammelschienensätze für 20 000 und 40 000 V (vgl. Schaltschema, Abb. 141). Der normale Betrieb wird so geführt, daß ein Teil der Generatoren und Transformatoren unmittelbar auf die 20 000 V-Sammelschienen arbeitet, während die übrigen an die 40 000 V-Sammelschienen angeschlossen sind; beide Sammelschienensätze können übrigens durch zwei 4000 KVA-Transformatoren für 40 000/20 000 V gekuppelt werden. Die Transformatoren werden von 20 000 auf 40 000 V oder umgekehrt in einfacher Weise durch Trennschalter umgeschaltet, so daß im Notfall rasch Ersatz geschaffen werden kann.

Das Schalthaus mußte mit einer Länge von 60 m außergewöhnliche Abmessungen erhalten, weil eine große Anzahl abgehender Leitungen von 20 000 und 40 000 V für die Stromverteilung vorzusehen war; zurzeit sind fünf 20 000 V-Kabel und acht 40 000 V-Freileitungen vorhanden. Außerdem mußten noch zwei 500 V-Abzweige für Hilfsbetriebe und Lichtanlagen und zwei 2000 V-Abzweige für das Pumpwerk angeordnet werden, weil die Pumpenmotoren nicht mehr für 5000 V gewickelt werden konnten; die Motoren für mehrere große Kühlwasserpumpen der nachstehend beschriebenen Kompressorenanlage wurden ebenfalls an diese Abzweige angeschlossen.

Auch in diesem Werk ist zur Sicherung der Stromlieferung an die Hilfsbetriebe eine ähnliche Einrichtung wie in Simmerpan vorgesehen. Im Falle des Versagens der Drehstromerzeugung wird die zum Aufladen der Batterie benutzte Gleichstromdynamo als Motor geschaltet und der mit ihr gekuppelte Synchronmotor in einen Stomerzeuger verwandelt, der dann den Strom für die Hilfsbetriebe so lange liefert,

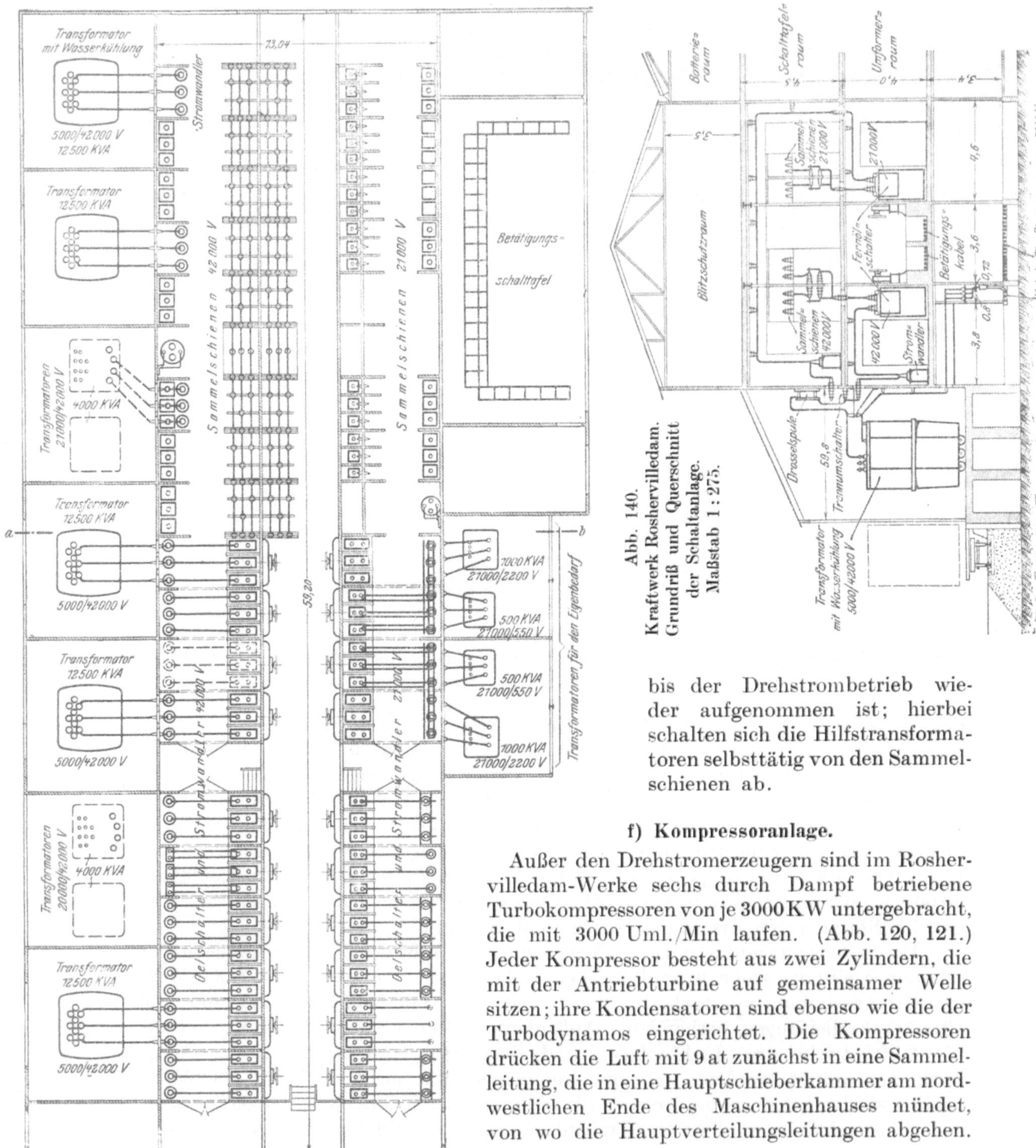

Abb. 140.
Kraftwerk Roshervilledam.
Grundriß und Querschnitt der Schaltanlage.
Maßstab 1 : 275.

bis der Drehstrombetrieb wieder aufgenommen ist; hierbei schalten sich die Hilfstransformatoren selbsttätig von den Sammelschienen ab.

f) Kompressoranlage.

Außer den Drehstromerzeugern sind im Roshervilledam-Werke sechs durch Dampf betriebene Turbokompressoren von je 3000 KW untergebracht, die mit 3000 Uml./Min laufen. (Abb. 120, 121.) Jeder Kompressor besteht aus zwei Zylindern, die mit der Antriebturbine auf gemeinsamer Welle sitzen; ihre Kondensatoren sind ebenso wie die der Turbodynamos eingerichtet. Die Kompressoren drücken die Luft mit 9 at zunächst in eine Sammelleitung, die in eine Hauptschieberkammer am nordwestlichen Ende des Maschinenhauses mündet, von wo die Hauptverteilungsleitungen abgehen.

E. Das Nebenwerk Robinson Central.

a) Allgemeines.

Das Werk (vgl. Lageplan, Abb. 142) liegt nur etwa 8 km westlich von Roshervilledam, es ist als Nebenwerk ohne eigene Energiequelle im ersten Ausbau

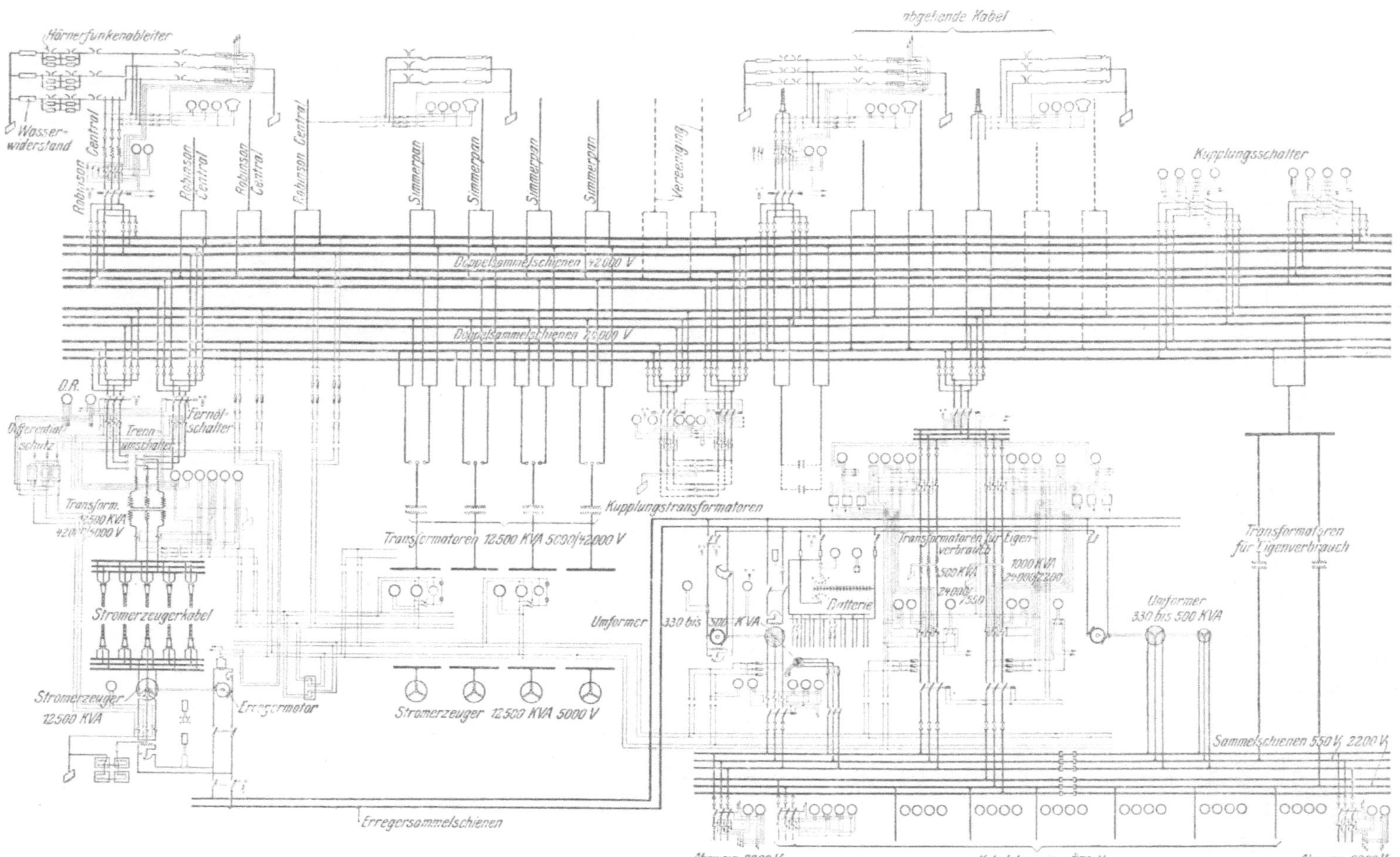

Abb. 141. Kraftwerk Roshervilledam. Schaltschema. 5 Stromerzeuger, 12500 KVA, 5000 V, mit eigener Erregung; Transformierung durch 5 Transformatoren gleicher Leistung auf 42000 oder 24000 V, umschaltbar auf Doppelsammelschienen 24000 und 42000 V. Doppelsammelschienen 42000 V mit Doppelsammelschienen 24000 V durch 2 Kupplungstransformatoren von je 4000 KVA verbunden. 4 abgehende Freileitungen, 42000 V, nach Robinson Central, 4 desgl. nach Simmerpan. 6 Kabel, 24000 V, f. d. Kabelnetz. 2 Transformatoren für Hilfsbetriebe, 500 KVA, 24000/550 V. 2 Transformatoren für die Pumpenanlage, 1000 KVA, 24000/2200 V. 2 Reservefelder. 7 Abzweige, 550 V., f. d. Hilfsbetriebe (Ventilatoren im Kesselhaus etc.). 2 Abzweige, 2200 V, für die Pumpenanlage. Batterie für Erregung, 220 V, 1150 Amp. 2 Drehstromgleichstromumformer, 330—500 KVA, für Batterieladung und vorübergehende Stromlieferung an die Hilfsbetriebe und Pumpenanlage.

für eine Leistung von 50000 KW eingerichtet und dient gleichzeitig zum Speisen des 20000 V-Kabelnetzes, zur Stromlieferung für den örtlichen Verbrauch und zum Speisen des Druckluftnetzes; die umzuformende Leistung wird teils von Roshervilledam, teils von Vereeniging bezogen. Der Strom wird von Roshervilledam durch vier 40000 V-Freileitungen, von Vereeniging durch drei 80000 V-Freileitungen geliefert. Soweit die zugeführte Energie als Elektrizität abzugeben ist, wird sie für das Kabelnetz und die Umgebung auf 20000 V transformiert, für die Antriebsmotoren der Kompressoren wird die Spannung auf 5000 V herabgesetzt. (Abb. 143—146.)

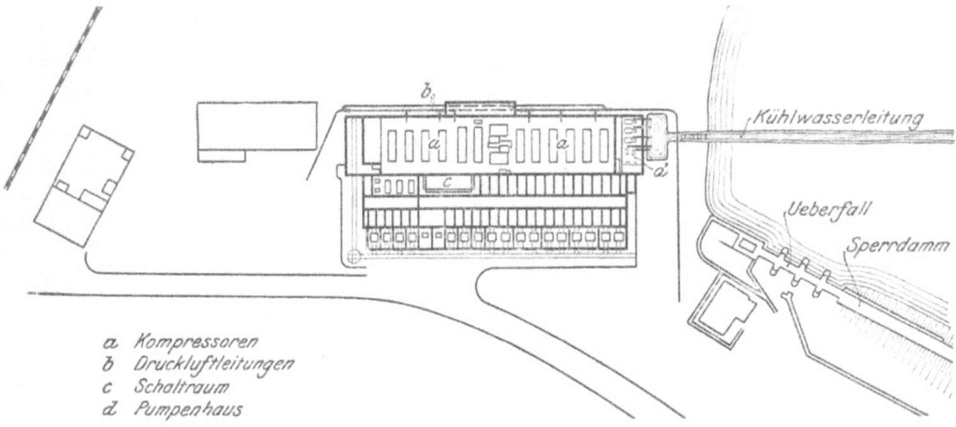

Abb. 142. Nebenwerk Robinson Central. Lageplan.

Wegen der geringen Entfernung von Roshervilledam überrascht zunächst die außerordentlich große Leistung dieses Nebenwerkes. Seine Lage war jedoch einesteils durch den Druckluftverbrauch, andernteils durch den Umstand bedingt, daß das 20000 V-Kabelnetz nur verhältnismäßig kleine Leistungen zu übertragen erlaubt;

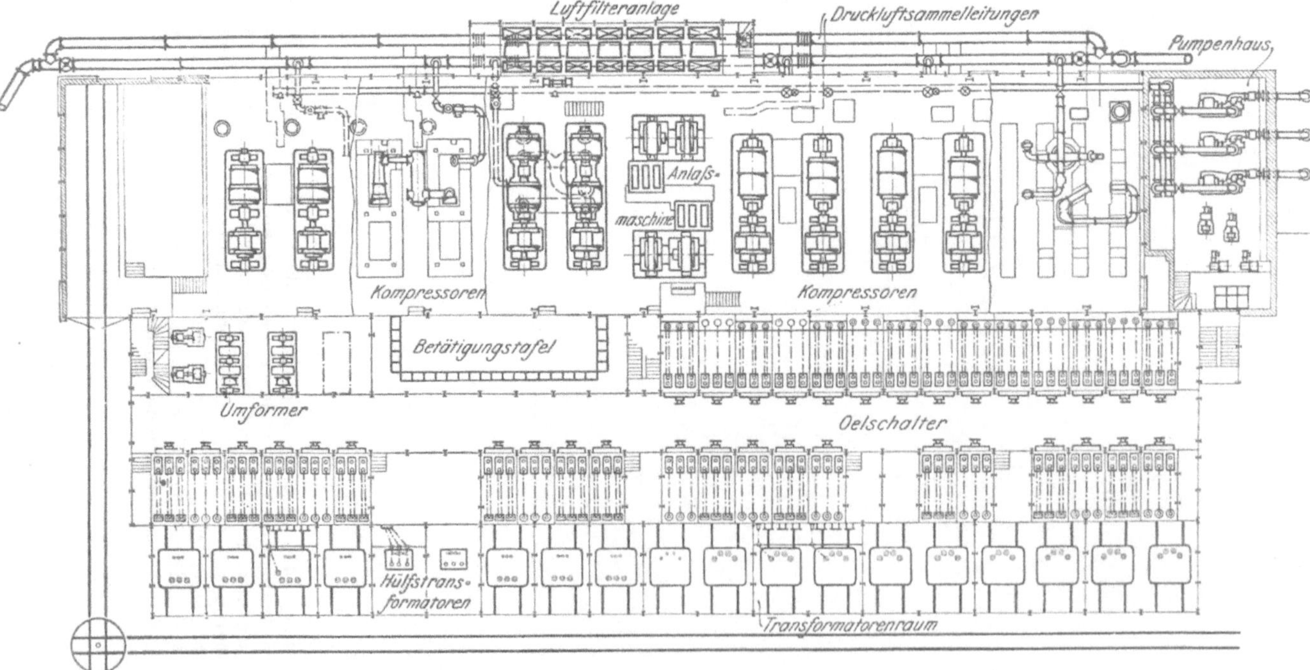

Abb. 143. Nebenwerk Robinson Central. Grundriß des Schalt- und Maschinenhauses.

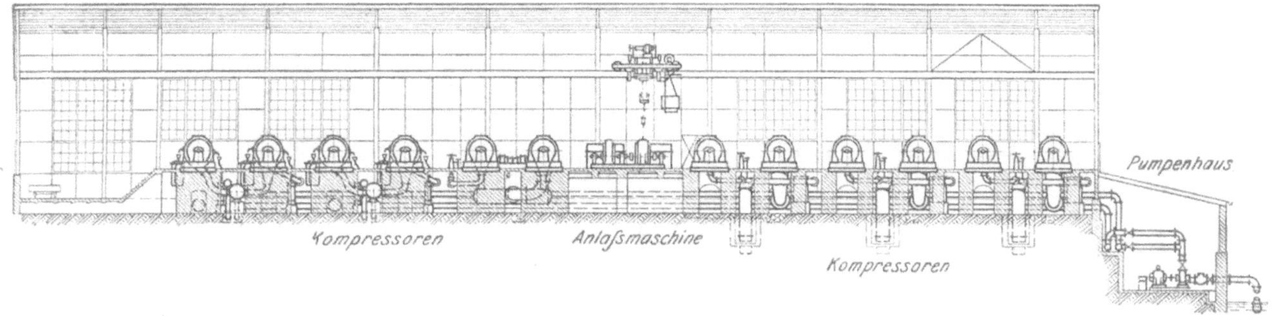

Abb. 144. Nebenwerk Robinson Central. Längsschnitt durch Maschinen- und Pumpenhaus.

auch das Druckluftnetz hätte bei größerer Entfernung der Werke unvorteilhafte Abmessungen erhalten müssen. Sorgfältige Vergleichsrechnungen, die für verschiedene Lagen des Nebenwerkes angestellt wurden, ergaben eine um so größere Überlegenheit des gewählten Platzes, als für den ziemlich erheblichen Kühlwasserbedarf der im ersten Ausbau vorgesehenen sechs 4000 pferdigen Kompressoren ein vorhandenes Staubecken, der Robinson Pan, benutzt werden konnte.

Das umfangreiche Schalthaus ist ähnlich wie das in Roshervilledam eingerichtet, auf dessen Beschreibung deshalb verwiesen werden kann. (Abb. 147, 148.)

b) Kompressoranlage.

Die Druckluft wird ebenfalls in Turbokompressoren erzeugt; jeder Satz besteht aus zwei Teilen mit je 2 Zylindern.

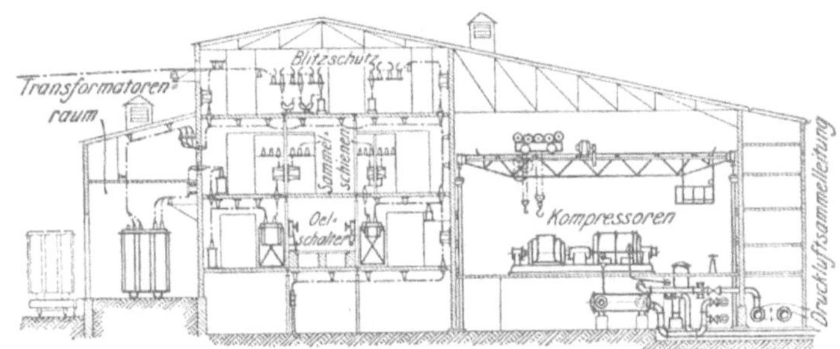

Abb. 145. Nebenwerk Robinson Central. Querschnitt durch Schalt- und Maschinenhaus.

Jeder Teil wird durch einen unmittelbar gekuppelten 2000 pferdigen Synchronmotor angetrieben. Wenngleich sich der Antrieb durch Asynchronmotoren wesentlich einfacher hätte ausführen lassen, so wurden doch Synchronmotoren vorgezogen, weil dadurch der Leitungsfaktor des ganzen Netzes verbessert wurde; die Motoren sind deshalb so bemessen worden, daß sie voll-

Abb. 146. Nebenwerk Robinson Central. Maschinenhaus. Eisenkonstruktion bis zur Eindeckung fertig ausgemauert; links Transformatorenkammern halb fertig.

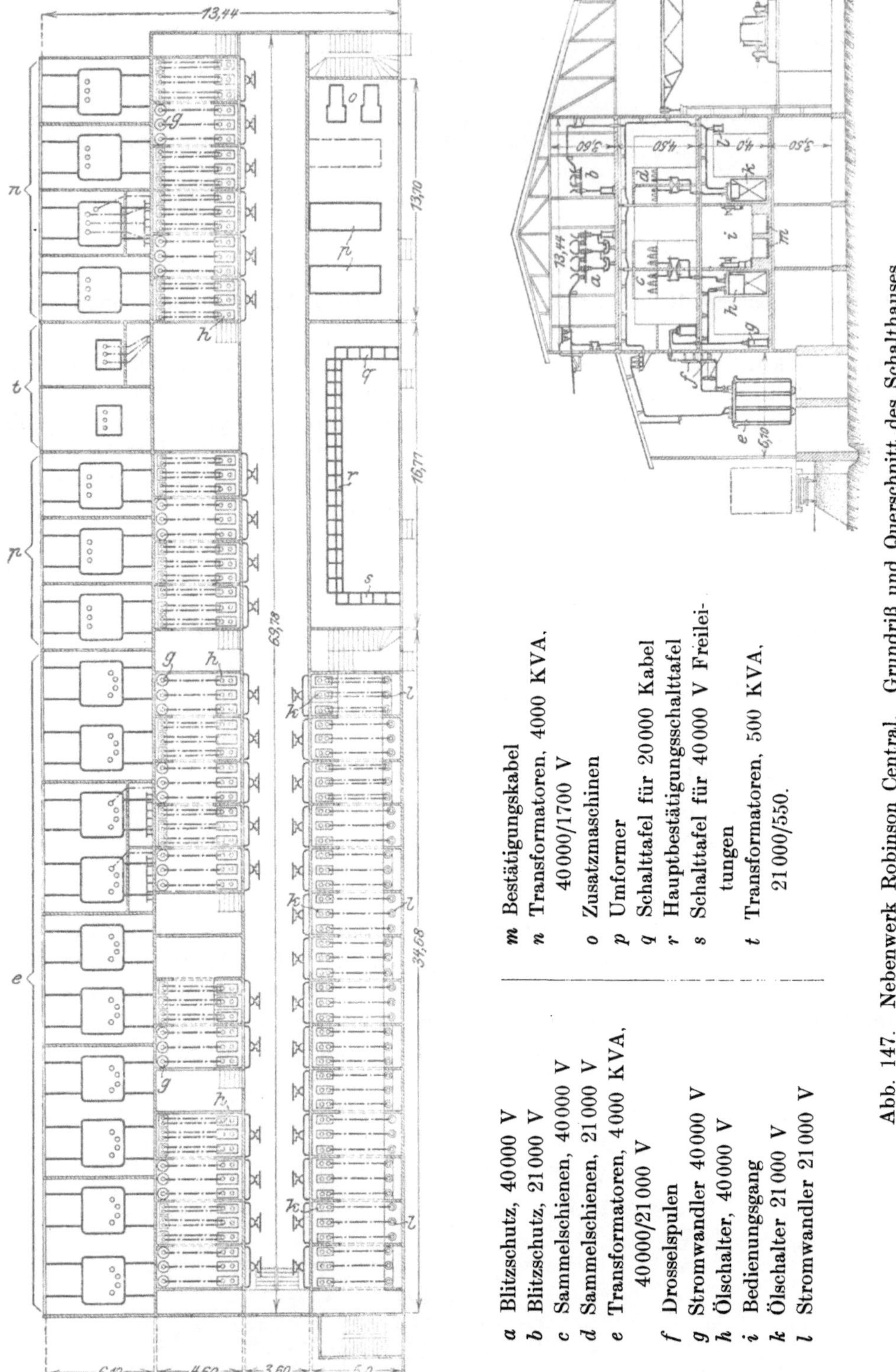

a Blitzschutz, 40000 V
b Blitzschutz, 21000 V
c Sammelschienen, 40000 V
d Sammelschienen, 21000 V
e Transformatoren, 4000 KVA. 40000/21000 V
f Drosselspulen
g Stromwandler 40000 V
h Ölschalter, 40000 V
i Bedienungsgang
k Ölschalter 21000 V
l Stromwandler 21000 V
m Bestätigungskabel
n Transformatoren, 4000 KVA. 40000/1700 V
o Zusatzmaschinen
p Umformer
q Schalttafel für 20000 Kabel
r Hauptbestätigungsschalttafel
s Schalttafel für 40000 V Freileitungen
t Transformatoren, 500 KVA. 21000/550.

Abb. 147. Nebenwerk Robinson Central. Grundriß und Querschnitt des Schalthauses.

belastet mit einem um 15⁰ voreilenden Stromvektor betrieben werden können. Die Synchronmotoren werden bei Leerlauf der Kompressoren und abgesperrter Saugleitung durch besondere Anlaßmaschinen in Betrieb gesetzt, die je aus einem Asynchronmotor und Stromerzeuger bestehen (vgl. Schaltschema Abb. 148). Die Pol-

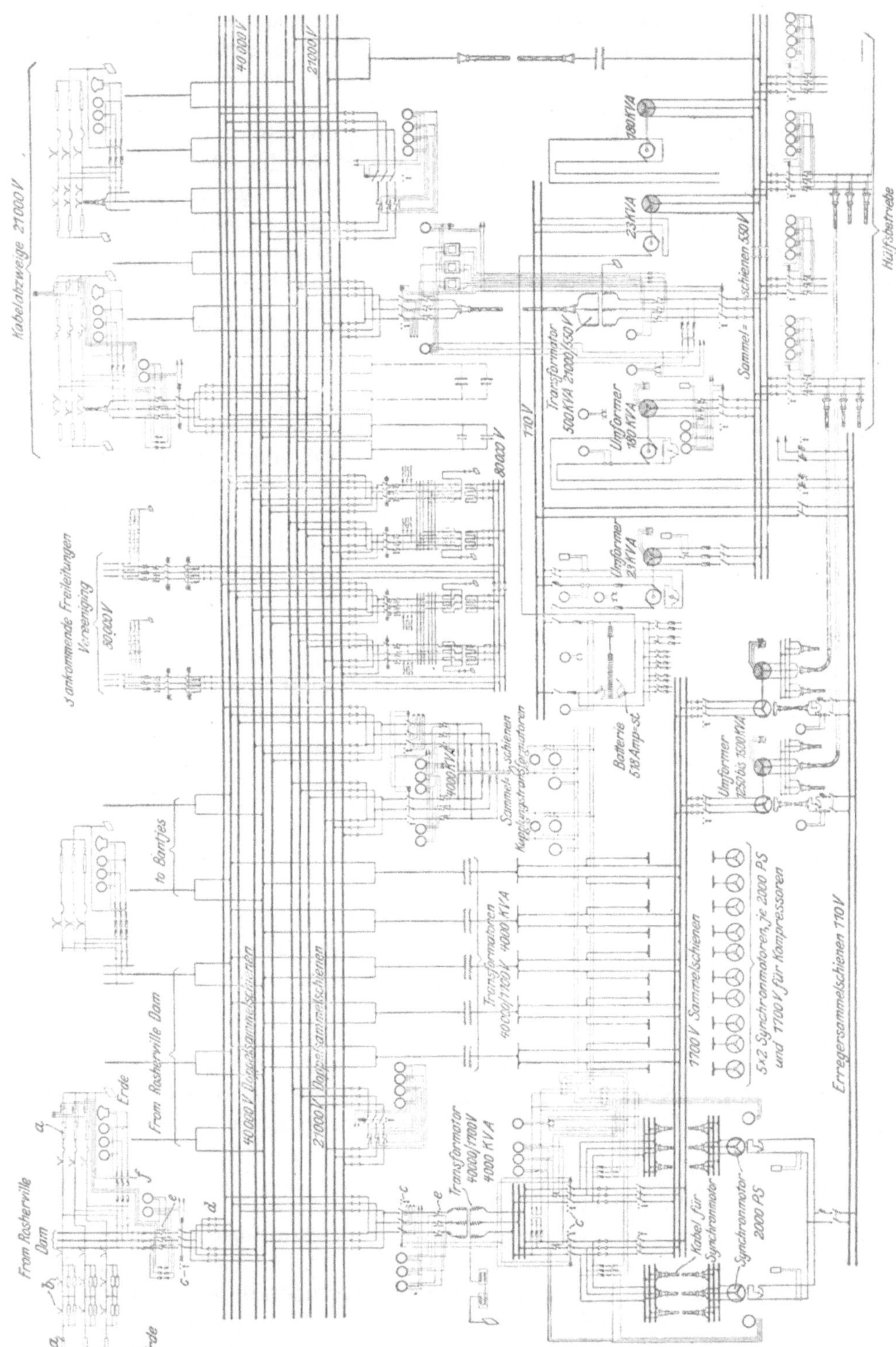

Abb. 148. Nebenwerk Robinson Central. Schaltschema. 4 Freileitungen (40000 V) von Roshervilledam, 2 Freileitungen (40000 V) von Bantjes, 3 Freileitungen (80000 V) von Vereeniging. Transformierung durch 6 Transformatoren, 4000 KVA, 40000/17000 V. Speisung der 6 × 2 Synchronmotoren für Turbokompressoren von je 2000 PS mit 1700 V; je ein Transformator dient zur Speisung zweier Synchronmotoren. Transformierung von 80000 V. durch 3 × 2 Transformatoren von je 9000 bezw. 6000 KVA auf 42000 oder 21000 V. Versorgung des Kabelnetzes durch 6 Kabelabzweige 20000 V. Je 1 Kupplungsfeld für 20000 und 40000 V. Doppelsammelschienen 40000 V. durch 2 Kupplungstransformatoren von je 4000 KVA mit den Doppelsammelschienen 20000 V verbunden. 2 Transformatoren für die Anlasser je 500 KVA, 21000/550 V. 4 Abzweige für Hilfsbetriebe. 4 Drehstromgleichstromumformer für Erregung und Batterie 23 bezw. 180 KVA. Batterie für Erregung 110 V, 518 Amp. Std., 2 Umformer, je bestehend aus 1 Asynchronmotor mit direkt gekuppeltem Drehstromerzeuger 1700 V als Anlaßmaschine für die Synchronmotoren der Kompressoren.

a Widerstände, *b* Hörnerfunkenableiter, *c* Ölschalter, *d* Trennschalter, *e* Stromwandler, *f* Meßtransformator.

zahlen sind so gewählt, daß bei voller Umlaufzahl der Asynchronmotoren etwas mehr als 50 Per./Sek erreicht werden. Zum Anlaufen werden der Anlaß-Stromerzeuger und der eine Kompressormotor zunächst bei Stillstand elektrisch gekuppelt und beide voll erregt; dann wird die Anlaßmaschine langsam in Betrieb gesetzt. Der Synchronmotor wird dabei mitgenommen und, nachdem 3000 Uml./Min erreicht sind, in üblicher Weise bei Phasengleichheit auf das Netz geschaltet, worauf der Stromerzeuger der Anlaßmaschine abgeschaltet wird. Derselbe Vorgang wird bei dem zweiten Motor des Kompressors wiederholt; Schwierigkeiten haben sich bei dieser Betriebsweise nicht ergeben. Die Nachteile des umständlicheren Anlaßverfahrens werden durch die Verbesserung des Leistungsfaktors aufgewogen, die für den Betrieb am Rand von besonderer Bedeutung ist, weil der Leistungsfaktor der angeschlossenen Motoren im allgemeinen sehr niedrig ist. Die für das Anlaufen der einzelnen Kompressorhälften erforderliche Leistung liegt zwischen 400 und 600 KW.

Es ist nun wesentlich, daß das Rohrleitungsnetz mit möglichst reiner Luft gespeist wird, und gut durchgebildete Filteranlagen sind deshalb unumgängliches

Abb. 149. Nebenwerk Robinson Central. Doppelsammelleitung für die Kompressoren außerhalb des Gebäudes. In der Mitte vorspringend zentralisierte Filteranlage für sämtliche Kompressoren.

Erfordernis. Während in Roshervilledam die Kompressoren mit je einem besonderen Filter ausgerüstet sind, ist im Robinsonwerk eine gemeinsame Filteranlage im mittleren Teile der Maschinenhaus - Längsseite untergebracht. (Abb. 143.) Die Luft wird hoch über dem Erdboden entnommen, um von vornherein möglichst staubfreie Luft anzusaugen. Der Maschinenhauskeller ist durch Längswände in zwei Räume geteilt, von denen der eine als Ansaugeraum für alle Kompressoren dient; der andere führt die Kühlluft der Kompressormotoren ab, die gleichfalls aus dem ersten Raum entnommen wird; der Vorteil dieser Anordnung liegt in dem Wegfall aller Kanäle. Um die Luftreinigung bei Bauarbeiten im Keller nicht zu stören, ist eine Unterteilung der Kellerräume durch Türen vorgesehen.

Die Druckluft wird in eine außerhalb des Gebäudes längs der Maschinenhauswand verlegte Doppelleitung befördert, die als Sammelleitung dient und durch Schieber geteilt werden kann; eine Umführung wird benutzt, wenn die Luft nur von Roshervilledam aus geliefert wird (Abb. 143, 145, 149). Das für die Kühlung der Kompressoren erforderliche Kühlwasser wird durch eine besondere Pumpenanlage, die am Ende des Maschinenhauses steht, aus dem Robinson-Teich entnommen (Abb. 143, 144). Das Wasser muß durch Koksfilter gereinigt werden, die als Doppelfilter ausgebildet sind, so daß der eine Filter ohne Betriebstörung des andern nachgesehen werden kann.

F. Leitungsnetze.

Die Ausgestaltung des Leitungsnetzes mußte sich der geograpnischen Lage des Randes anpassen, der sich in ziemlich gerader Linie von Osten nach Westen erstreckt; die Querausdehnung des Netzes ist infolgedessen überall beschränkt, die Hauptleitungen verlaufen gleichfalls in der Richtung des Minengebietes (Abb. 150). Da auf gegenseitige Unterstützung der einzelnen Kraftwerke und auf die Möglichkeit des Strombezuges von Vereeniging von vornherein Rücksicht zu nehmen war, und somit auch auf erhebliche Energieübertragungen zwischen den einzelnen Werken gerechnet werden mußte, wurden die 40 000 V-Leitungen gewissermaßen als Doppelsammelschienen ausgebildet, die sich über den ganzen Rand erstrecken. Die einzelnen Kraftwerke geben die nicht örtlich unmittelbar verbrauchte

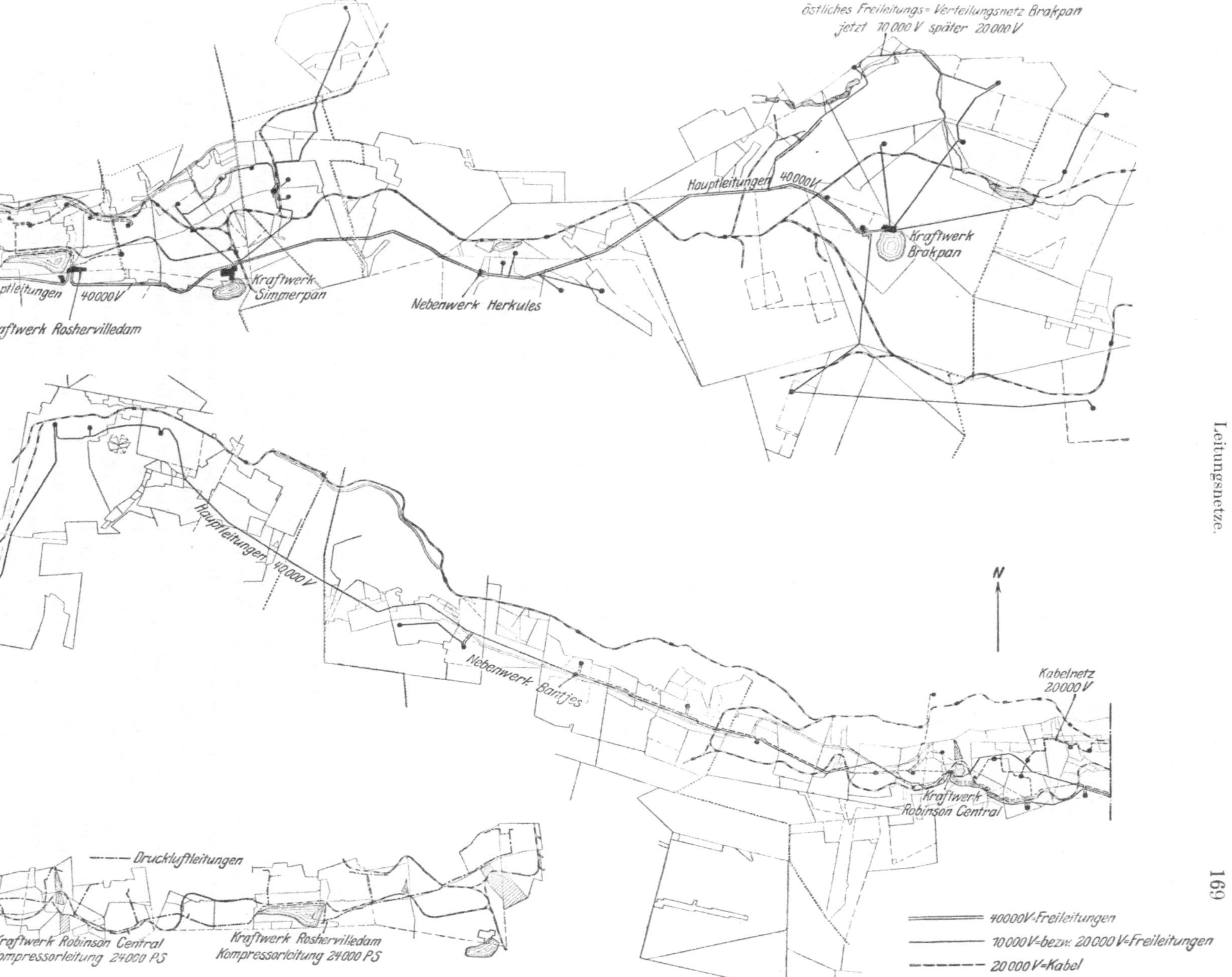

Abb. 150. Plan des Leitungsnetzes und der Druckluftleitungen. Maßstab 1 : 188000.

Leistung an dieses Netz ab, das sie an die Nebenwerke liefert, die deshalb als besondere Kraftwerke für die zugehörigen Verteilungsnetze anzusehen sind. Zwischen Brakpan, Herkules, Simmerpan, Roshervilledam, Robinson, Bantjes (Abb. 151) und Vereeniging kann die Energieübertragung deshalb innerhalb der durch den Verbrauch gegebenen Grenzen fast beliebig verschoben werden. Ein einzelner Abzweig ist bis zum äußersten Westen des Randes nach Luipaardsvlei geführt; er wird zurzeit noch als Verteilungsleitung benutzt. Der Querschnitt der Leitungen ist in der Mitte des Gebietes entsprechend der größten Verbrauchsdichte am größten; er beträgt hier 1440 qmm in vier Einzelleitungen von je 3×120 qmm auf zwei Mastreihen; für die nach Osten und Westen führenden Leitungen sind zwei Stromkreise von je 3×70 qmm vorläufig ausreichend.

Abb. 151. Nebenwerk Bantjes (ähnlich wie Nebenwerk Herkules).
Hauptschaltstation für 40000 und 20000 V mit angebauten Transformatorenkammern; im Hintergrund Maste für 2 40000 V Drehstromkreise mit Traverse zur Aufnahme von 3 Blitzschutzdrähten.

An die genannten Kraftwerke und Nebenwerke sind die Verteilungsleitungen angeschlossen, die westlich von Simmerpan mit 20000 V, östlich von Simmerpan mit 10000 V betrieben werden. Sie sind in der Mitte des Anschlußgebietes als Kabelleitungen ausgeführt, weil hier wegen großer Bebauungsdichte mit Freileitungen nicht durchzukommen war; alles übrige sind Freileitungen. Während nun die Speiseleitungen als Doppelleitungen ausgebildet sind, wurden die Verteilungsleitungen überall in Ringen verlegt; beide Leitungsarten sind durch Schutzvorrichtungen nach Merz-Price[1]) gesichert, was sich bei den Verteilungsleitungen als besonders vorteilhaft erwiesen hat, weil diese vielfach verkettet werden mußten, um hohe Betriebsicherheit und günstige Ausnutzung des Leitungsquerschnittes zu erreichen. Der Kabelquerschnitt beträgt überall 100 qmm, die einzelnen Kabel gestatten die Übertragung einer Leistung von je 8000 KVA.

Der in letzter Zeit stark steigende Verbrauch im Ostgebiet in der Nähe von Brakpan läßt auch hier einen allmählichen Übergang der Verteilungsspannung von 10000 auf 20000 V zweckmäßig erscheinen; alle neu angelegten Unterwerke sind deshalb bereits mit Einrichtungen für diese Spannung ausgerüstet, ebenso sind die hinzukommenden Leitungen für diese Spannung isoliert, so daß in absehbarer Zeit nur noch zwei Spannnungen, 40000 und 20000 V, vorhanden sein werden, abgesehen von der Übertragung von Vereeniging, die mit 80000 V arbeitet.

---

[1]) Vgl. ETZ 1908, S. 316, 329, 361.

G. Unterwerke.

Die große Zahl der Verteilstellen — zurzeit sind 60 errichtet — die Notwendigkeit, in allen gleiche Einrichtungen zugunsten der Bereitschaft und raschen Aushilfe zu verwenden, und die Rücksicht auf leichte Bedienung und Über-

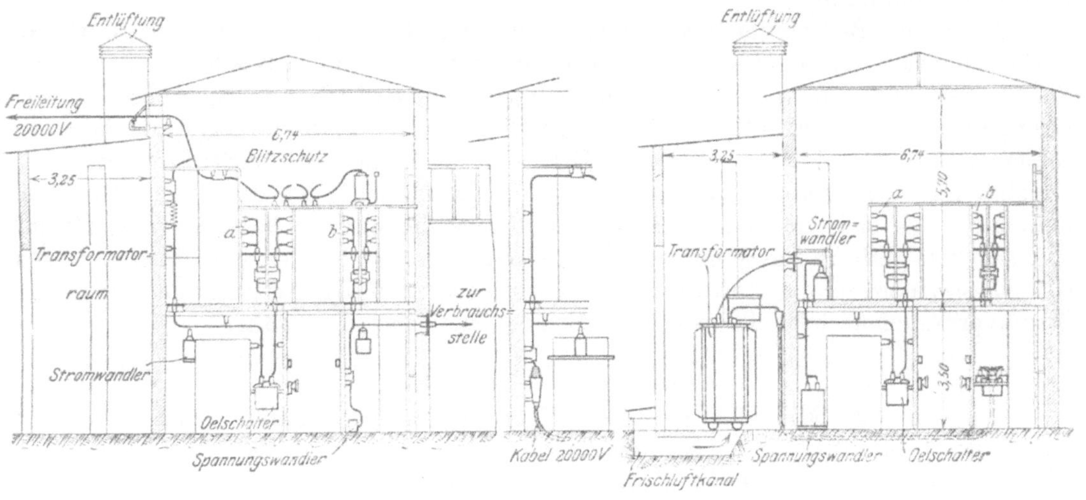

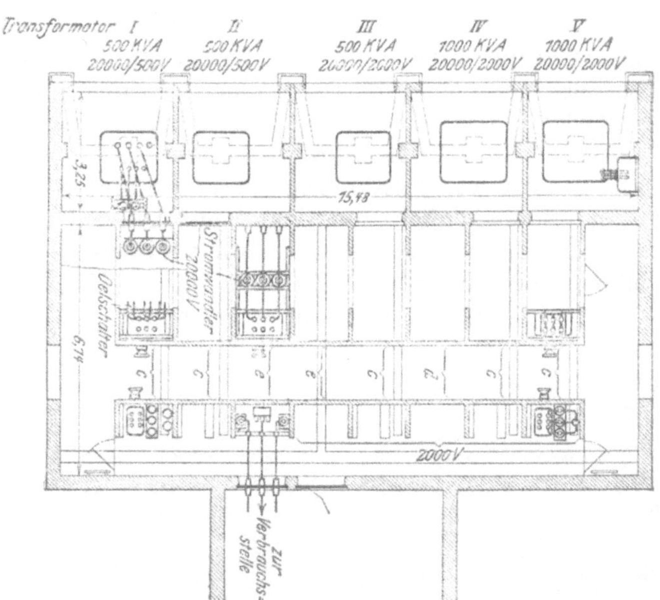

a Doppelsammelschienen, 20000 V, *b* Doppelsammelschienen, 2000 und 500 V, *c* Transformator, *d* Freileitung, *e* Kabel

Abb. 152. Normales Unterwerk für die Versorgung der Gruben. Schnitt links: Einrichtung für den Anschluß an das 20000 V Freileitungsnetz. Mittlerer Schnitt: Einrichtung für den Anschluß an das 20000 V Kabelnetz. Grundriß Mitte: Anbau des Schalthauses der Grube, der die Einrichtung hierfür überlassen bleibt.

wachung ließen eine Normalisierung als wünschenswert erscheinen. Die Unterwerke mußten folgenden Bedingungen genügen: Die Primärspannung ist entweder 20000 V oder 10000 V; ihre Leistung beträgt je 1000 bis 8000 KVA, die Sekundärspannung zum Teil 2000, zum Teil 500 V, jedoch müssen beide Spannungen von einer und derselben Stelle geliefert werden können, da sie auf fast allen Gruben gleichzeitig vorkommen (für Anschlüsse größerer Leistungen 2000, für Kleinmotoren über Tage 500 V). Da sich die Betriebsverhältnisse auf den einzelnen Gruben ständig ändern, müssen alle Verteilstellen so eingerichtet sein, daß sie sowohl auf der 500 V- als auf der 2000 V-Seite beliebig erweitert werden können; sie müssen ferner so angelegt sein, daß der Strom sowohl mit Kabeln als mit Freileitungen zu- und abgeleitet werden kann.

Um diesen Bedingungen zu genügen, wurden die Gebäude der Unterwerke in T-Form angelegt (Abb. 152); die Primärleitungen werden in das Kopfende eingeführt. Die Transformatorenkammern sind entsprechend der zu liefernden Spannung in zwei Gruppen in demselben Gebäudeteil angeordnet; parallel zu ihnen liegen die Sammelschienen für 500 und 2000 V. In der Mitte sind die Zähler für die Stromverbraucher angebracht, von diesen aus werden die Sammelschienen aus dem Gebäude heraus in das sich im Grundriß senkrecht anschließende Schalthaus des Stromverbrauchers geführt, das somit vom Verteilwerk der Gesellschaft ganz abgeschlossen ist. Diese Anordnung erlaubt, die 500 V-Seite, die 2000 V-Seite und den Anbau des Stromverbrauchers beliebig zu erweitern, und hat sich gut bewährt.

H. Druckluftanlage.

Von den 320 Mill. KWStd der Eckstein-Gruppe sollten etwa 40 % als Druckluft von 9 at geliefert werden. Nach dem festgestellten Belastungsfaktor ergab diese Luftmenge zuzüglich der vertragsmäßigen Bereitschaft von 25 % eine Maschinenleistung von rd. 50000 PS. Die Druckluftübertragung hat dabei etwas mehr als 30 km größte Länge. Wenn man bedenkt, das nirgends eine Druckluftübertragung auch nur annähernd so großer Leistung bestanden hat — die größte zurzeit in Betrieb befindliche Pariser Anlage hatte damals nur eine Maschinenleistung von rd. 8000 PS, und der größte bis dahin für diesen Druck gebaute Kolbenkompressor hatte nur 1500 PS Leistung —, so mag man daraus erkennen, daß großer Wagemut dazu gehörte, die Ausführung des Planes unter Gewährleistung zu übernehmen. Alles mußte tatsächlich von Grund auf neu entworfen und ausgebildet werden; dazu war die Bauzeit mit $1\frac{1}{2}$ Jahren außerordentlich beschränkt. Der Bau von Kreiselkompressoren befand sich noch im Anfang der Entwicklung, befriedigende Ergebnisse lagen nur für kleine Leistungen vor; Luftleitungen für solche Überdrücke auch nur annähernd gleicher Abmessungen waren bisher nicht ausgeführt.

Allein die Entwicklung der Muffenkonstruktion (Abb. 153) hat mehr als drei Monate in Anspruch genommen, da die Pariser Vorbilder sich für die vorliegenden Verhältnisse als ungeeignet erwiesen. Die Muffe hatte nämlich nachstehenden schwer erfüllbaren Bedingungen zu genügen:

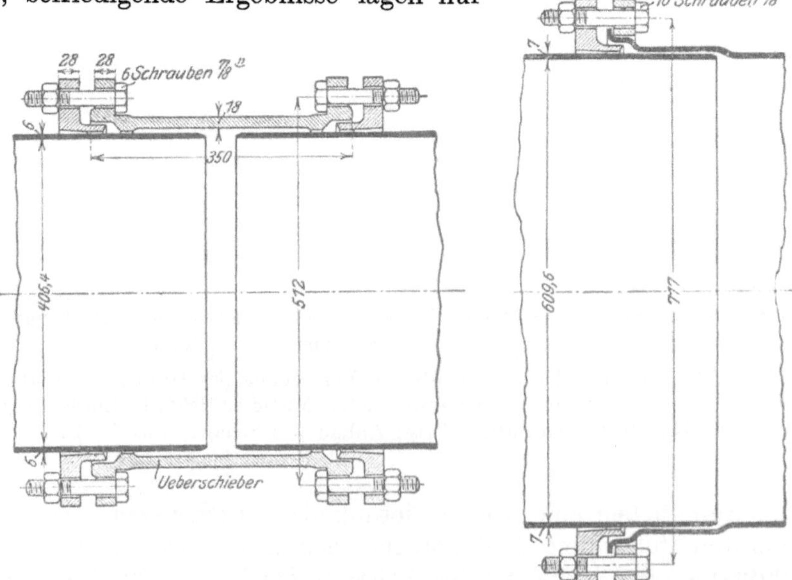

Abb. 153.   Druckluftanlage.   Rechts: normale Verbindungsmuffe; links: Überfallmuffe zur Verbindung glatter Rohrenden (diese wird gebraucht, wenn Rohre ausgewechselt werden müssen).

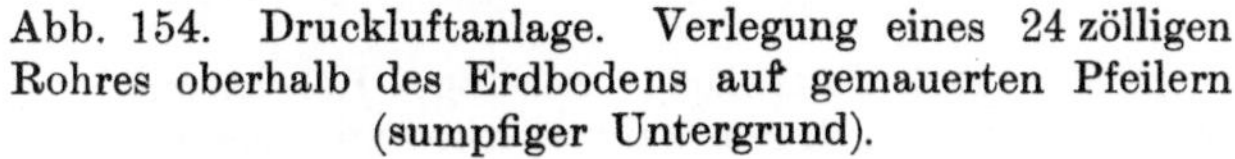

Abb. 154. Druckluftanlage. Verlegung eines 24 zölligen
Rohres oberhalb des Erdbodens auf gemauerten Pfeilern
(sumpfiger Untergrund).

Abb. 155. Druckluftanlage. 24 zölliges
Rohr; Rohrbefestigung über Erdboden auf
gerader Strecke.

1) Sie muß als Stopfbüchse arbeiten, weil die Rohrleitungen starken Temperaturschwankungen ausgesetzt sind.

2) Sie muß leicht ersetzbar und auseinandernehmbar sein für den Fall der Auswechslung des Rohres.

3) Sie muß eine Abweichung von 5 bis 10^0 von der Geraden gestatten, damit die Leitung den Bodenverhältnissen angepaßt werden kann.

4) Sie muß unter diesen Verhältnissen (610 mm größter Rohrdurchmesser, 9 at Überdruck) ständig dicht bleiben.

5) Der Herstellungspreis muß mäßig sein, saubere Bearbeitung der Rohrenden durch Werkzeugmaschinen war deshalb unausführbar.

Abb. 156. Druckluftanlage.
Rohrbefestigung über Erde, gleichzeitig
Fixpunkt.

Abb. 157. Druckluftanlage.
Verankerung eines 30 zölligen Krümmers
über Erde, zeigt Entweichen des Druckpfeilers
wegen ungenügender Fundierung.

Beachtet man ferner den Umstand, daß kein Meßgerät vorhanden war, das die Integration der verwickelten Funktion aus Volumen, Temperatur, Überdruck und Zeit, in KW/Std ablesbar, selbsttätig vornahm, daß die bekannten Luftvolumenmesser bis dahin nur für mäßigen Überdruck gebaut waren und daß diese sehr verwickelten Geräte von Grund aus neu ausgebildet werden mußten, so wird man die Schwierigkeit der Aufgabe ermessen. Durch die Meßgeräte sollte eine Leistung von mehr als 100 Mill. KW/Std jährlich in zuverlässiger Weise ermittelt werden, deren Geldwert jährlich mehr als 5 Mill. M. beträgt; ein Fehler von $1\,^0/_0$ macht somit bereits 50 000 M. aus, ein Betrag, der die Wichtigkeit genauer Luftmessung am besten erläutert.

Die für die Anlage des Druckluftnetzes anzuwendenden Grundsätze stimmten mit denen für das elektrische Kabelnetz in mancher Hinsicht überein, da alle Ecksteingruben außer der Lieferung elektrischer Energie gleichzeitig Druckluft gebrauchten; Druckluftleitungen und elektrische Kabel konnten deshalb vielfach in demselben Graben verlegt werden (Abb. 154 bis 158). Die Leitung ist so eingerichtet, daß sie die Kompressorenanlagen im Roshervilledam- und im Robinsonwerk ständig verbindet (Abb. 150); falls eine Anlage aus dem Betrieb kommt, kann die Luftlieferung mit der andern aufrecht erhalten werden. In der Leitung befinden sich Schieberkammern

Abb. 158. Druckluftanlage. 22zöllige Rohrleitung, die infolge starken Regens unterwaschen und aus dem Graben gehoben wurde.

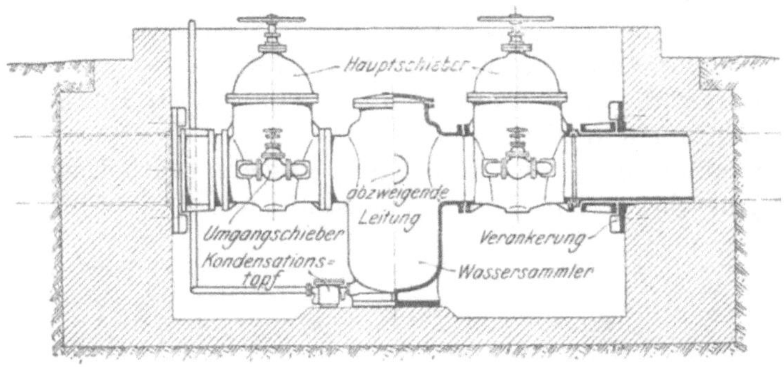

Abb. 159. Druckluftanlage.
Schieberkammer mit abzweigender Leitung und Entwässerungseinrichtung.

(Abb. 159), die im Falle eines Fehlers ermöglichen, einen Teil der Leitung abzutrennen. Die Leitung ist größtenteils unterirdisch verlegt, oberirdische Verlegung auf Betonpfeilern wurde lediglich beim Überschreiten von Tälern und Sümpfen angewandt; an solchen Stellen ist sie mit Wellblech abgedeckt und gegen übermäßige Erwärmung durch Sonnenbestrahlung geschützt (Abb. 160). Die Länge der einzelnen Rohre beträgt 8 m bei 229 bis 610 mm Dmr. Als Dichtung für die Stopfbüchsen wurden Profilringe aus besonders gutem Gummi verwandt. Für die Verluste infolge von Undichtigkeit mußte ein Höchstbetrag von $2\,^0/_0$ gewährleistet werden; die tatsächlich vorkommenden Verluste betragen weniger als $0,5\,^0/_0$.

Abb. 160. Druckluftanlage. Druckluftleitung über Erde verlegt, zum Schutze gegen Sonne mit geweißtem Wellblech abgedeckt.

Die Berechnung der Rohrleitungsquerschnitte wird in herkömmlicher Weise nach der als zulässig erachteten Höchstgeschwindigkeit der strömenden Luft vorgenommen. Geht man von der Voraussetzung aus, daß der Druckabfall zwischen Erzeugungs- und Abnahmestelle bei höchster Luftlieferung einen bestimmten ein für allemal festzulegenden Wert nicht übersteigen, dieser Wert aber bis zu allen Abnahmestellen der gleiche sein darf, und stellt man gleichzeitig die Forderung geringsten Anlagekapitales, so kommt man zu neuen Grundsätzen für die Bemessung verzweigter Leitungen, die eine ganz bestimmte Verteilung des Druckabfalles auf die einzelnen Knotenpunkte des Netzes ergeben, aus der sodann die einzelnen Rohrquerschnitte ermittelt werden können. Bei elektrischen Leitungsnetzen ist man derartige Rechnungen gewohnt, bei Druckluftleitungen sind sie nach Angabe des Verfassers von Oberingenieur Tröger hier zum ersten Male ausgeführt worden.

Die Luftleistung wird bei den einzelnen Verbrauchern in KW/Std gemessen, die auf isothermischer Grundlage bewertet werden. Auf jeder Grube ist deshalb ein besonderer Druckluftzähler angeordnet (Abb. 161), der die gelieferte Arbeit selbsttätig aufzeichnet, eine Einrichtung,

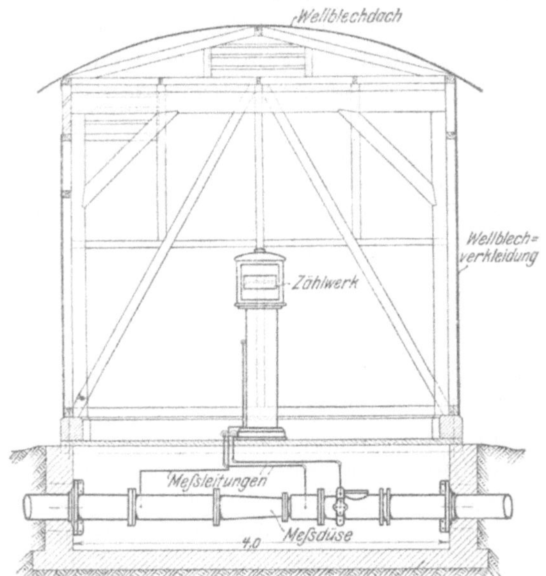

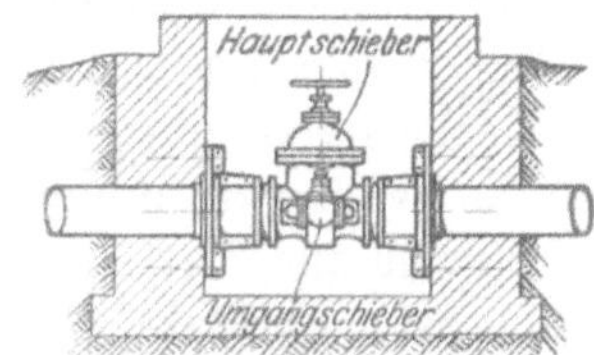

Abb. 161. Druckluftanlage. Schnitt durch ein Druckluftzählerhaus.

deren Ausführung sich in Anbetracht der erheblichen Druck- und Temperaturschwankungen zunächst sehr schwierig gestaltete. Da Luftvolumenmesser nach dem Gasuhrenprinzip, bei denen das Zählwerk durch Druck und Temperatur beeinflußt wird, außergewöhnliche Abmessungen erhalten hätten und zudem sehr verwickelt geworden wären, entschied man sich schließlich für die Messung mittels Düse nach dem Venturi-Prinzip unter Hinzufügung einer Registriervorrichtung, die die Schwankungen des Überdruckes und der Temperatur (letztere allerdings nur annähernd) berücksichtigt. Die dem Druckunterschiede folgende Manometerfeder und die von der Temperatur beeinflußte Thermometerfeder bewegen je einen logarithmischen Kamm; beide Bewegungen werden durch Zahnräder zusammengezählt, die Summe wird auf einen gegenlogarithmischen Kamm übertragen, so daß das Zählwerk das Produkt beider Bewegungen angibt. Die Zähler sind nach manchen Vorversuchen von J. Kent in London ausgebildet und haben sich gut bewährt.

5. Vorarbeiten für die weitere Entwickelung.

a) Allgemeines.

Die beschränkte Kühlfähigkeit des Roshervilledam, die nur für eine Anlage von 50 000 bis 60 000 KW ausreicht, und die hohen Frachtkosten für die Kohle veranlaßten die Victoria Falls and Transvaal Power Co., sich durch Verträge mit den Vereeniging Estates die Möglichkeit zu sichern, in der Mitte dieses ausgedehnten Kohlengebietes am Vaalflusse ein Kraftwerk zu errichten. Ein mit den Vereeniging Estates bereits bei der Gründung der Gesellschaft durch Wilson Fox behandelter und später ergänzter Vertrag sicherte ihr ein Kohlenbezugsrecht, verbunden mit dem Recht der Nachprüfung, zu den nachzuweisenden Gestehungskosten mit einem Aufschlag von 1,08 M./t.

Die ernsten Bedenken, die anfangs von den Goldbergwerken gegen diesen Plan erhoben wurden, weil sie die Betriebsicherheit der Übertragung durch Freileitungen über rd. 50 km unter den dortigen schwierigen atmosphärischen Verhältnissen bezweifelten, konnten schließlich durch das Zugeständnis beseitigt werden, daß die Leistung der Anlagen außerhalb des Randes einen gewissen Teilbetrag der Gesamtleistung nicht überschreiten solle. Im Falle des Versagens der Freileitungen müssen die Anlagen am Rand ausreichen, um den Betrieb aufrecht zu erhalten; die Gesellschaft darf diesen Teilbetrag erhöhen, wenn gute Erfahrungen mit dem Freileitungsbetrieb vorliegen.

Die Vorarbeiten: Geländeaufnahmen, Bohrungen und genaue Bestimmung der Lage und der Wasserverhältnisse, wurden bereits während der Anwesenheit des Verfassers im Jahre 1909 vorgenommen, der Beginn der Bauarbeiten verzögerte sich jedoch durch die Verhandlungen mit den Behörden über die erforderlichen Wegerechte.

b) Wegerechte.

Für die Fortleitung des Stromes innerhalb des Randgebietes durch Freileitungen und Kabel waren die rechtlichen Verhältnisse sehr einfach. Da es sich in diesem Gebiet fast ausschließlich um gemutetes Land handelt, ist das Besitzrecht der Bergwerke nach den gesetzlichen Bestimmungen auf die Mineralien unter Tage beschränkt, während ihnen das Gelände über Tage lediglich zur Benutzung und nur soweit zur Verfügung gestellt wird, wie es für die Aufbereitung der Erze erforderlich ist. Es steht der Behörde daher frei, Dritten das Mitbenutzungsrecht des Geländes für die Anlage von Fernleitungen zu gewähren. Mit der bereits bestehenden Konzession der Rand Central Electric Works, die von der Gesellschaft bei dem Erwerb dieser Anlage mit übernommen wurde, war sie gegen die Einsprüche der Minen gesichert, sofern sie deren Bauten nicht behinderte, was natürlich leicht zu vermeiden war.

Wesentlich anders lagen die Verhältnisse für die Fernübertragung von Vereeniging; die Leitungen mußten faßt ausschließlich über privates Eigentum geführt werden, und es stellten sich ähnliche Schwierigkeiten heraus, wie man sie hier zu Lande gewöhnt ist.

Die Frage, ob außer der privaten Erlaubnis noch eine behördliche Genehmigung für den Bau der Fernleitung erforderlich sei, war strittig, weil sich die Transvaal-Gesetzgebung mit diesem Gegenstande bis dahin nicht befaßt hatte. Um die Gefahr einer unsicheren Rechtslage zu vermeiden, beschloß die Gesellschaft trotzdem um die behördliche Genehmigung nachzusuchen, da die Konzession der Rand Central Electric Works sich nicht ausdrücklich auf dieses Gebiet erstreckte. Die Folge dieses Schrittes war allerdings zunächst ein heftiger Einspruch eines Teiles der Kohlengruben, die befürchteten, daß durch die geplante Kraftübertragung ihr Absatz empfindlich geschädigt werden würde.

Die Regierung sah sich schließlich veranlaßt, zur Vorbereitung der gesetzlichen Regelung einen besonderen Parlamentsausschuß (Power Commission) einzusetzen, der unter dem Vorsitz des Eisenbahnpräsidenten Sir Thomas Price die Vernehmung beider Parteien in öffentlicher Verhandlung anordnete; sie erstreckte sich über mehrere

Monate, auch Lord Winchester und der Verfasser wurden wiederholt über die europäischen Verhältnisse befragt und zur vertraulichen Äußerung über vorhandene oder vorgeschlagene gesetzliche Maßnahmen aufgefordert. Der dann an die Regierung erstattete, sehr eingehend bearbeitete Bericht erforderte natürlich ebenfalls ziemlich viel Zeit, so daß $1^1/_2$ Jahre vergingen, ehe der Gesellschaft die Bauerlaubnis für die Fernleitungen erteilt werden konnte. Als Hauptbedingung wurde der Gesellschaft auferlegt, allen Beteiligten, insbesondere auch den Gemeinden, Strom zu den gleichen Bedingungen zu liefern, und zwar nach einem von dem Verfasser aufgestellten Tarife mit Benutzungsstaffel.

Nach Erteilung der Genehmigung wurde der Bau des Vereeniging-Kraftwerkes sofort in Angriff genommen; seine Inbetriebsetzung mit einer Leistung von rd. 70000 PS ist vor kurzem erfolgt.

Die Frage der Ausnutzung der Victoria-Fälle des Zambesi ist seither nicht wieder angeschnitten worden, weil der Widerstand der Kohlengruben noch ungleich stärker eingesetzt haben würde als für die Übertragung von Vereeniging; bei dieser handelt es sich nur um eine fast unmerkliche Verschiebung des Absatzes zwischen einzelnen Gruben, die Einfuhr großer Energiemengen aus Rhodesia würde aber der Kohlenindustrie bedeutenden Schaden zufügen. Außerdem ist zu beachten, daß wesentliche wirtschaftliche Vorteile aus dieser langen Kraftübertragung so lange nicht zu erreichen sind, als sich die Kohlenpreise in Transvaal in den oben erwähnten mäßigen Grenzen halten.

6. Dritter Bauabschnitt: Das Kraftwerk Vereeniging.

a) Maschinenhaus, Kesselhäuser, Kohlenförderanlage.

Das Kraftwerk (vgl. Lageplan Abb. 162) enthält zurzeit vier Turbodynamos und zwar zwei von je 12000 KVA und zwei von je 18000 KVA; zwei weitere von je 16000 KVA sind bestellt, werden aber im Kraftwerke Simmerpan aufgestellt.

Der Dampf wird in zwei Kesselhäusern (Abb. 163, 164, 166) erzeugt, die je 10 Kessel von 550 qm wasserberührter Heizfläche enthalten; die Kesselanlage ist in ähnlicher Weise ausgebildet wie in Roshervilledam.

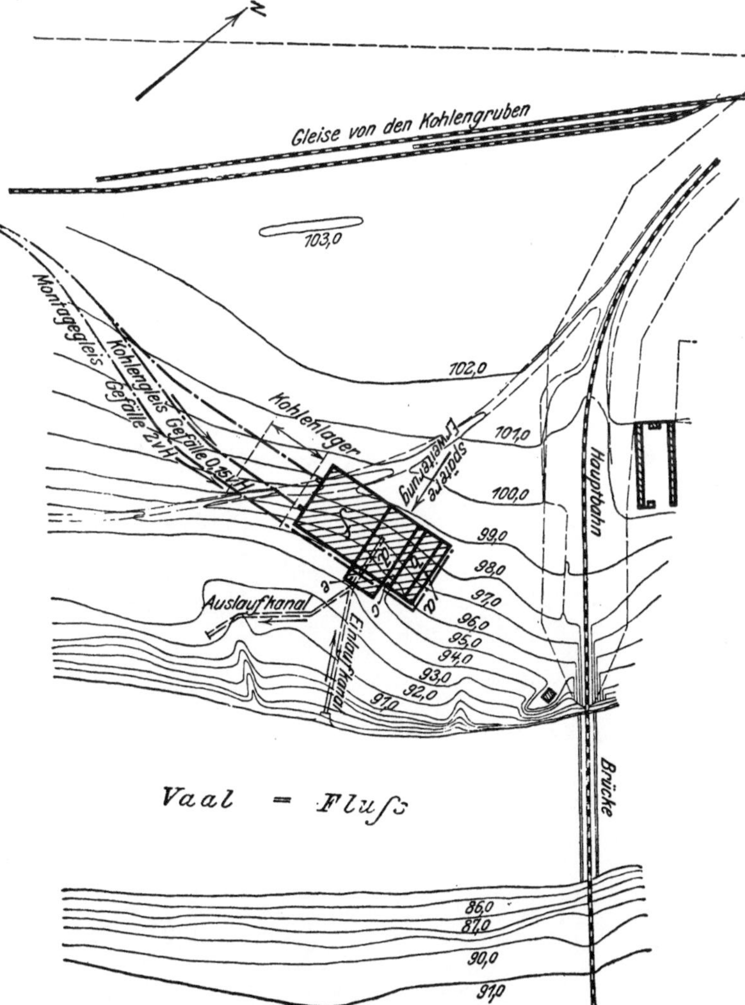

Abb. 162. Kraftwerk Vereeniging. Lageplan. Maßstab 1 : 5000.
a Transformatorenräume, *b* Schalthaus, *c* Betätigungsschalttafel, *d* Maschinenraum, *e* Werkstatt, *f* Kesselhaus.

Auch die Kohlenförderanlage ist nach gleichen Grundsätzen gebaut. Die besondern Verhältnisse dieses Werkes bedingten jedoch insofern einen Unterschied, als für größere Vorräte gesorgt werden mußte, weil die Kohlen nur auf einem Schienenstrange zugeführt werden können. Die außerhalb des Kesselhauses unterzubringende

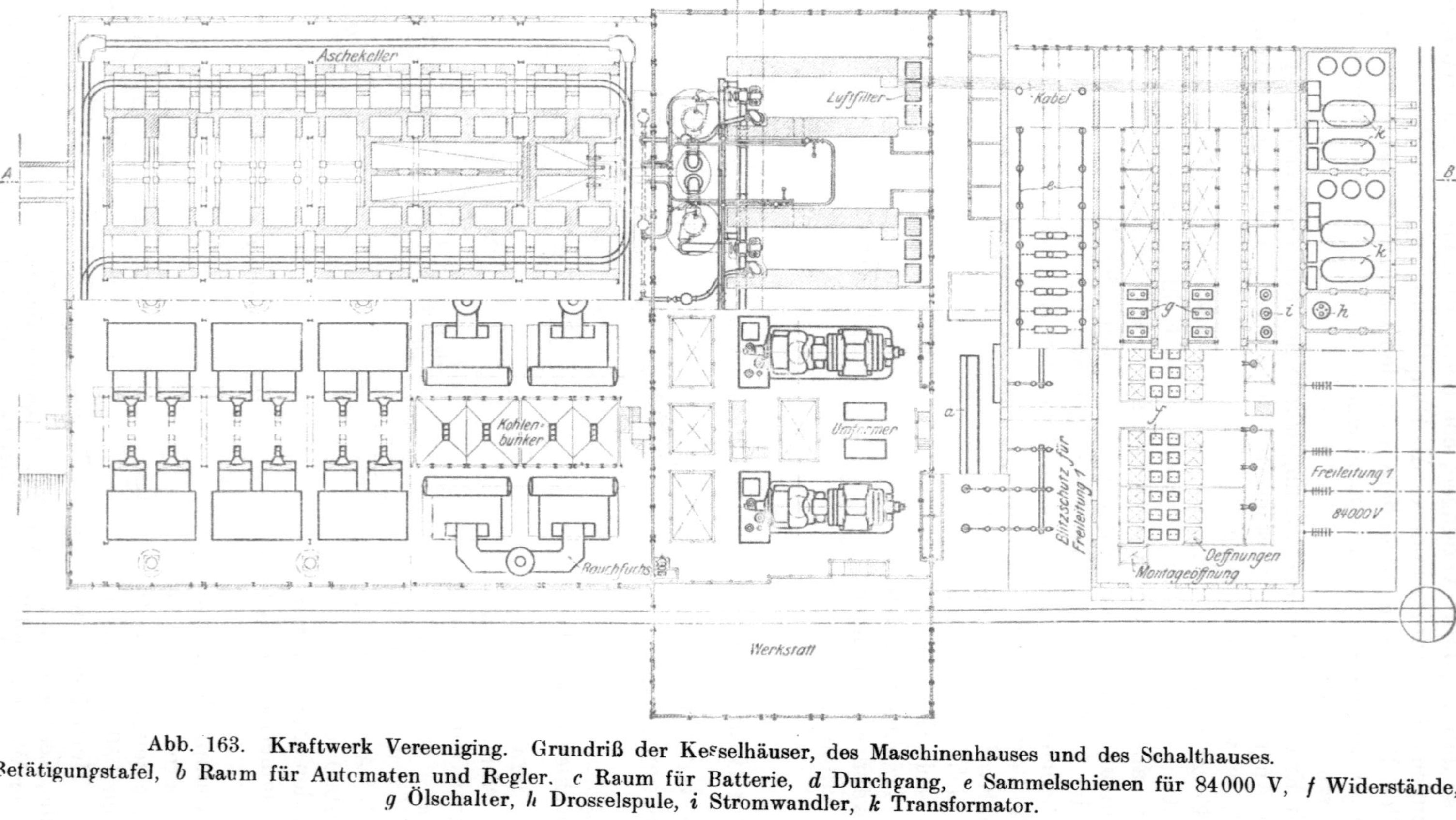

Abb. 163.   Kraftwerk Vereeniging.   Grundriß der Kesselhäuser, des Maschinenhauses und des Schalthauses.
a Betätigungstafel, b Raum für Automaten und Regler. c Raum für Batterie, d Durchgang, e Sammelschienen für 84 000 V, f Widerstände, g Ölschalter, h Drosselspule, i Stromwandler, k Transformator.

Kohlenmenge wurde durch Vergrößerung der Schütthöhe (Höherlegung der Gleise) vermehrt (Abb. 164, 167); außerdem wurden, abweichend von den wiederholt dargelegten Grundsätzen, Kohlenbunker im Kesselhause selbst eingerichtet, weil die Kohlen von den nahegelegenen Gruben später durch eine Seilbahn angefahren werden sollen. Bei der Anlage des Kesselhauses war hierauf Rücksicht zu nehmen, neben dem Becherband ist deshalb Platz für die später einzubauende Seilbahn frei gelassen worden. Die Kesselhausbunker sind so bemessen, daß ihr Kohlenvorrat während der regelmäßigen Betriebeinstellung auf den Gruben von Sonnabend mittag bis Montag früh ausreicht (Abb. 164, 166).

Auch die Einrichtung des Maschinenhauses (Abb. 163, 164, 165) ähnelt der in Roshervilledam, wesentliche Unterschiede weist nur die Anlage für Kühlwasserbeschaffung auf, deren Ausbau sich auch hier besonders schwierig gestaltete. Die Höhenunterschiede des Wasserspiegels im Vaal River schwanken nämlich zeitweise um 9 m; Änderungen treten außerordentlich rasch ein, weil die Niederschläge infolge Mangels von Wäldern den Flüssen viel schneller zugeführt

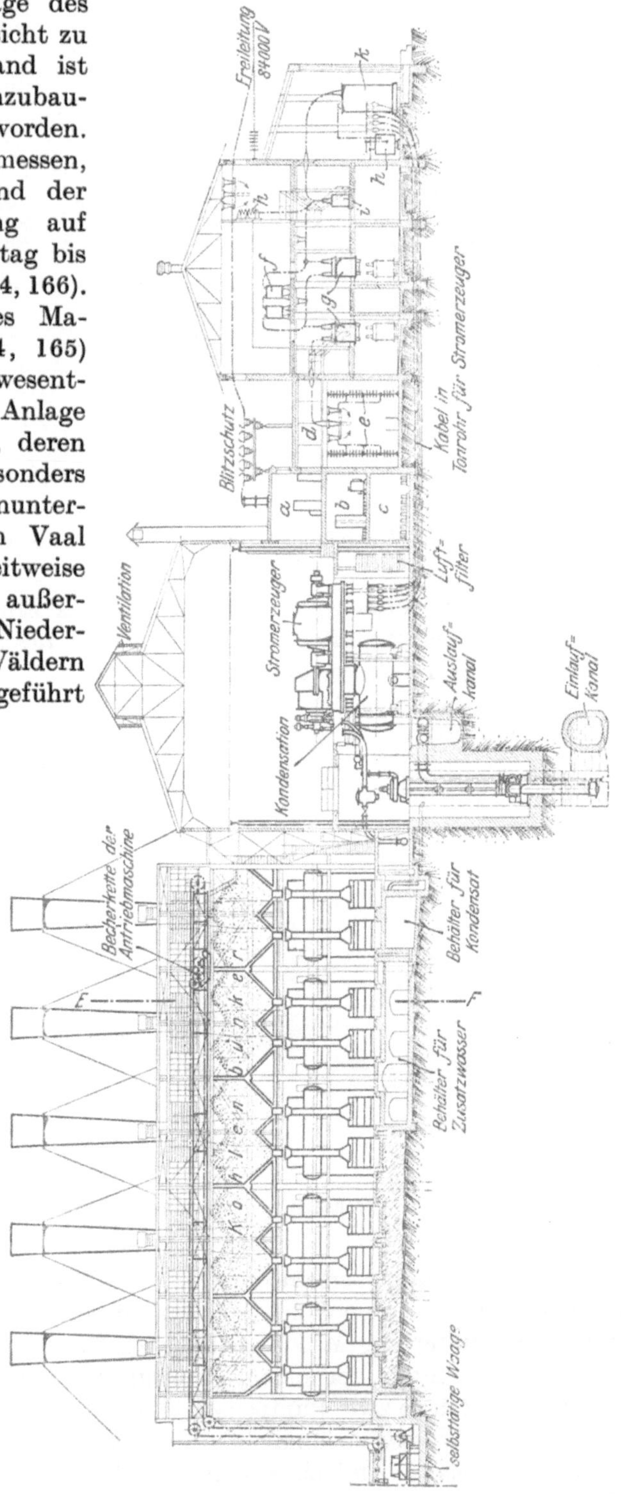

Abb. 164. Kraftwerk Vereeniging. Schnitt durch Kohlenförderanlage, Kesselhaus, Maschinenhaus und Schalthaus.

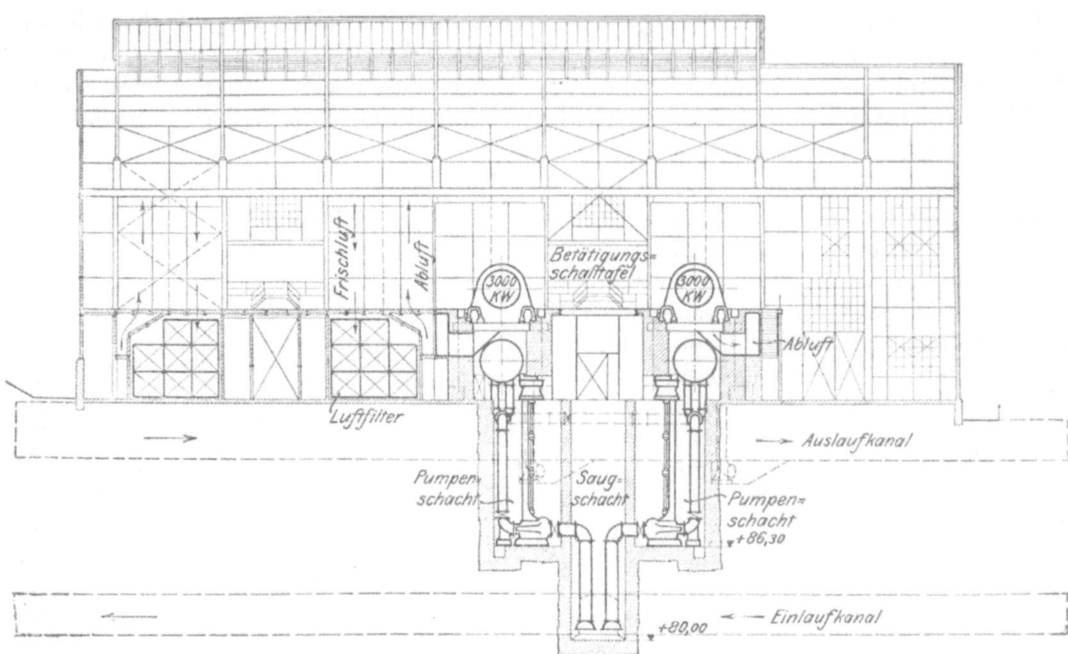

Abb. 165. Kraftwerk Vereeniging. Längsschnitt durch das Maschinenhaus. Maßstab 1 : 500.

werden, als es z. B. bei den meisten europäischen Flüssen der Fall ist. Die Anlage mußte deshalb so eingerichtet sein, daß sie den rasch auftretenden Schwankungen der Förderhöhe zu folgen vermochte.

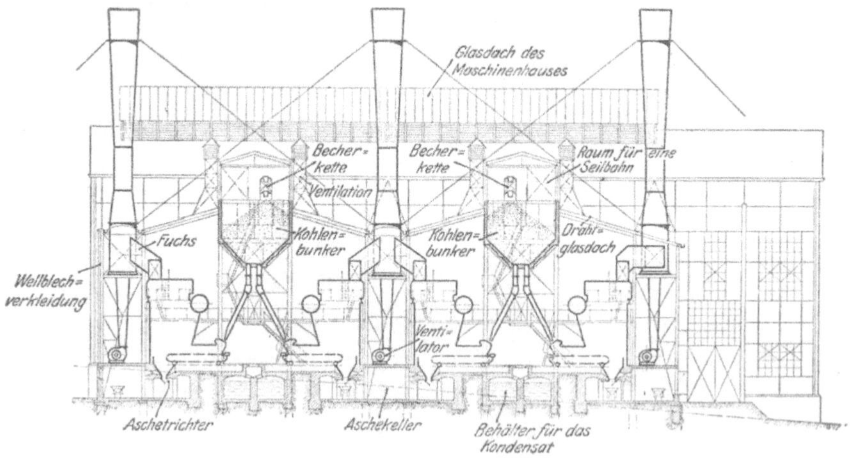

Abb. 166. Kraftwerk Vereeniging. Querschnitt durch die Kesselhäuser. Maßstab 1 : 600.

Nach Bearbeitung verschiedener Vorschläge entschied man sich schließlich trotz höherer Anlagekosten dazu, den Einlaufkanal als Tunnel von der tiefsten Stelle des Flusses bis unter das Maschinenhaus zu führen und die Pumpen in Schächten aufzustellen, die durch absperrbare Leitungen mit dem Tunnel verbunden sind (Abb. 164, 165). Für je zwei Pumpenschächte ist ein gemeinsamer Saugschacht angelegt, in dem das Wasser nochmals gereinigt wird, nachdem es schon durch einen im Einlauf des Tunnels am Fluß eingebauten Grobrechen vorgereinigt ist. (Abb. 168, 169.) Die Pumpenschächte sind so tief geführt, daß auch bei niedrigstem Wasserstande noch genügende Saughöhe verbleibt; sie liegen unmittelbar vor dem Fundament der Turbinen, so daß die Rohrführung sehr einfach ausfällt. Die Kreiselpumpen sind mit senkrechter Welle ausgeführt; sie werden durch eine stehende Turbine angetrieben, die im Maschinenhauskeller untergebracht ist. (Abb. 170.) Das Wasser läuft zuerst durch Rohrleitungen und sodann durch einen offenen Kanal ab, der unterhalb der Einlaufstelle mündet. (Ansicht der Gebäude Abb. 171, Aufnahme vom Vaalfluß aus Abb. 172.)

b) Schalthaus.

Das Schalthaus (Abb. 173) liegt im Gegensatz zu Roshervilledam parallel zum Maschinenhaus, eine Anordnung, die in diesem Falle wegen der Kabelführung zwischen Stromerzeugern und Schalthaus besonders

Abb. 167. Kraftwerk Vereeniging. Kohlenlager unterhalb der Kohlenbahn, auf dem Boden Einfalltrichter für die Becherkette.

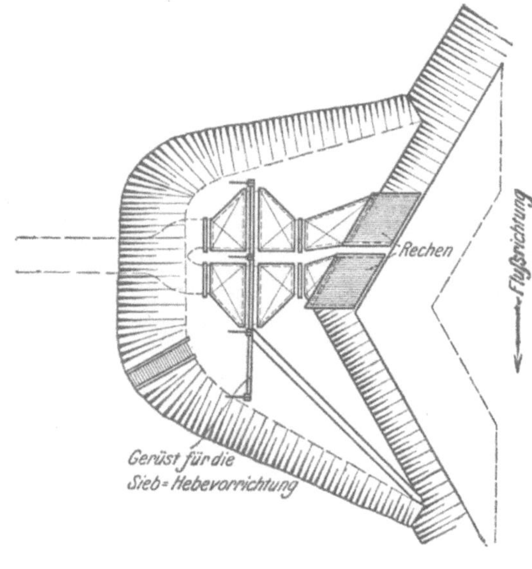

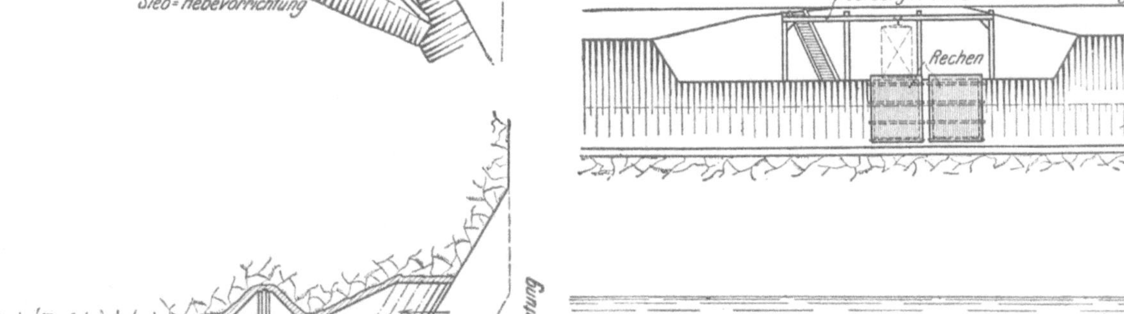

Abb. 168. Kraftwerk Vereeniging. Grundriß und Schnitte der Einlaufanlage für das Kühlwasser der Kondensation. Maßstab 1 : 500.

vorteilhaft ist, weil die Stromerzeuger durch je fünf bzw. acht Einzelkabel von je 3×210 qmm Querschnitt mit dem Schalthause verbunden werden mußten.

Das Schalthaus selbst ist wiederum getrennt vom Maschinenhaus angelegt; der zwischen Schalthaus und Maschinenhaus verbleibende Raum wurde zum Unterbringen der Betätigungstafel, der Hilfsbatterie, der Regler und andrer Hilfsvorrichtungen ausgenutzt.

Zur Übertragung nach dem Rand wird die Spannung auf 84 000 V erhöht. Die Transformatoren sind auch hier in besondern Kammern an der Längswand des Schalthauses untergebracht; zurzeit sind

Abb. 169. Kraftwerk Vereeniging. Einlauftunnel im Bau.

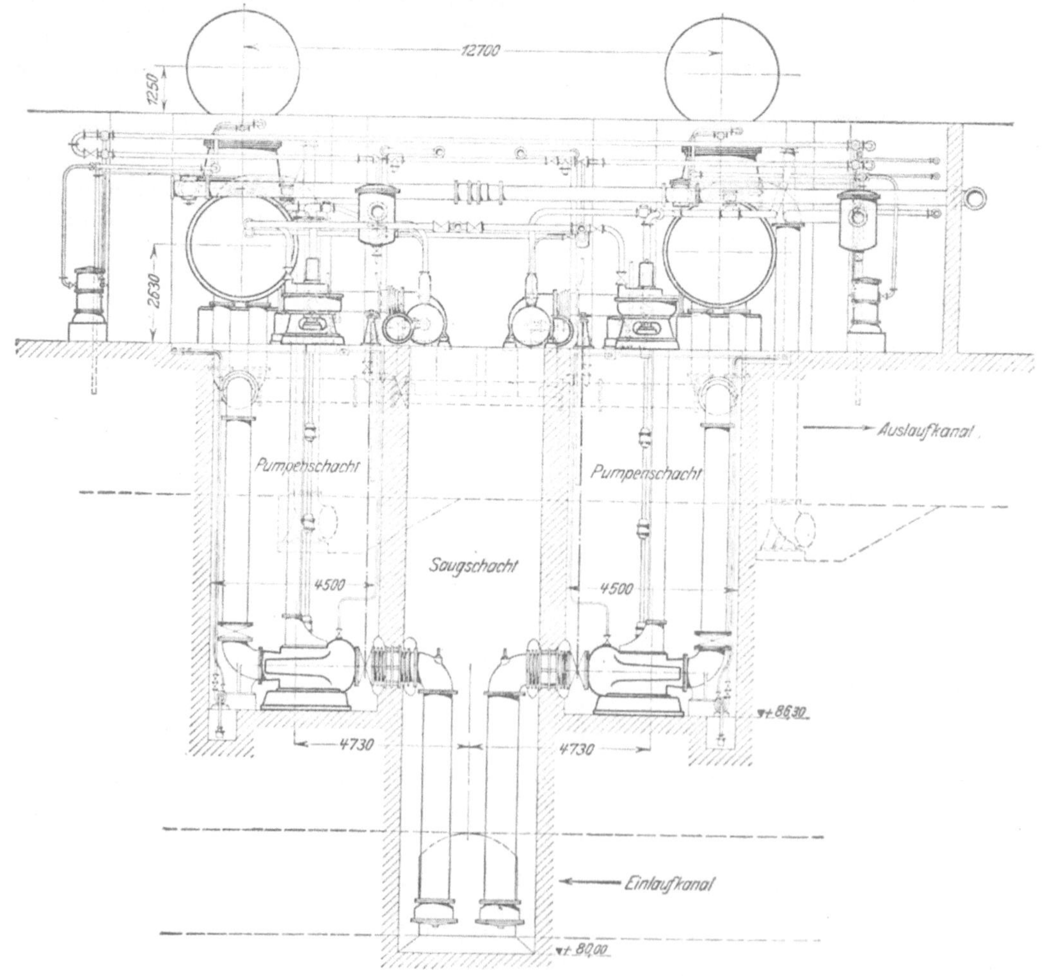

Abb. 170. Kraftwerk Vereeniging. Schnitt durch Pumpenschächte und Saugschacht.
Maßstab 1 : 200.

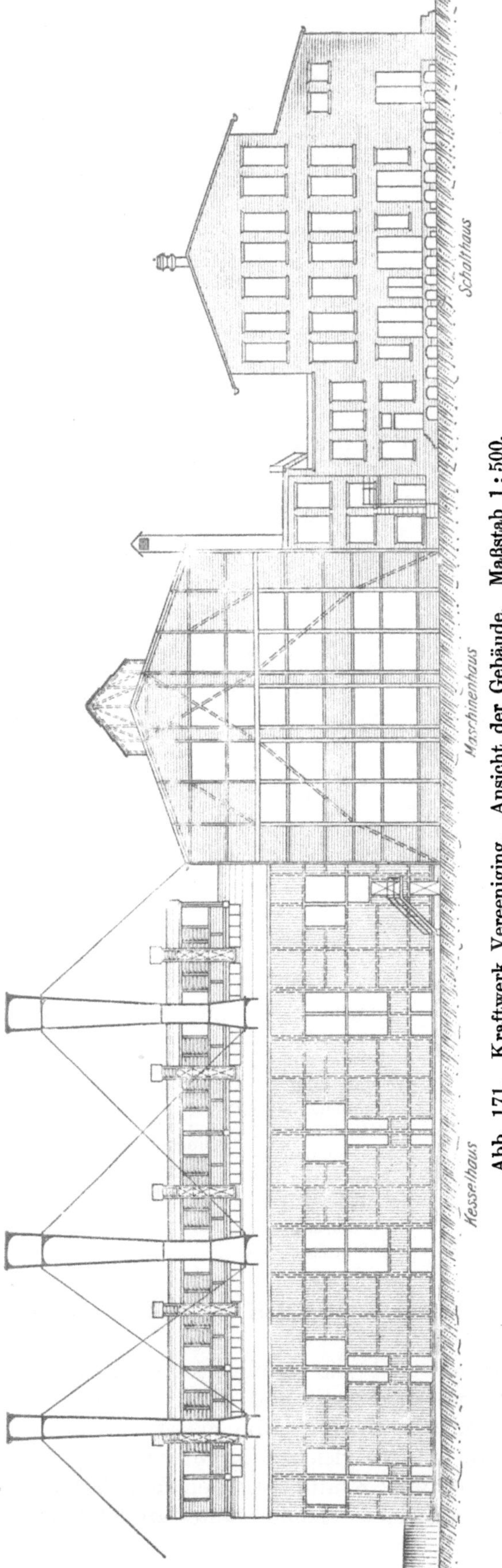

Abb. 171. Kraftwerk Vereeniging. Ansicht der Gebäude. Maßstab 1 : 500.

Abb. 172. Kraftwerk Vereeniging. Ansicht vom Vaalfluß aus; in der Mitte Ablauf des Kühlwassers.

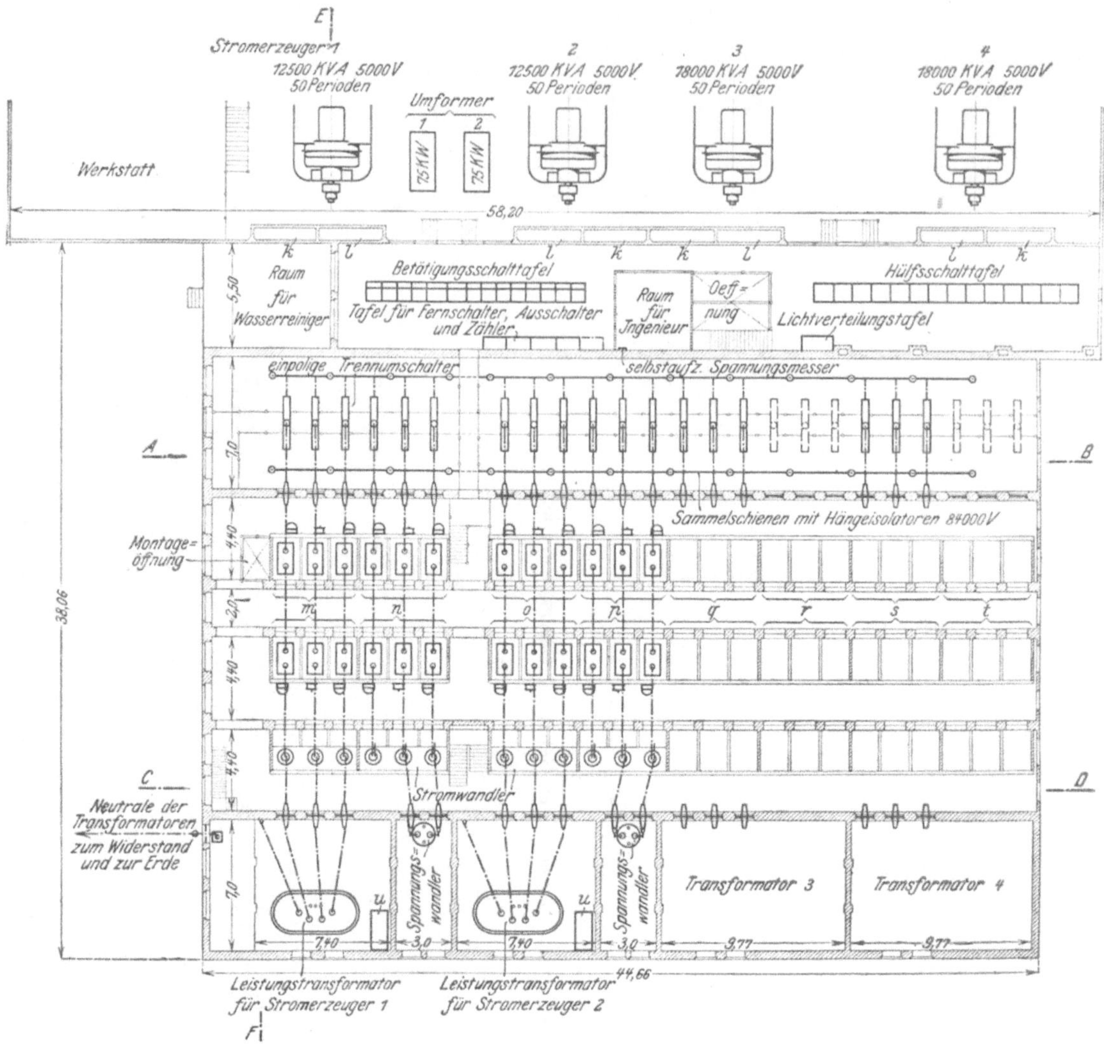

Abb. 173. Kraftwerk Vereeniging. Grundriß und Schnitte des Schalthauses. Maßstab 1 : 400.

a Betätigungstafel		*k* Abluft	
b Raum für Gleichstrommaschinen, Automaten und Regler		*l* Frischluft	
		m Stromerzeuger 1	
c Hörnerfunkenableiter		*n* Freileitung 1	
d Trennumschalter		*o* Stromerzeuger 2	
e Doppelsammelschienen mit Hängeisolatoren 84 000 V		*p* Freileitung 2	je 2 Fernöl-schalter
		q Stromerzeuger 3	
f Raum für herabgelassene Ölkästen		*r* Freileitung 3	
g Fernölschalter		*s* Stromerzeuger 4	
h Drosselspulen		*t* Freileitung 4	
i Transformator mit Wasserkühlung		*u* Ölbehälter.	

6 Transformatoren aufgestellt und zwar: 2 von je 12 500 KVA und 4 von je 9000 KVA.

Abweichend von üblichen Einrichtungen sind die Sammelschienen ausgeführt; sie sind in einer besondern Halle untergebracht und durch Ketten von Hängeisolatoren zwischen Decke und Fußboden verspannt, eine Konstruktion, die nicht nur hohen elektrischen Sicherheitsgrad, sondern gleichzeitig gute mechanische Festigkeit im Falle von Kurzschlüssen ergibt, weil Kräfte zwischen den Sammelschienen nur in Richtung der Isolatorenkette auftreten. Trennschalter an der Decke

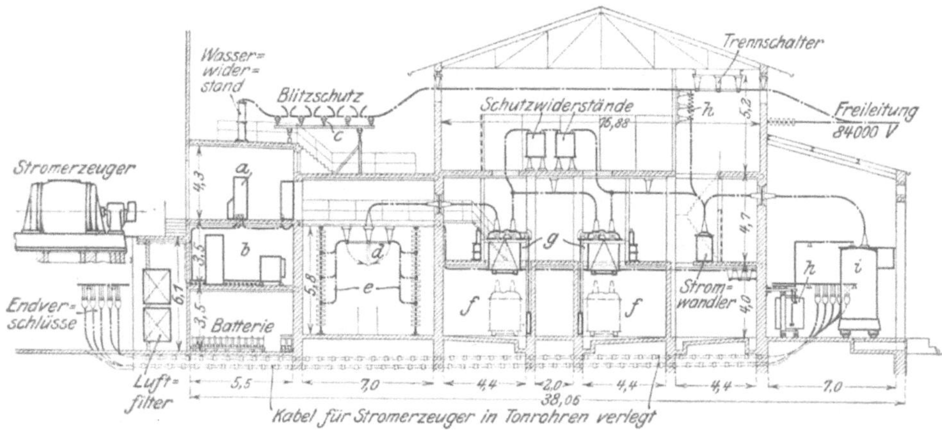

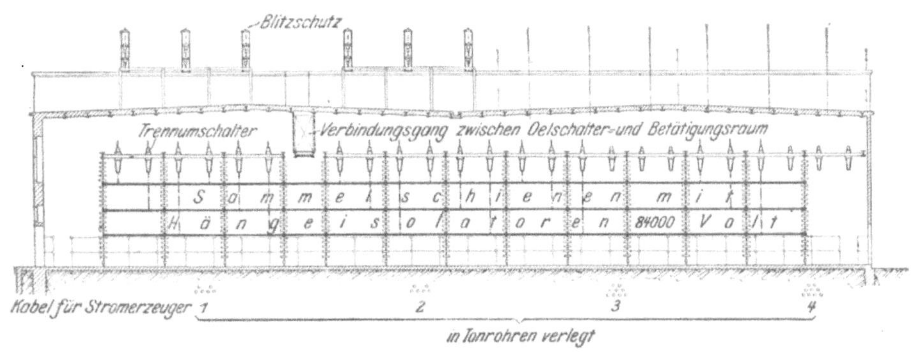

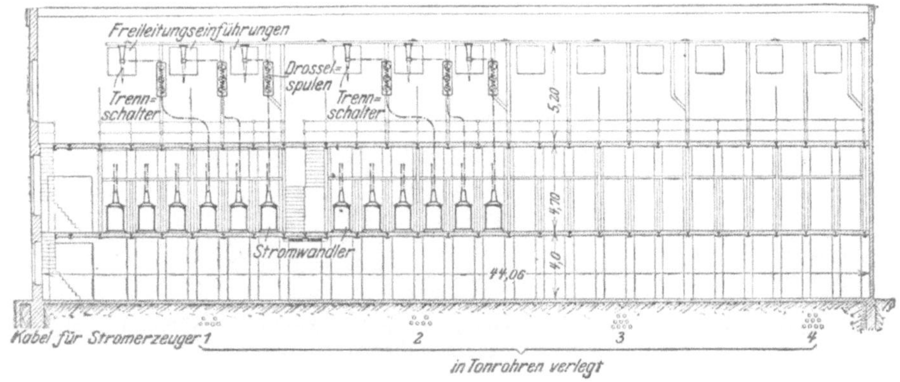

Abb. 173a.

ermöglichen die Umschaltung der Transformatoren und der Freileitungen von dem einen auf den andern Sammelschienensatz.

Die außergewöhnlich großen Energiemengen, die durch die Schalter im Falle von Kurzschlüssen in den Freileitungen unterbrochen werden müssen, ließen ein stufenweises Abschalten ratsam erscheinen. Es sind deshalb zwei Ölschalter hintereinander angeordnet, von denen der eine durch einen induktionsfreien Widerstand überbrückt ist. Beim Ein- und Ausschalten wird zunächst der Vorschaltwiderstand geschlossen oder geöffnet und danach der andre Schalter betätigt; die Widerstände

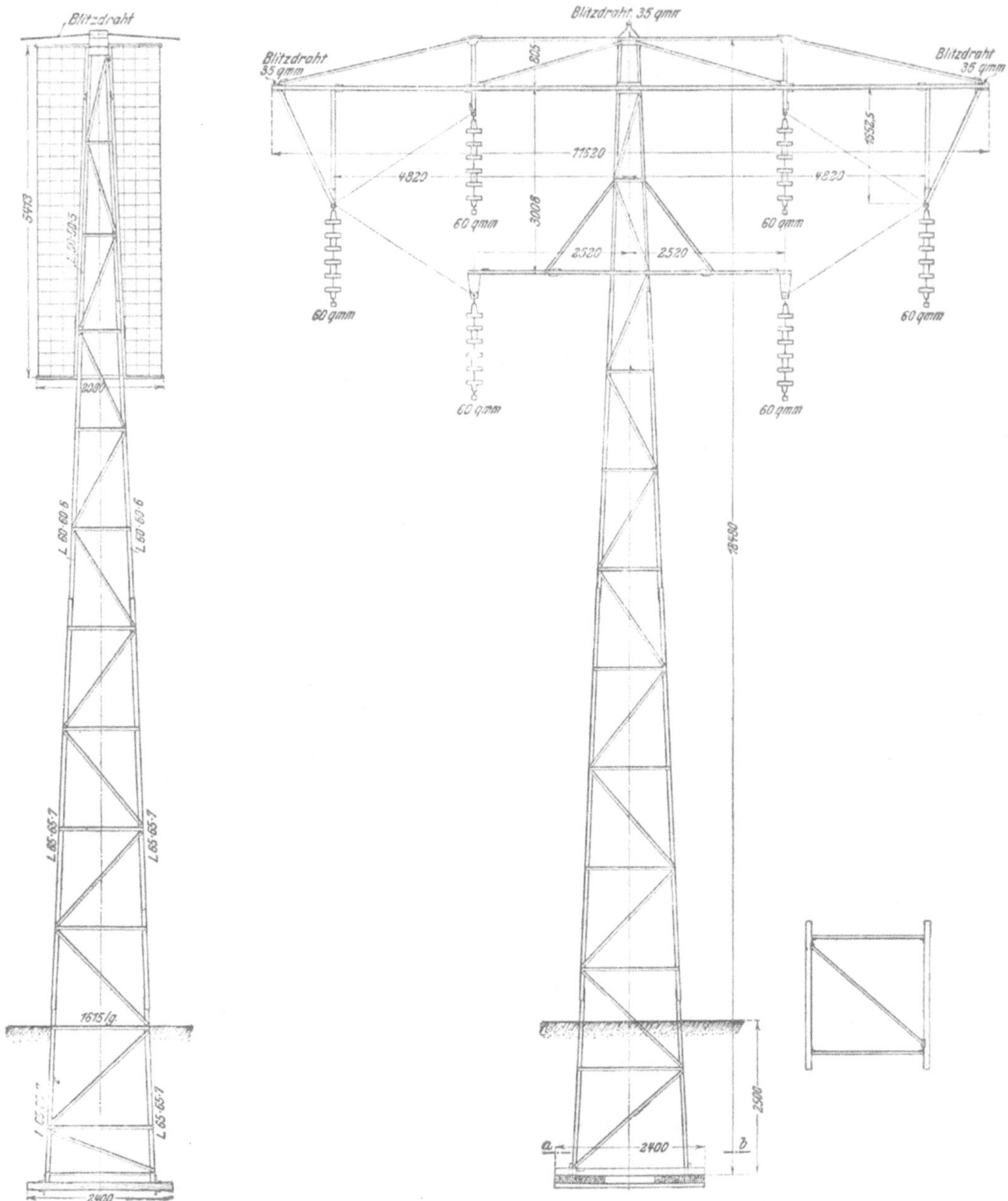

Abb. 174. Kraftwerk Vereeniging. Zwischenmast für 2 Stromkreise, 80 000 V. Maßstab 1 : 120.
Schutznetz für die Arbeiter.

sind dabei so bemessen, daß auf jeden Schalter ungefähr die gleiche Schaltleistung
entfällt. Sollte die Erfahrung zeigen, daß das Schalten in zwei Stufen noch nicht
ausreicht, so läßt sich noch ein dritter Schalter mit Widerständen einbauen; der
hierfür erforderliche Raum wurde von vornherein freigelassen. Die Schalter selbst
sind so eingerichtet, daß sie mit einer Winde in das untere Stockwerk herabgelassen
werden können. Zum Vereinfachen der Bedienung sind ihre Ölkästen an festverlegte
Rohrleitungen angeschlossen, die zu einer am Ende der Schaltanlage aufgestellten
Pumpenanlage führen; an dieser Stelle befindet sich außerdem ein Sammelbehälter
und eine Öltrockeneinrichtung. Ebenso wie die Ölschalter sind auch die einzelnen
Transformatorenkammern und Transformatorenbehälter durch festverlegte Rohr-

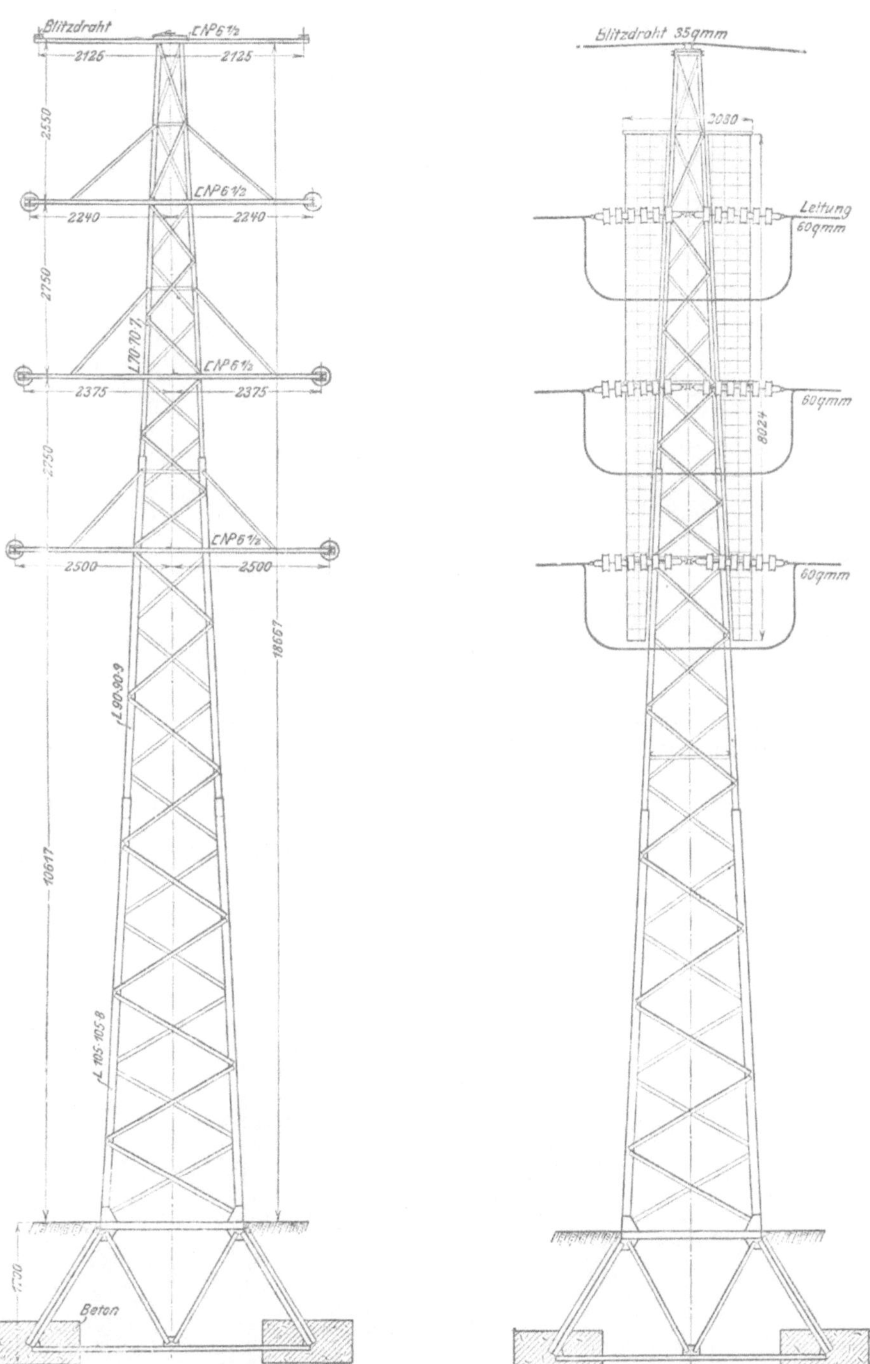

Abb. 175. Kraftwerk Vereeniging. Abspannmast für 2 Stromkreise, 80000 V; an den Abspannmasten wird gleichzeitig eine Verdrillung der Leitungen vorgenommen. Maßstab 1 : 120. Schutznetz für die Arbeiter.

leitungen mit dieser Einrichtung verbunden, so daß alle Ölbehälter rasch entleert und gefüllt werden können. (Vergl. auch Abb. 37 u. 37a.)

c) Verbindungsleitungen mit dem Rand.

Der Strom wird von Vereeniging nach dem Rand durch vier Freileitungen von je 3×60 qmm übertragen, die an zwei Mastreihen mit je zwei Stromkreisen verlegt

Abb. 176. Kraftwerk Vereeniging.
Abspannmast.

Abb. 177. Kraftwerk Vereeniging. Versuch an 80000 V Zwischenmast, um das Verhalten des Mastes bei Bruch eines Drahtes in der Nähe der Abspannmaste festzustellen. ✕ (das Kreuz zeigt die Länge, mit der die Leitung durch die Aufhängung geschlüpft ist.)

Abb. 178. Kraftwerk Vereeniging. Abspannmaste für die 80000 V Leitungen vor Eintritt in das Schalthaus.

sind (Abb. 174—180); sämtliche Leitungen münden in das Robinson-Werk. Die Leitungen sind an Hängeisolatoren, Bauart Hewlet, befestigt und alle 1 bis 2 km durch Abspannmaste, an denen die drei Leiter gleichzeitig verdrillt werden, gesichert. Die Spannung wird am Rand durch Drehstromtransformatoren (mit je drei Wicklungen) herabgesetzt, die sekundär mit getrennter 40000 V- und 20000 V-Wicklung ausgeführt sind, so daß sie außer der Arbeitsübertragung gleichzeitig zum Ausgleich zwischen dem 40000 V- und dem 20000 V-Netz am Rande dienen. Diese Einrichtung ermöglicht, die Leistung auf beide Netze beliebig zu verteilen, was man sonst nur durch den Einbau besonderer Spannungsregler hätte erreichen können. Der Vorteil ist um so größer, als auch der Betrieb des Ro-

Abb. 179. Kraftwerk Vereeniging. Aufrichten eines Zwischenmastes.

shervilledam-Werkes sich dadurch wesentlich einfacher gestaltet. Während vorher die Leistung derjenigen Stromerzeuger, die nur auf das 40000 V-Netz oder nur auf das 20000 V-Netz arbeiteten, dem Verbrauch angepaßt werden mußte, und die Belastung der einzelnen Netze nur mit Hilfe besonderer Transformatoren ausgeglichen werden konnte, ergibt die jetzt getroffene Einrichtung insofern große Bewegungsfreiheit, als die etwa von Roshervilledam für eines der beiden Netze zu wenig gelieferte Arbeit selbsttätig von Vereeniging übernommen wird.

Abb. 180. Kraftwerk Vereeniging. Zwischenmast aufgerichtet.
Unten Traverse zur Aufnahme von 2 Telephonstromkreisen.

7. Zusammenfassung.

Der Vorentwurf von 1905 enthält bereits die Anordnung der Kesselhäuser senkrecht zum Maschinenhaus, die Anwendung künstlichen Zuges und schmiedeiserner Kamine. Die Vorwärmer sind jedoch noch als gemeinschaftliche Vorwärmer für mehrere Kessel ausgebildet, demgemäß ergeben sich lange schmiedeiserne Füchse und die Notwendigkeit des Einbaues eines Umganges um die Vorwärmer. Für den Saugzug sind noch unmittelbare in den Fuchs eingebaute Ventilatoren vorgesehen. Die Kohlenförderung besteht aus einem senkrechten Aufzug und einem Kohlenförderband, sie erfolgt noch in mehreren Abschnitten. Die Kohlenbunker sind über den Kesseln angeordnet und so groß bemessen, daß der gesamte erforderliche Kohlenvorrat allein in ihnen gestapelt werden kann (außerdem unvorteilhafte hängende Bauart). Schaltanlage und Transformatoren sind zusammen mit den Transformatorenkammern unmittelbar an das Maschinenhaus angebaut; die Transformatoren befinden sich innerhalb des Schalthauses.

In Brakpan werden bereits Einzelvorwärmer angewandt, die über den Kesseln liegen; infolgedessen fallen die langen Füchse fort, statt des unmittelbaren ist mittelbarer Saugzug mit Einzelkaminen eingerichtet. Die hochliegenden Kohlenbunker enthalten den ganzen Kohlenvorrat innerhalb des Kesselhauses. Die Kohlenförderung fehlt, weil der Kohlenbunker unmittelbar von der Bahn aus gefüllt wird. Die Kohlen werden hier durch Trommeln gemessen, die in die einzelnen Fallrohre eingebaut sind. Die Kessel werden noch durch Dampf-Kolbenpumpen gespeist. Das Schalthaus ist von dem Maschinenhaus und die Ölschalterräume von den Sammelschienenräumen bereits vollständig getrennt. Die Transformatoren sind nicht mehr im Schalthause, sondern in besondern Kammern untergebracht.

Simmerpan. Das Kesselhaus ist ähnlich wie in Brakpan ausgeführt, da es fast gleichzeitig erbaut wurde. Das Werk stellt nur insofern einen Fortschritt dar, als der größte Teil der zu stapelnden Kohlenmenge nicht mehr in hochliegenden Bunkern im Kesselhaus, sondern außerhalb in besondern Bunkern gelagert wird. Die Kohlen werden durch Becherketten ununterbrochen gefördert. Messung der Kohle, Kesselspeisung und Kondensationspumpenantrieb wie in Brakpan. Die Kondensationspumpen werden in beiden Anlagen noch elektrisch angetrieben.

Roshervilledam. Die großen Kohlenbunker im Kesselhaus sind durch kleine Kohlentaschen ersetzt, welche an die Dachkonstruktion angehängt werden und nur für wenige Stunden ausreichen. Lagerung der Kohle außerhalb des Kesselhauses; Kohlenbunker in der Längsachse der Kesselhäuser; ununterbrochene und sehr einfache Kohlenförderung in die Kesselhäuser. Statt gußeiserner Vorwärmer werden zum ersten Male schmiedeiserne mit den Kesseln unmittelbar zusammengebaute Einzelvorwärmer angewandt. Vollständiger Vorfall der Rauchfüchse; Einzelkamine. Schalthaus in einem besonderen Gebäude, jedoch so nahe an dem Maschinenhaus, daß die Betätigungstafeln usw. in dem Verbindungsbau untergebracht werden können. In dem Schalthaus sind Ölschalter, Sammelschienen und Blitzschutz je in einem Stockwerk vollkommen getrennt voneinander aufgestellt. Transformatoren wiederum in besonders angebauten Kammern. Messung der Kohlen durch selbsttätige Kohlenwaagen (für jedes Kesselhaus nur eine). Kesselspeisung durch Kreiselpumpen mit Turbinenantrieb. Antrieb der Kondensationspumpen durch Dampfturbinen.

Vereeniging. Das Werk zeigt außer den wie für Roshervilledam ausgeführten Kohlenlagern wiederum kleine für einen Tag ausreichende Kohlenbunker im Kesselhaus, die jedoch lediglich wegen der einzubauenden Seilbahn vorgesehen werden mußten. Abgesehen von der für wesentlich höhere Spannung gebauten Schaltanlage und der Anordnung des Schalthauses parallel zum Maschinenhaus (Vorteil kleinerer Länge der Verbindungskabel) und der Einrichtung von Speisewassermessern nach dem Venturi-Prinzip, weist das Werk keine erheblichen Änderungen gegenüber Roshervilledam auf.

Die gesamte Leistung der umlaufenden Maschinen beträgt 288 000 PS, die der Druckluftanlage allein 78 000 PS, die der Transformatoren 473 000 KVA.

Dank der tatkräftigen Leitung durch Lord Winchester und Mr. Hadley in London und durch Major Bagot und Mr. Price in Südafrika erzielt das Unternehmen auch gute wirtschaftliche Ergebnisse und zeigt eine befriedigende Entwicklung. Die als Folgeerscheinung eines vielleicht allzu stürmischen Anstieges zuerst eingetretenen Schwierigkeiten sind beseitigt, so daß man der Zukunft ohne Besorgnisse entgegensehen darf.

Aufgaben und Lösungen aus der Gleich- und Wechselstromtechnik.
Ein Übungsbuch für den Unterricht an technischen Hoch- und Fachschulen, sowie zum Selbststudium. Von Professor **H. Vieweger,** Oberlehrer am Technikum Mittweida. Dritte, verbesserte Auflage. Mit 174 Textfiguren und 2 Tafeln.
In Leinwand gebunden Preis M. 7,—.

Der Drehstrommotor.
Ein Handbuch für Studium und Praxis. Von **Julius Heubach,** Chefingenieur. Mit 163 in den Text gedruckten Figuren.
In Leinwand gebunden Preis M. 10,—.

Motoren für Gleich- und Drehstrom.
Von **Henry M. Hobart,** B. Sc. M. J. E. E. Mem. A. J. E. E. Deutsche Bearbeitung. Übersetzt von Franklin Punga. Mit 425 in den Text gedruckten Figuren.
In Leinwand gebunden Preis M. 10.—.

Die Bahnmotoren für Gleichstrom.
Ihre Wirkungsweise, Bauart und Behandlung. Ein Handbuch für Bahntechniker. Von **M. Müller,** Oberingenieur der Westinghouse-Elektrizitäts-Aktiengesellschaft, und **W. Mattersdorff,** Abteilungsvorstand der Allgemeinen Elektrizitäts-Gesellschaft. Mit 231 Textfiguren und 11 lithogr. Tafeln, sowie einer Übersicht der ausgeführten Typen. In Leinwand gebunden Preis M. 15, —.

Elektrische Straßenbahnen und straßenbahnähnliche Vorort- und Überlandbahnen.
Vorarbeiten. Kostenanschläge und Bauausführungen von Gleis-, Leitungs-, Kraftwerks- und sonstigen Betriebsanlagen. Von Oberingenieur **Karl Trautvetter,** Beuthen (O.-S.). Mit 334 Textfiguren.
Preis M. 8,—; in Leinwand gebunden M. 8,80.

Die Verwaltungspraxis bei Elektrizitätswerken und elektrischen Straßen- und Kleinbahnen.
Von **Max Berthold,** Bevollmächtigter der Continentalen Gesellschaft für elektrische Unternehmungen und der Elektrizitäts-Aktiengesellschaft vorm. Schuckert & Co. in Nürnberg. In Leinwand gebunden Preis M. 8,—.

Die Zukunft kommunaler Betriebe.
Von Oberbürgermeister a. D. **Otto Wippermann.** Preis M. 1,20.

Der Fabrikbetrieb.
Praktische Anleitungen zur Anlage und Verwaltung von Maschinenfabriken und ähnlichen Betrieben sowie zur Kalkulation und Lohnverrechnung. Von **Albert Ballewski.** Dritte, vermehrte und verbesserte Auflage, bearbeitet von **C. M. Lewin,** beratender Ingenieur für Fabrik-Organisation in Berlin.
In Leinwand gebunden Preis M. 6,—.

Fabrikorganisation, Fabrikbuchführung und Selbstkostenberechnung
der Firma Ludw. Loewe & Co., Aktiengesellschaft, Berlin. Mit Genehmigung der Direktion zusammengestellt und erläutert von **J. Lilienthal.** Mit einem Vorwort von Dr.-Ing. **G. Schlesinger,** Professor an der Technischen Hochschule Berlin. Zweite, durchgesehene und vermehrte Auflage. In Leinwand geb. Preis M. 10, —.

Einführung in die Organisation von Maschinenfabriken
unter besonderer Berücksichtigung der Selbstkostenberechnung. Von Dipl.-Ing. **Friedrich Meyenberg,** Oberingenieur der Eisenbahnsignal-Bauanstalt Max Jüdel & Co., A.-G., Dozent an der Herzogl. Techn. Hochschule Braunschweig. In Leinwand geb. Preis M. 5,—.

Die Betriebsleitung, insbesondere der Werkstätten.
Von **Fred. W. Taylor.** Autorisierte deutsche Ausgabe der Schrift: „Shop management". Von **A. Wallichs,** Professor an der Technischen Hochschule in Aachen. Dritte, vermehrte Auflage. Mit 26 Figuren und 2 Zahlentafeln. In Leinwand gebunden Preis M. 6,—.